浙江省普通高校"十三五"新形态教材

机械加工技术 I

主　编　娄岳海　李国强

副主编　姜晓霞　楚辉远

主　审　曹焕亚

西安电子科技大学出版社

内 容 简 介

本书是机械制造与自动化专业的核心教材之一,依据"机械加工技术"课程标准编写。

本书选取手动压力机,将其分解为底座、立柱、夹紧机构、冲压机构和工作台 5 大部件,加上最后的整机装配,共设置了 6 个项目。各项目以工作任务驱动,通过对各零件部的加工制作以及装配和调试,引入钳、锉、钻、铰、车、铣等相关专业知识、操作技能以及针对性练习,充分体现了项目式课程设计思路。同时,本书以二维码的方式,嵌入了讲解视频、作业、试卷、拓展资源、主题讨论等教学资源,内容丰富,形式新颖。

本书可作为高等职业院校机械类专业的专业教材,也可作为高等职业院校相关专业、中等职业学校机电类专业、企业培训的教学参考书。

图书在版编目(CIP)数据

机械加工技术 I / 娄岳海,李国强主编. —西安:西安电子科技大学出版社,2021.7
ISBN 978–7–5606–6082–0

Ⅰ.①机… Ⅱ.①娄… ②李… Ⅲ.①金属切削—教材 Ⅳ.①TG506

中国版本图书馆 CIP 数据核字(2021)第 111829 号

策划编辑 刘小莉
责任编辑 孟晓梅 刘小莉
出版发行 西安电子科技大学出版社(西安市太白南路 2 号)
电   话 (029)88202421   邮   编 710071
网   址 www.xduph.com   电子邮箱 xdupfxb001@163.com
经   销 新华书店
印刷单位 陕西日报社
版   次 2021 年 7 月第 1 版   2021 年 7 月第 1 次印刷
开   本 787 毫米×1092 毫米 1/16 印 张 17
字   数 405 千字
印   数 1~2000 册
定   价 41.00 元
ISBN 978-7-5606-6082-0 / TG

XDUP 6384001-1
如有印装问题可调换

前　　言

为深入推进高校教育信息化工作，促进"互联网+教育"背景下"十三五"高校教材建设工作，鼓励教师利用信息技术对教材形态进行创新，充分发挥新形态教材在课堂教学改革中的作用，从而不断提高课程教学质量，编者依据"机械加工技术"课程标准编写了本书。本书为浙江省高教学会教材建设专业委员会组织开展的新形态教材建设项目，是机械制造与自动化专业的核心教材之一。

本书具有以下主要特点：

(1) 内容安排上充分体现项目式课程设计思路。本书选取手动压力机，设置 6 个项目，以工作任务驱动，通过对各零件部的加工制作以及装配，引入钳、锉、钻、铰、车、铣等相关专业知识、操作技能以及针对性练习，并融合钳工、车工、铣工等中级工职业技能等级证书对知识、技能和素质的要求，系统培养学生机械加工与装配的能力。

(2) 编排形式上遵循学生认知规律。本书按照练习件加工、零部件加工、零部件装配以及手动压力机整机装配的顺序依次排列项目，由简到难，循序渐进，边做边学，边学边做，学、练、做相结合，充分激发学生的学习兴趣。

(3) 突出对学生综合职业能力的训练。结合行动导向教学方法改革，按咨询、计划、决策、实施、检查、评估的学习流程设计教学活动，编排教材内容。在教学实施过程中注重培养学生的实践能力。

(4) 对教材形态进行了创新。运用移动互联网技术，以书中嵌入二维码的方式，嵌入讲解视频、作业、试卷、拓展资源、主题讨论等教学相关资源，将教材、课堂、教学资源三者融合为一体，实现了线上线下相结合的教学新模式。

本书由浙江机电职业技术学院的娄岳海、李国强任主编，常州市高级职业技术学校的姜晓霞和临海市中等职业技术学校的楚辉远任副主编，曹焕亚教授审阅了全稿。其中导引、项目四由娄岳海编写，项目一、项目二、项目五由李国强编写，项目三由姜晓霞编写，项目六由楚辉远编写。全书由娄岳海统稿。

由于编者水平有限，书中难免存在疏漏和不足之处，恳请广大读者批评指正，以便今后修改完善。

编　者

2021 年 5 月

目　　录

导引 1

项目一　手动压力机底座加工与装配 3
  任务一　练习板 1-A 加工 3
  任务二　练习板 2-A 加工 13
  任务三　练习板 1-B 加工 21
  任务四　练习板 2-B 加工 29
  任务五　左侧面板加工 36
  任务六　外连接件加工 42
  任务七　右侧面板加工 48
  任务八　承载板加工 52
  任务九　内连接件加工 56
  任务十　手动压力机底座装配 60

项目二　手动压力机立柱加工与装配 64
  任务一　左侧立板加工 64
  任务二　右侧立板加工 73
  任务三　盖板加工 79
  任务四　连接板加工 87
  任务五　车铣练习件 92
  任务六　挂杆加工 99
  任务七　导柱加工 104
  任务八　螺杆加工 111
  任务九　手动压力机立柱装配 116

项目三　手动压力机夹紧机构加工与装配 123
  任务一　衬套加工 123
  任务二　滑板加工 130
  任务三　锁紧压板加工 134
  任务四　锁紧螺杆加工 142
  任务五　锁紧手轮加工 147
  任务六　手柄螺栓加工 154
  任务七　手柄加工 162
  任务八　手动压力机夹紧机构装配 168

项目四　手动压力机冲压机构加工与装配 175

 任务一　左立板加工 175

 任务二　右立板加工 180

 任务三　压板加工 187

 任务四　压力杆加工 193

 任务五　推杆加工 199

 任务六　压力叉加工 204

 任务七　弹簧支架加工 210

 任务八　弹簧螺栓加工 215

 任务九　冲头加工 220

 任务十　压杆手柄加工 225

 任务十一　手柄杆加工 230

 任务十二　加力杆加工 235

 任务十三　防护罩加工 240

 任务十四　手动压力机冲压机构装配 248

项目五　手动压力机工作台加工 253

项目六　手动压力机装配 258

参考文献 266

导　引

在职业生涯中，胜任某一岗位意味着能够独立自主地完成复杂的任务，这是一项很高的要求。为了能够达成这一目标，在学习初始就应该坚定这一目标并为此不懈努力。在学习的过程中，各位同学应该不断探索并独立完成学业，不能总是期待从教师那里得到标准答案，必须培养积极主动的学习精神。

本书各项目按照图 0-1 所示的步骤进行安排，并组织教学过程。

图 0-1　项目实施六步法

各任务中"相关专业知识""课内作业""课外作业"的内容均围绕零部件的加工与装配展开，其中"相关专业知识"指导学生完成零件的加工，或介绍所用设备的相关内容。"课内作业"以作业的形式询问学生个人从图纸中得到的信息、小组讨论得出的共同信息，测量和计算毛坯的尺寸、重量、体积、时间成本、材料成本等，逐步过渡到总结加工工序、设计工件质量评价表，循序渐进地提高要求直至编写规范的工艺卡和工序卡。"课外作业"以钳工、车工、铣工等中级工职业技能等级证书对知识、技能和素质的要求检查学生对相关知识的掌握程度。

如图 0-2 所示为本书选取的要求学生加工并装配完成的手动压力机的立体图。

图 0-2   手动压力机立体图

注意： 实施工作计划前必须经过教师的认可，然后才可以开始。从其他同学那里获得的相关信息必须经过教师的证实。

项目一　手动压力机底座加工与装配

任务一　练习板 1-A 加工

练习板 1-A 图纸如图 1-1 所示。

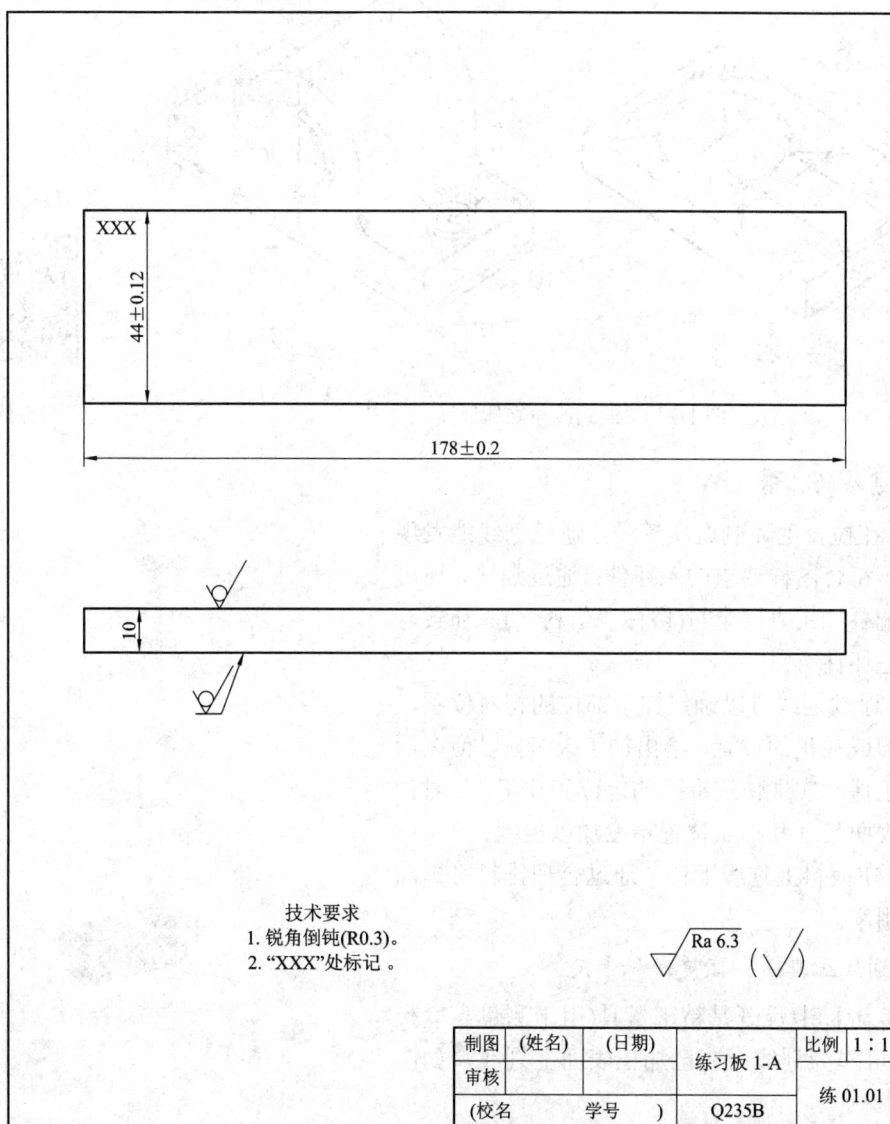

技术要求
1. 锐角倒钝(R0.3)。
2. "XXX"处标记。

$\sqrt{}$ Ra 6.3　$\left(\sqrt{}\right)$

制图	(姓名)	(日期)	练习板 1-A	比例	1∶1
审核					
(校名	学号	)	Q235B	练 01.01	

图 1-1　练习板 1-A 图纸

◆ 相关专业知识

一、划线

1. 划线种类与作用

1) 划线概念及其种类

根据图纸要求，用划线工具在工件毛坯或半成品表面上划出加工界线、定位基准线或其他标志线的作业，称为划线。划线可分为平面划线与立体划线两种，如图1-2所示。

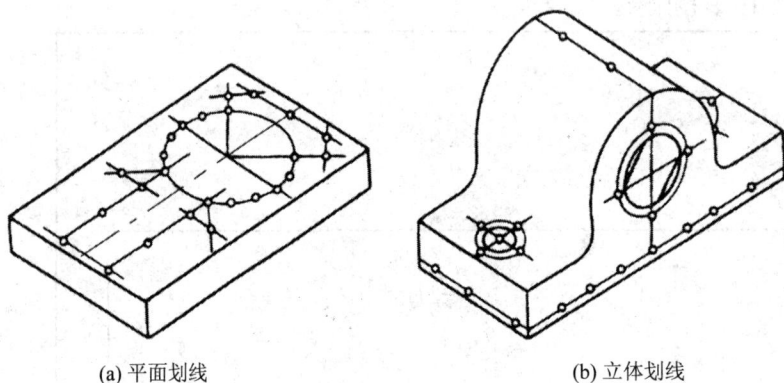

(a) 平面划线   (b) 立体划线

图 1-2   平面划线与立体划线

划线

2) 划线的作用

(1) 在检查毛坯制造质量时，通过划线能发现和处理不符合图样要求的毛坯件；通过划线，还可合理分配各加工表面余量(俗称"借料")，补救有缺陷的毛坯件。

(2) 通过划线可以确定加工部位的相对位置，确定对刀或找正的位置，给出加工余量，以便在后续加工工件时实现快速准确的定位和找正，并对加工工件表面尺寸和形状位置精度加以控制。

(3) 在板料上划线下料，通过合理排料可提高材料利用率。

3) 划线工具——高度游标卡尺

高度游标卡尺既是精密量具(用于测量高度尺寸)，又可作为划线盘在已加工表面上划线，如图1-3所示。

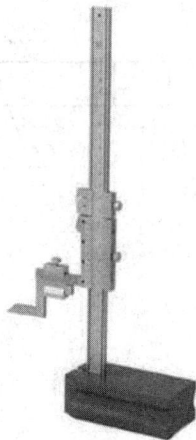

图 1-3   高度游标卡尺

2. 划线的步骤与方法

1) 划线前的准备

(1) 工、量具的准备。根据工件图纸的要求，准备不同的工具和量具。根据图 1-1 所示工件的尺寸精度要求，需准备 0～200 mm 的高度游标卡尺。

(2) 工件的清理。从仓库领到的工件(毛坯)未作必要清理，容易划伤手指，必须先去毛刺，锐角倒钝。

(3) 工件的涂色。有些工件的硬度较高或是颜色较浅，可能看不清楚划线尺划出的线条，应考虑在工件(毛坯)上涂蓝油。如图 1-1 所示的工件(毛坯)硬度较低，不用涂蓝油。

涂色　　　　　　　　游标卡尺

2) 划线基准的选择

划线时，首先应选定工件上某个面或某条线作为划线的依据。这种被选定的面或线称为划线基准。合理选择划线基准，能使划线工作更加方便、准确、迅速。选择划线基准时一般应遵循以下原则：

(1) 尽量使划线基准与工件图样的设计基准重合。

(2) 工件上有已加工表面时，应以已加工表面作为划线基准。工件上没有已加工表面时，应以较大的不加工表面或者重要的毛坯孔轴线作为划线基准。

(3) 需两个以上的划线基准时，应以互相垂直的表面或中心线作为划线基准。

注意：(1) 为了避免被毛刺割伤，必须首先对毛坯去毛刺。

(2) 由于存在刺伤危险，因此划线工具不应放置于衣兜内。为保险起见，针尖上应套上软木塞。

(3) 仅可使用不存在任何问题的工具。

二、锉削

用锉刀对工件进行切削的加工方法称为锉削。锉削加工是钳工作业的主要内容之一，锉削加工技能往往是衡量工模具钳工技术水平的重要标志。

1. 锉刀柄的装拆方法

锉刀柄的装拆方法如图 1-4 所示，安装时(见图 1-4(a))，用左手扶柄，右手将锉舌插入锉刀柄内，再翻转过来，用右手将锉刀的下端面垂直在钳桌上轻轻撞紧(图 1-4(a)左图)或左手扶住锉刀，右手用榔头轻轻敲击锉刀柄(图 1-4(a)右图)。拆柄时将柄搁在角铁或台虎钳钳口上轻轻撞出来。

2. 锉削加工表面的检测

通常可用游标卡尺或千分尺测量锉削加工表面的尺寸精度。

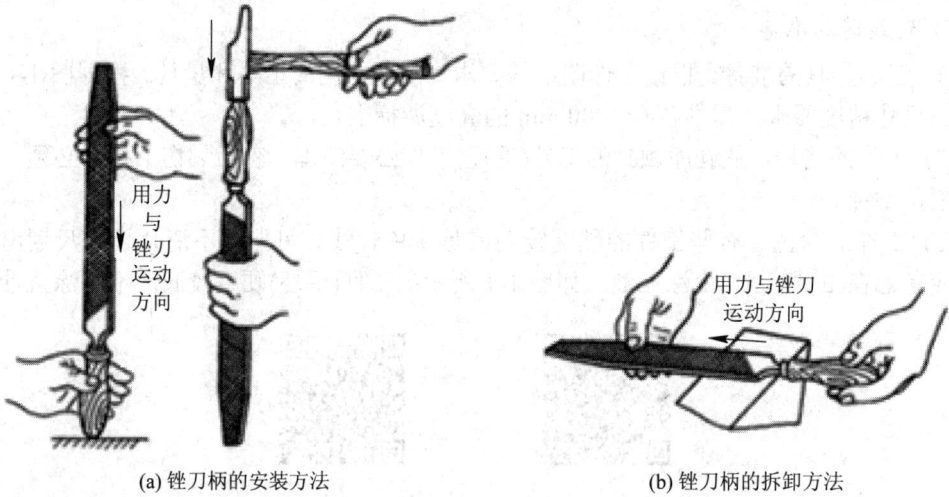

(a) 锉刀柄的安装方法　　　　　　　　　　(b) 锉刀柄的拆卸方法

图 1-4　锉刀柄的装拆方法

3. 锉削夹持设备——台虎钳

台虎钳是钳工在錾削、锯削、锉削、矫直与弯曲等手工作业中用来夹持工件的设备，如图 1-5 所示。台虎钳在使用前一定要牢固地固定在钳工工作台上，夹紧工件时只能用手直接操作夹紧手柄，禁止采用加长套管或用手锤敲击手柄，以免损坏丝杠螺母乃至钳身。工件应尽量装夹在钳口中部，作业过程中应防止錾子、锯子等切削工具损坏钳口。

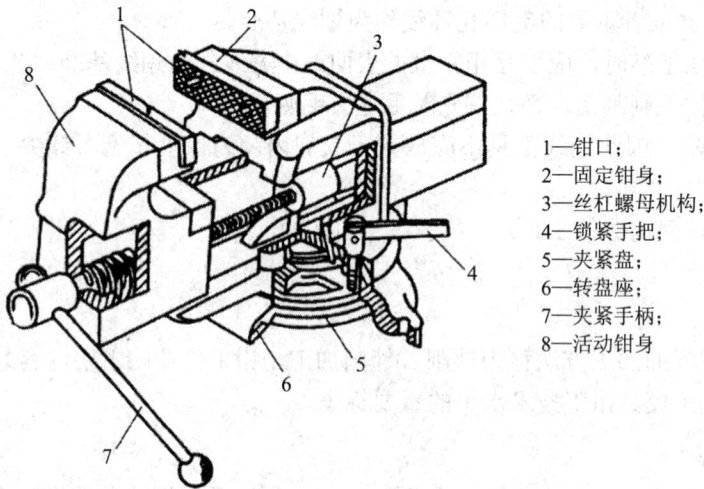

1—钳口；
2—固定钳身；
3—丝杠螺母机构；
4—锁紧手把；
5—夹紧盘；
6—转盘座；
7—夹紧手柄；
8—活动钳身

图 1-5　台虎钳　　　　　　　　　　常见台虎钳

三、锯削

用手锯对材料或工件进行切断或锯槽的加工方法称为锯削。

1. 锯削工具

手锯是钳工的基本工具之一。手锯由锯弓和锯条组成，如图 1-6 所示。

锯弓用来夹持和张紧锯条，有固定式和可调式两种，如图 1-6(a)、(b)所示。锯弓由弓架 1、锯柄 2、拉杆 4、6 和蝶形螺母 3 组成。

锯条一般由碳素工具钢制成，经淬火处理。锯条是锯削加工的刀具，其切削部分是具有锋利刃口的锯齿。为减少锯削时的摩擦阻力，增大锯缝宽度，防止夹锯，通常将锯齿制成左右交错排列的两排。根据锯齿的大小，可将锯条分为粗齿、中齿、细齿 3 种类型。常用的锯条规格是：长 300 mm，宽 12 mm，厚 0.8 mm。

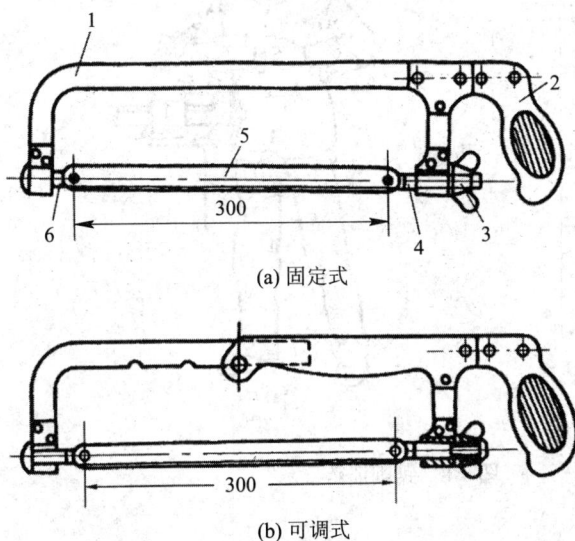

(a) 固定式

(b) 可调式

1—弓架；2—锯柄；3—蝶形螺母；4—活动拉杆；5—锯条；6—固定拉杆

图 1-6 手锯   锯条的安装

2. 锯削操作要领

1) 手锯的握法

常见的手锯握法是右手紧握锯柄，左手轻扶锯弓前端，如图 1-7(a)所示。握锯时，食指也可抵在弓架侧面，如图 1-7(b)所示。锯削时，右手主要控制推力，左手配合右手扶正锯弓，并稍微施加压力。

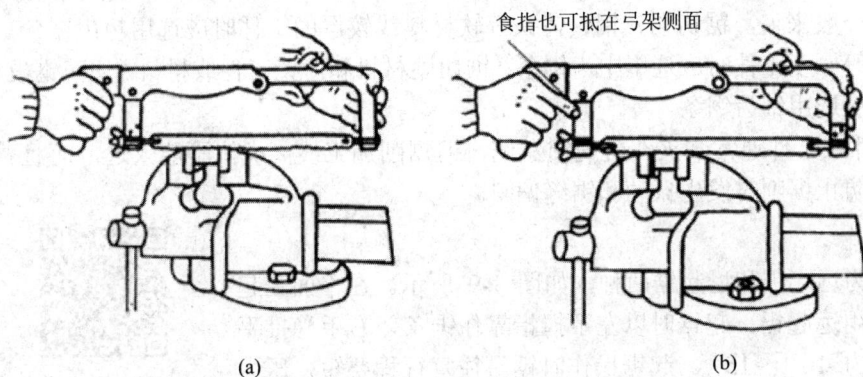

食指也可抵在弓架侧面

(a)   (b)

图 1-7 手锯的握法   手锯的握法

2) 锯削姿势

在台虎钳上锯削时，操作者要面对台虎钳，锯削位置应在台虎钳左侧，站立时脚的位置如图 1-8(a)所示。锯削时前腿微微弯曲，后腿伸直，两臂自然推拉，目视锯条，如图 1-8(b)所示。

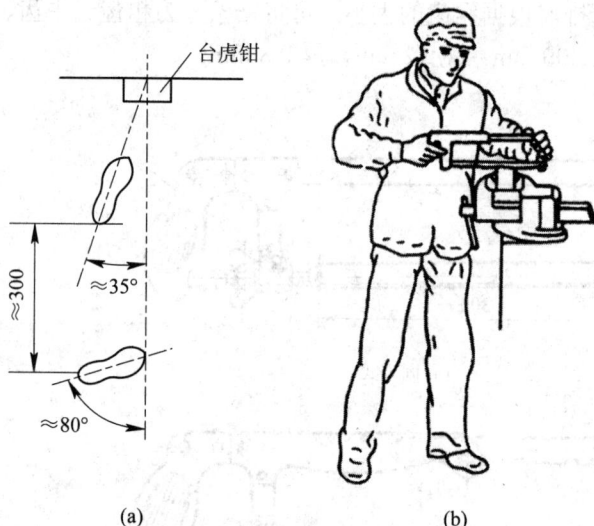

图 1-8　锯削姿势

3) 锯削操作方式

(1) 直线往复式。手锯向前推进和返回时，锯条应始终处于水平状态。通过两手的协调控制，使手锯在向前推进过程中对工件施加基本恒定的切削力，返回时手锯微微抬起。这种操作方式适用于薄壁工件的锯切和底部要求平整的锯削加工。

(2) 摆动式。手锯在向前推进过程中，前手臂逐步上提，后手臂逐步下压，使锯条在上下摆动中向前推进。这种操作方式动作比较自然，可以减轻疲劳，特别适用于无特殊要求的锯断加工。

4) 锯削前准备工作

(1) 选择锯条。锯削前应根据工件的材料种类、硬度、结构形状和尺寸等实际情况选择锯齿的粗细。一般来说，锯切铜、铝、铸铁等软材料或较厚的工件时应选用粗齿锯条；锯切普通钢及中等厚度工件时应选用中齿锯条；锯切硬材料和薄壁工件或材料，如薄钢板、管子、角铁等时应选用细齿锯条。

(2) 装夹工件。工件通常装夹在台虎钳左侧，但锯削加工线离虎钳不能太远，而且要与地面垂直，以防止锯削时发生振动和锯缝偏斜。

5) 起锯方法

起锯方法分为远起锯和近起锯两种，如图 1-9 所示。在平面上起锯时，一般应采用远起锯。起锯时以左手拇指靠住锯条，右手稳推手柄，起锯角度约为 10°～15°。起锯操作时锯弓往复行程要短，压力要小，速度要慢。当起锯槽深达 2～3 mm 后，左手拇指即可离开锯条，进行正常锯削。

起锯方法

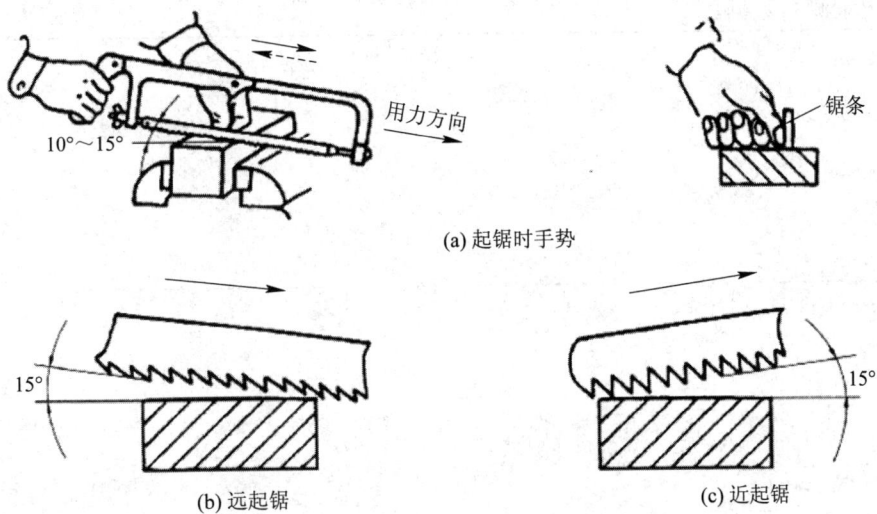

10°~15°

用力方向

锯条

(a) 起锯时手势

15°

15°

(b) 远起锯

(c) 近起锯

图 1-9 起锯方法

课内作业

1. 描述从图纸上得到的信息。

个人得到的信息:
小组讨论后得到的信息:
共同讨论后得到的信息:

2. 记录测量数据。

个人的：
小组的：
共同的：

3. 计算加工完成后工件的体积，并计算出切除了多少材料。按目前的市场价算出铁屑的价格。

个人的：
小组的：
共同的：

4. 总结加工方案(工序)。

自己的:
小组的:
共同的:

5. 记录加工时间。

尺寸 178 ± 0.2 mm 用时(分钟):

尺寸 44 ± 0.12 mm 用时(分钟):

6. 加工过程中存在的问题及解决方案。

存在的问题	自己的:
	小组的:
	共同的:

解决方案	自己的:
	小组的:
	共同的:

课外作业

1. 钳工工种的分类有哪些?

2. 钳工操作的主要内容是什么?

3. 钳工常用的设备有哪些?

任务二　练习板 2-A 加工

练习板 2-A 图纸如图 1-10 所示。

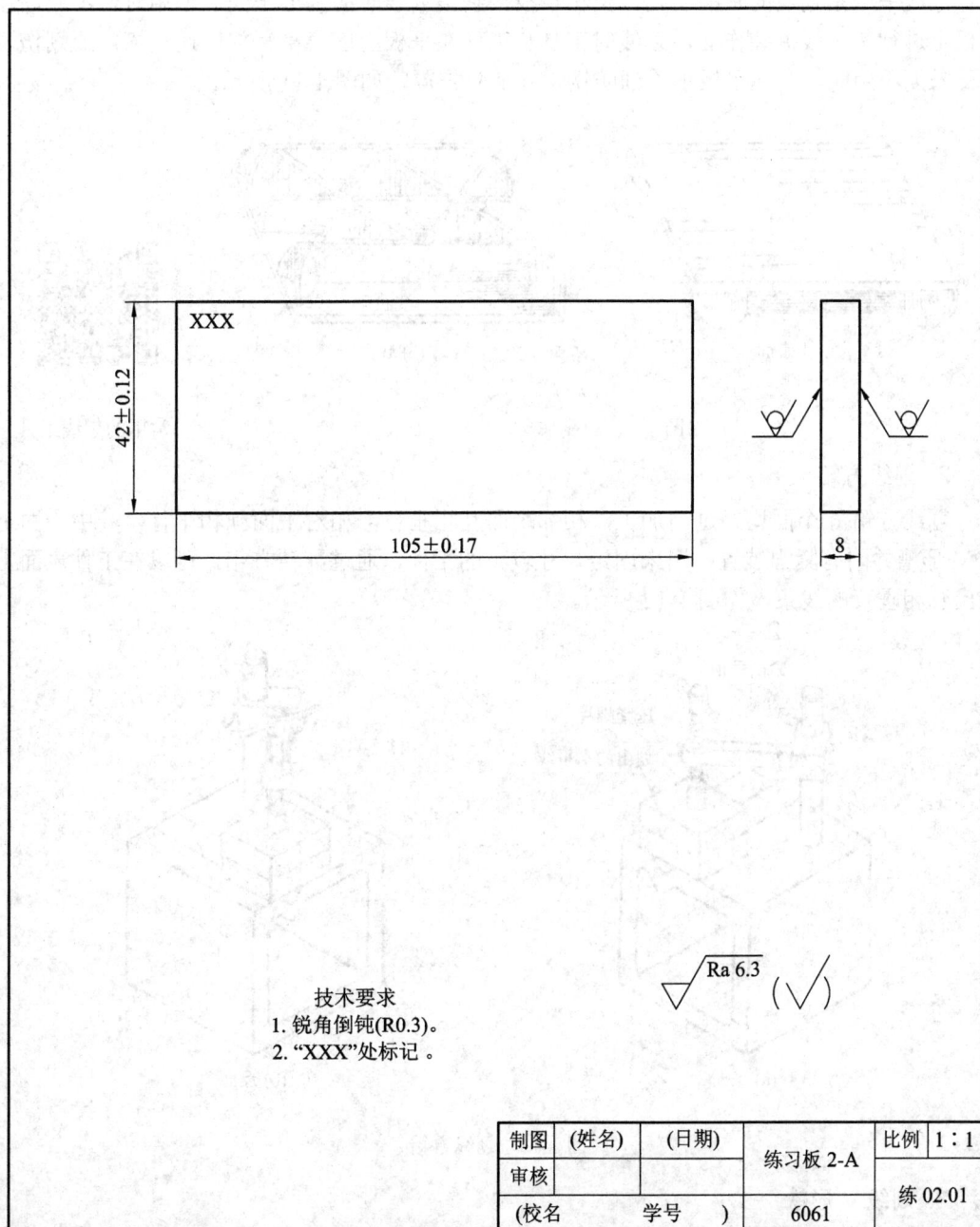

XXX

42 ± 0.12

105 ± 0.17

8

Ra 6.3

技术要求
1. 锐角倒钝(R0.3)。
2. "XXX"处标记。

制图	(姓名)	(日期)	练习板 2-A	比例	1:1
审核				练 02.01	
(校名	学号	)	6061		

图 1-10　练习板 2-A 图纸

◆ 相关专业知识

一、划线工具及其使用

1. 划线平台

划线平台是划线的基准工具，又称平板，它是划线时的基准平面。使用时，不允许在平板上进行敲击或拆装作业，划线时工具和工件在平板上应稳拿轻放，避免撞击或划伤表面。长期不用时，应在平板上涂油防锈，并加防护罩，如图 1-11 所示。

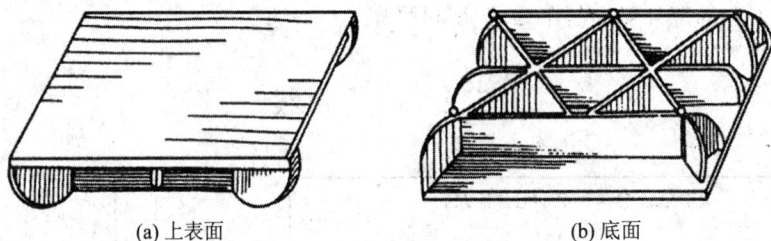

(a) 上表面　　　　　　　　(b) 底面

图 1-11　划线平台　　　　　　　　　　　常用的划线工具

2. 划线方箱

划线方箱 6 个面均经过精加工，相邻平面互相垂直，相对平面互相平行，其中一面上有 V 形槽并附有紧固装置，用来固定尺寸较小的工件，通过翻转方箱，可以在工件表面上划出互相垂直的线条，如图 1-12 所示。

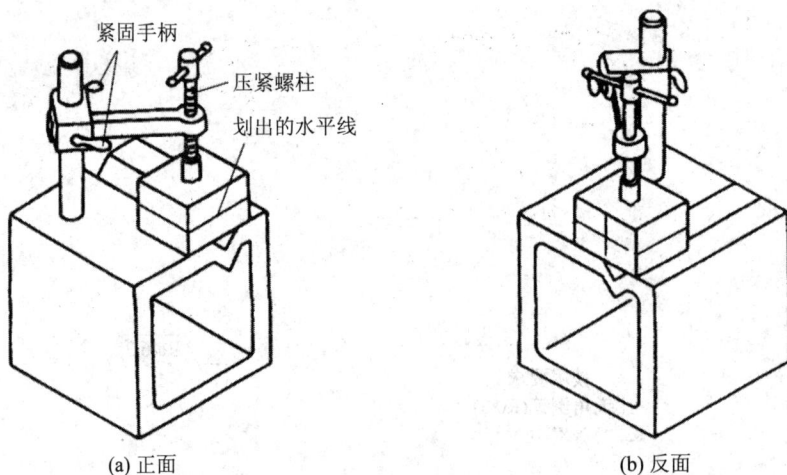

紧固手柄
压紧螺柱
划出的水平线

(a) 正面　　　　　　　　　(b) 反面

图 1-12　划线方箱

3. 划线 V 形铁

划线 V 形铁主要用于安放轴、套筒、圆盘等圆柱形工件，以便找中心线与划出中心线，如图 1-13 所示。

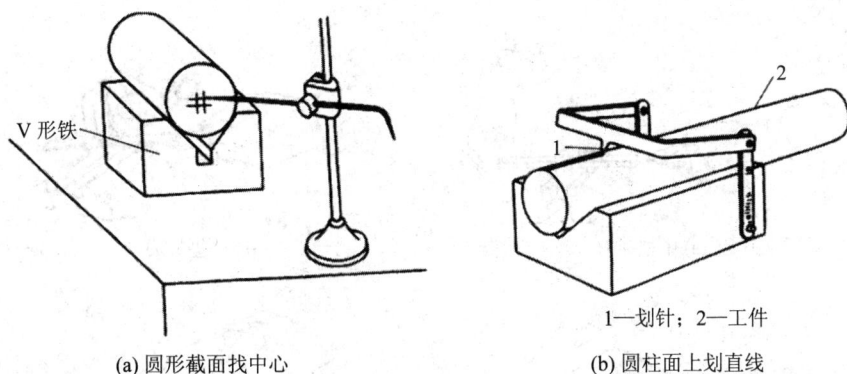

(a) 圆形截面找中心　　　　　　　(b) 圆柱面上划直线

1—划针；2—工件

图 1-13　V 形铁

二、锉削工具及其使用

用锉刀对工件进行切削的加工方法称为锉削。锉削加工精度可达 IT8～IT7，表面粗糙度值可达 $Ra1.6～0.8\ \mu m$。

1. 锉刀的构造及锉削原理

锉刀是锉削加工的刀具，用碳素工具钢 T12A 制成，经热处理后其切削部分硬度可达 HRC62～67。

锉刀的构造如图 1-14 所示，主要由锉身与锉柄两部分组成。锉身的工作部分是由带锉齿的上下锉面和锉边组成。锉刀的锉齿是在专门的剁锉机上剁出的，其锉削原理如图 1-15 所示。

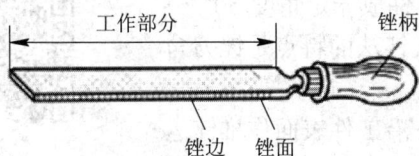

图 1-14　锉刀的构造

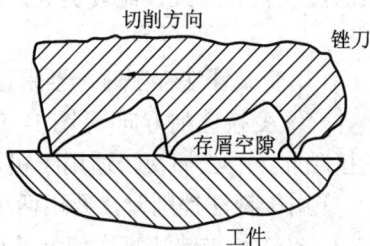

图 1-15　锉刀的锉削原理

2. 锉刀的握法

锉削时，一般用右手握住锉刀柄，左手握住或压住锉刀。普通锉刀的基本握法如图 1-16 所示。中小型锉刀、整形锉刀和特种锉刀的握法如图 1-17 所示。

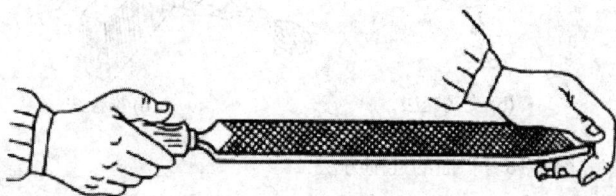

图 1-16　普通锉刀的基本握法

锉刀的握法

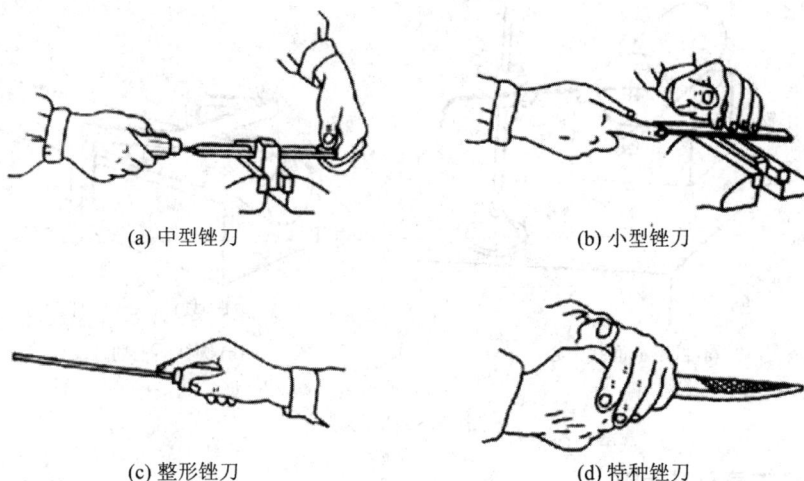

(a) 中型锉刀　　　　　　　　　　　　　　(b) 小型锉刀

(c) 整形锉刀　　　　　　　　　　　　　　(d) 特种锉刀

图 1-17　中小型锉刀、整形锉刀和特种锉刀的握法

3. 锉削加工方法

1) 装夹工件

锉削加工前，工件必须被牢固地夹在台虎钳钳口的中部，并使锉削面略高于钳口。工件夹持面已精加工时，应在钳口与工件之间垫上铜制或铝制垫片。

2) 平面的锉削方法

(1) 在用顺向锉法锉削时，要保证锉刀始终沿一个方向锉削(见图 1-18(a))。顺向锉法锉削形成的锉纹整齐一致，比较美观，适用于加工中小平面，或者对大平面进行最后的锉光锉平。

(2) 在用交叉锉法锉削时，要保证锉刀与工件成一定角度(50°～60°)，并交叉变换锉削方向(见图 1-18(b))。交叉锉法的特点是锉刀与工件的接触面大，去屑快，适用于粗锉。

(3) 在用推锉法锉削时，要用两手推锉刀，沿工件表面作推锉运动(见图 1-18(c))。推锉法每次切削量小，主要用于修正较小的工作表面，以获得较小的表面粗糙度。

平面的锉削方法

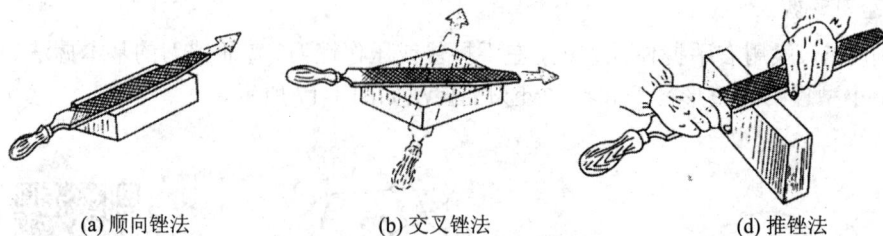

(a) 顺向锉法　　　　　　　(b) 交叉锉法　　　　　　　(d) 推锉法

图 1-18　平面的锉削方法

4. 锉削加工平面的检测

锉削加工平面尺寸精度的检测通常用游标卡尺或千分尺；平面度的检测一般用刀口形

直尺或直角尺作透光检验；垂直度的检测一般用 90° 角尺作透光检验。

课内作业

1. 描述从图纸上得到的信息。

个人得到的信息：

小组讨论后得到的信息：

共同讨论后得到的信息：

2. 测量并记录毛坯的尺寸、重量，计算毛坯的体积。

个人的：

小组的：

共同的：

3. 计算加工完成后工件的体积，并计算出切除了多少材料。按目前的市场价算出铁屑的价格。

个人的：

小组的：

共同的：

4. 总结加工方案(工序)。

自己的:
小组的:
共同的:

5. 填写工件加工质量评价表。

序号	测量尺寸	自检数据(3 组)	互检数据(3 组)	互检人	师傅抽检数据
1	105±0.17 mm				
2	42±0.12 mm				

6. 记录加工时间。

尺寸 105±0.17 mm 加工时间(分钟):

尺寸 42±0.12 mm 加工时间(分钟):

7. 加工过程中存在的问题及解决方案。

存在的问题	自己的:	
	小组的:	
	共同的:	
解决方案	自己的:	
	小组的:	
	共同的:	

课外作业

拆装自己的台虎钳，了解台虎钳的结构，并进行清理。

任务三 练习板 1-B 加工

练习板 1-B 图纸如图 1-19 所示。

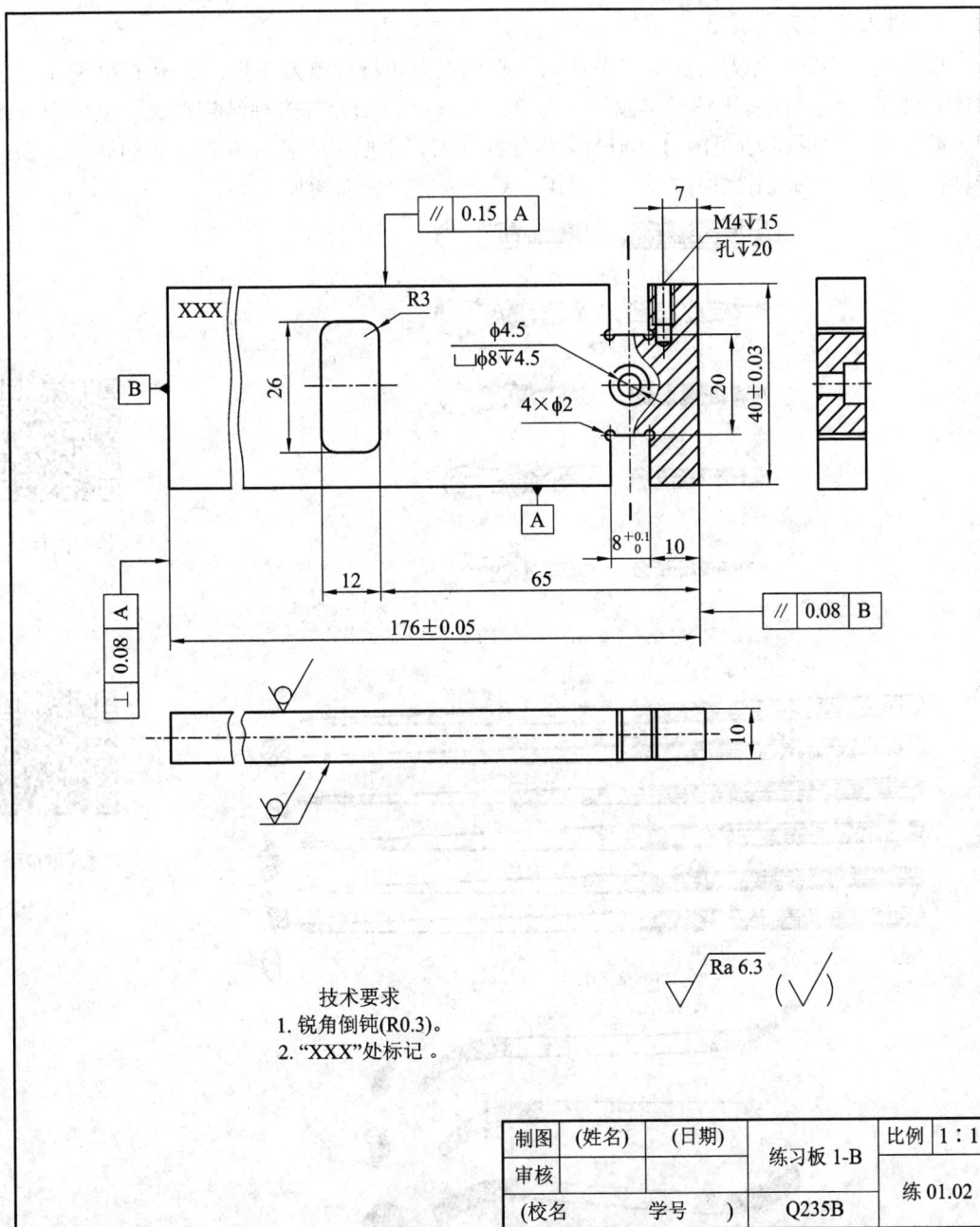

图 1-19 练习板 1-B 图纸

相关专业知识

一、锉刀选用及使用动作要领

1. 锉刀的种类与规格

根据用途不同，锉刀可分为普通锉刀、整形锉刀和特种锉刀 3 种，如图 1-20 所示。普通锉刀(见图 1-20(a))有平锉、半圆锉、方锉、三角锉、圆锉等多种结构形式，主要用于锉削一般工件；整形锉刀(见图 1-20(b))又称什锦锉刀，主要用于各种内腔表面的修整加工；特种锉刀(见图 1-20(c))品种较少，主要用于复杂内腔内表面的加工。

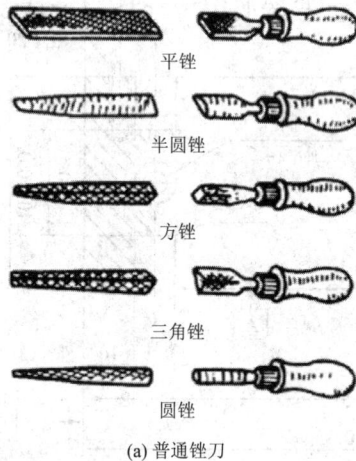

平锉

半圆锉

方锉

三角锉

圆锉

(a) 普通锉刀

锉刀的种类

(b) 整形锉刀

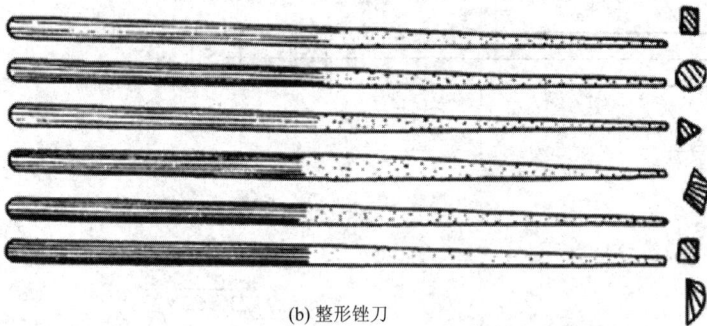

去毛刺的方法

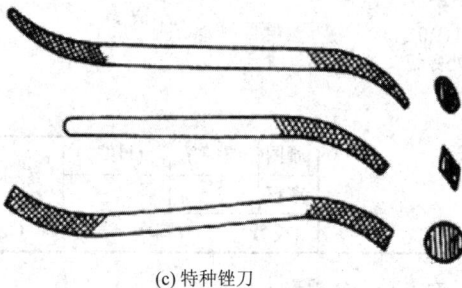

(c) 特种锉刀

图 1-20　锉刀的种类

锉刀的规格一般用长度尺寸表示。为适应不同锉削加工需要，锉刀的锉纹按齿距的大小可分为粗齿锉刀、中齿锉刀、细齿锉刀、双细齿锉刀和油光锉等。

2．锉刀的选用

1) 锉齿粗细的选择

锉齿粗细的选择主要取决于工件加工余量大小、尺寸精度和表面粗糙度要求。一般粗加工用粗齿锉刀，精加工用细齿锉刀。

2) 锉刀的规格尺寸与截面形状选择

锉刀的规格尺寸取决于工件的加工面积与加工余量。一般加工面积大、余量多的工件，使用较大的锉刀。锉刀的截面形状取决于工件加工部位的形状。

3．锉削姿势及动作要领

锉削时，身体的重心要放在左脚上，右腿伸直，左腿稍弯，身体前倾，双脚站稳，靠左腿屈伸产生上身的往复运动，同时完成两臂的推锉和回锉两个动作。在推锉过程中，身体的前倾角度应随着锉刀位置的变化而不断调整，如图 1-21 所示。锉削速度一般为每分钟 40~60 次，要求推锉时的速度稍慢，回锉时的速度稍快。整个锉削动作应配合协调，自然连续。

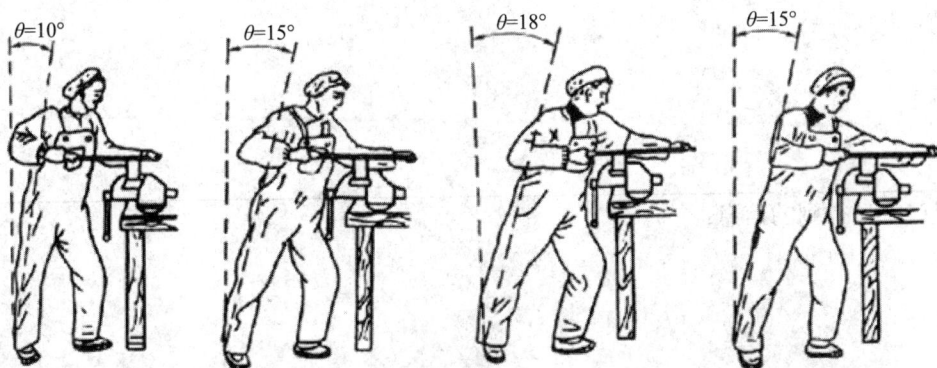

图 1-21 锉削姿势

锉削平面时两手的用力

为了锉出平整的平面，在推锉过程中必须使锉刀始终保持水平位置而不能上下摆动。因此，在锉削过程中，右手的压力应随锉刀的前进逐渐增加，而左手的压力则随锉刀的推进而不断减小。回锉时，两手不能施加压力，以减少锉齿的磨损。

二、锯条的安装方法

锯削加工中手锯向前推进是切削过程，返回时为排屑过程，所以安装锯条时必须使锯齿的方向朝前，如图 1-22 所示。装好后的锯条应与锯弓的中心平面平行，而且锯条的张紧程度要适当；否则，在锯切过程中容易造成锯条折断或锯缝歪斜等现象。

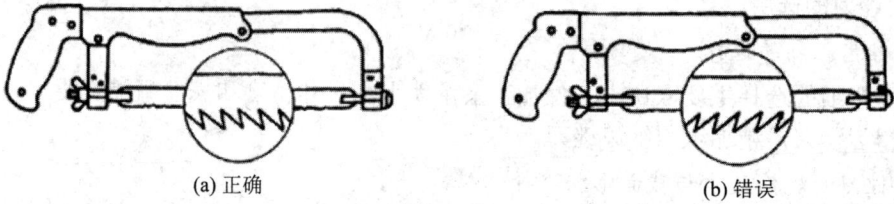

(a) 正确　　　　　　　　　　　　(b) 错误

图 1-22　锯条的安装方法

课内作业

1. 描述从图纸上得到的信息。

个人得到的信息：
小组讨论后得到的信息：
共同讨论后得到的信息：

2. 测量并记录毛坯的尺寸和重量，计算毛坯的体积。

个人的：

小组的：

共同的：

3. 计算加工完成后工件的体积，并计算出切除了多少材料。按目前的市场价算出铁屑的价格。

个人的：

小组的：

共同的：

4. 总结加工方案(工序)。

自己的:
小组的:
共同的:

5. 设计工件加工质量评价表。

6. 记录加工时间。

7. 加工过程中存在的问题及解决方案。

存在的问题	自己的:
	小组的:
	共同的:
解决方案	自己的:
	小组的:
	共同的:

课外作业

判断题：

1．学生进入实验(实训)室，必须严格遵守实验(实训)室的各项规章制度，听从指导，服从管理。(　　)

2．实验(实训)前必须接受安全教育，实验(实训)时必须注意安全，防止人身和设备事故的发生。(　　)

3．实验前，必须认真预习有关实验指导书和教材，理解实验目的、原理和方法，了解实训操作规程等；未经预习，不得进入实验室。(　　)

4．进入实验(实训)室后不得在室内随便走动、饮食、乱扔杂物，实验(实训)过程中应保持安静，不得喧哗。(　　)

5．不准搬弄与本实验(实训)无关的仪器设备，不得将与实验(实训)无关的物品带入实验(实训)室，也不得将实验(实训)室物品带出实验(实训)室。(　　)

6．参加金工实习时可以穿自己的衣服。(　　)

7．学生必须自己动手操作，认真做好实验原始记录，实验结束后要独立完成实验报告，不得抄袭。(　　)

8．使用实验(实训)设备时，要严格遵守操作规程，若发现设备异常，应停止使用，并及时向指导老师报告。(　　)

9．实验(实训)期间应保持实习场所整洁、有序。实验(实训)结束应清理场地，将仪器设备工具归原位。(　　)

10．如违反操作规程或不听从指导而造成仪器、设备损坏等事故，应按学校有关规定赔偿。(　　)

11．机械加工人员上岗前必须经过培训，合格后方可上岗。(　　)

12．进入实训场地，必须穿戴好劳动防护用品，衣服要扣紧，袖口要扎紧，齐肩长发的同学必须戴帽子，不准穿裙子，不准戴手套操作，以免造成事故。(　　)

13．机床启动后要时刻看住机床，一旦发现机床运作异常，马上按下急停开关。(　　)

14．工、夹、量、刃具要轻拿轻放，夹紧刀具和工件必须牢固、可靠。(　　)

15．机床导轨上不可以放置工、夹、量、刃具。(　　)

任务四 练习板 2-B 加工

练习板 2-B 图纸如图 1-23 所示。

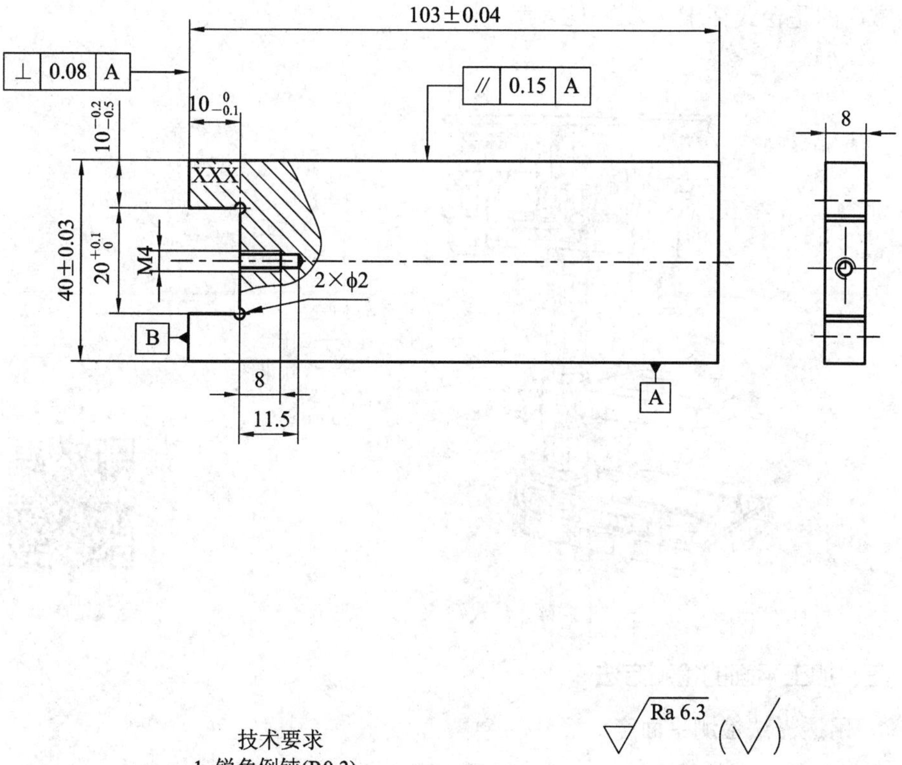

图 1-23 练习板 2-B 图纸

◆ **相关专业知识**

一、锯削过程中的用力

无论采用哪种操作方式，推锯时用力要均匀，速度不宜过快(每分钟往复 40~60 次)，锯弓要扶稳，不能左右摇摆；回锯时应将手锯稍微抬起以减少锯齿的磨损，回锯速度可稍快。锯削时，应使锯条全长参与工作，以防止因全长不均匀磨损而造成断锯和浪费。

锯断加工接近结束时，速度要慢，用力要轻，行程要小，手锯后部抬起略向前倾，以避免锯齿折断和造成事故。

二、钻床简介

钻床是钳工进行钻孔加工作业的主要设备。根据其规格大小，有台式钻床、立式钻床和摇臂钻床之分，分别用于加工直径在 12 mm、40 mm、125 mm 以下的孔。其中钳工作业中最常用的是台式钻床，如图 1-24 所示。

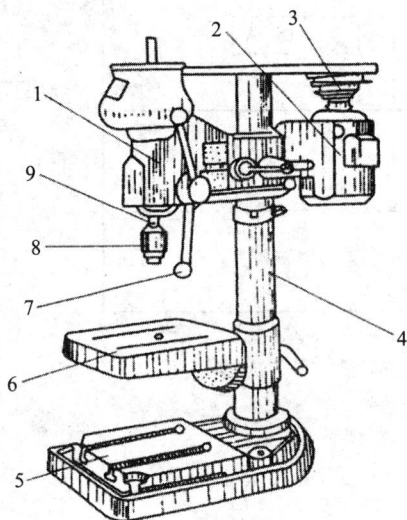

1—机体；
2—电动机；
3—带传动机构；
4—立柱；
5—底座；
6—工作台；
7—操作手柄；
8—钻夹头；
9—主轴

图 1-24 台式钻床

台式钻床介绍

三、加工平面的检测方法

1. 用透光法检测平面度

将加工好的工件平面擦净，把刀口尺垂直紧靠在工件表面，并在纵向、横向和对角线方向逐次检测，如图 1-25(a)所示。检测时，如果刀口尺与工件平面透光微弱而均匀，则该工件平面度合格；如果进光强弱不一，则说明该工件平面凹凸不平。可在刀口尺与工件紧靠处用塞尺插入，根据塞尺的厚度即可确定平面度的误差大小，如图 1-25(b)和(c)所示。

直角尺及测量

(a) 用刀口尺检测平面度　　　(b) 用塞尺测量平面度误差　　　(c) 误差大小

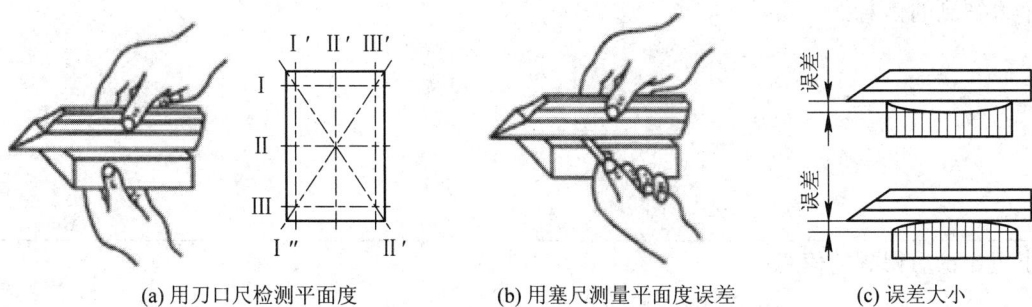

图 1-25　用透光法检测平面度

2. 用透光法检测直线度

将加工好的工件平面擦净，把直角尺背面(或刀口尺、游标卡尺主尺面)垂直紧靠在工件表面，即可检测平面的直线度，如图 1-26(a)所示。

3. 用透光法检测垂直度

将加工好的工件平面擦净，选好基准面，把直角尺背面垂直紧靠在工件表面，即可检测其垂直度；用同样的方法可对其他各面有序检测，如图 1-26(b)所示。如图 1-26(c)所示状态可判定两平面为垂直，如图 1-26(d)、(e)所示状态可判定两平面不垂直。

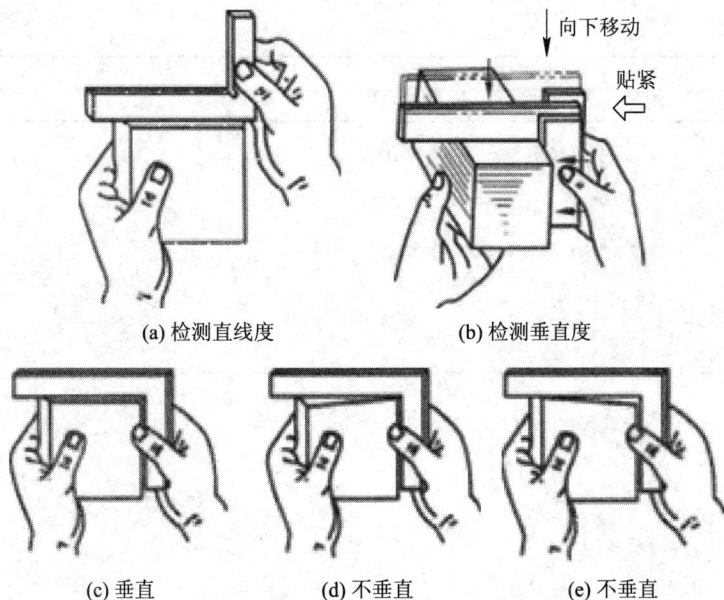

(a) 检测直线度　　　　　　(b) 检测垂直度

(c) 垂直　　　　　(d) 不垂直　　　　　(e) 不垂直

图 1-26　用透光法检测直线度和垂直度　　　　　　刀口形直尺及测量

课内作业

1. 描述从图纸上得到的信息。

个人得到的信息：
小组讨论后得到的信息：
共同讨论后得到的信息：

2. 测量并记录毛坯的尺寸和重量，计算毛坯的体积。

个人的：
小组的：
共同的：

3. 计算加工完成后工件的体积，并计算出切除了多少材料。按目前的市场价算出铁屑的价格。

个人的：
小组的：
共同的：

4. 总结加工方案(工序)。

自己的：
小组的：
共同的：

5. 设计工件加工质量评价表。

6. 记录加工时间。

7. 加工过程中存在的问题及解决方案。

存在的问题	自己的：
	小组的：
	共同的：

解决方案	自己的：
	小组的：
	共同的：

课外作业

1. 拆装自己组的台钻，了解台钻结构。

2. 在加工过程中碰到了哪些问题？有什么疑问？

任务五　左侧面板加工

左侧面板图纸如图 1-27 所示。

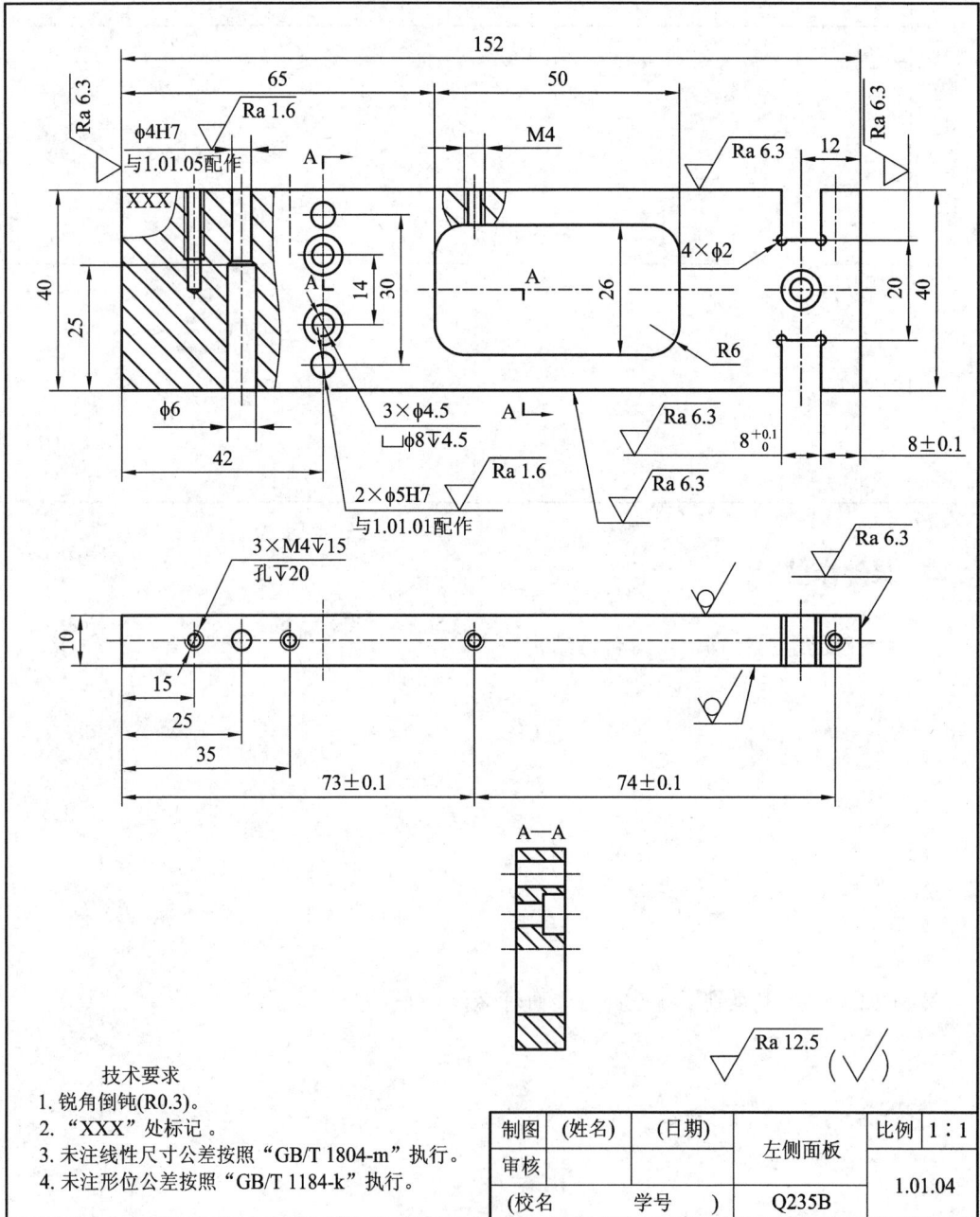

图 1-27　左侧面板图纸

左侧面板　　　　游标卡尺的测量方法　　　　钻排孔

相关专业知识

一、钻孔

用钻头在工件实体上加工孔的方法称为钻孔。钻孔加工时，工件一般固定不动，钻头既要作旋转运动，又要作轴向进给运动。钻孔加工一般用于较小直径孔的粗加工，钻孔加工的尺寸精度为 IT10 以下，表面粗糙度值为 $Ra50\sim12.5\ \mu m$。

1. 钻头简介

钻头是钻孔加工的刀具，通常由高速钢制成，最常用的是麻花钻，其结构组成如图 1-28 所示。

图 1-28　麻花钻的结构组成

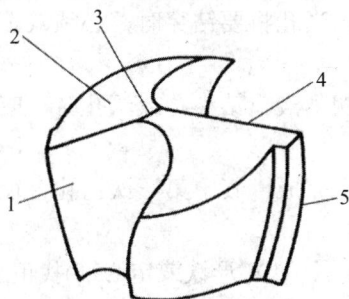

1) 麻花钻的结构组成

(1) 柄部：麻花钻的夹持部分，有直柄与锥柄两种。一般直径小于 12 mm 的钻头制成直柄；直径大于 13 mm 的制成锥柄，并带有扁尾，以便传递较大的扭矩。

(2) 颈部：标有钻头的规格、商标或材料牌号等。

(3) 工作部分：包括导向部分与切削部分。导向部分由对称分布的两条螺旋槽和两条棱边组成，起排屑与导向作用。麻花钻的切削部分(见图 1-29)由两个前刀面、两个后刀面、两条主切削刃和一条横刃组成，担负着主要的切削工作。

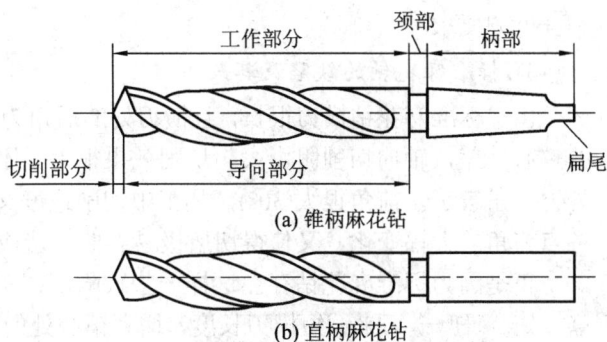

1—前刀面；
2—后刀面；
3—横刃；
4—主切削刃；
5—棱边(副切削刃)

图 1-29　麻花钻的切削部分

2) 麻花钻的刃磨角度

麻花钻的刃磨部位主要是指两个后刀面。麻花钻的刃磨角度主要包括顶角 2φ、后角 α_0 与横刃斜角 ψ，如图 1-30 所示。标准麻花钻的顶角为 $118°\pm2°$，横刃斜角为 $50°\sim55°$，后角为 8°~14°，钻头直径越大，后角越小。

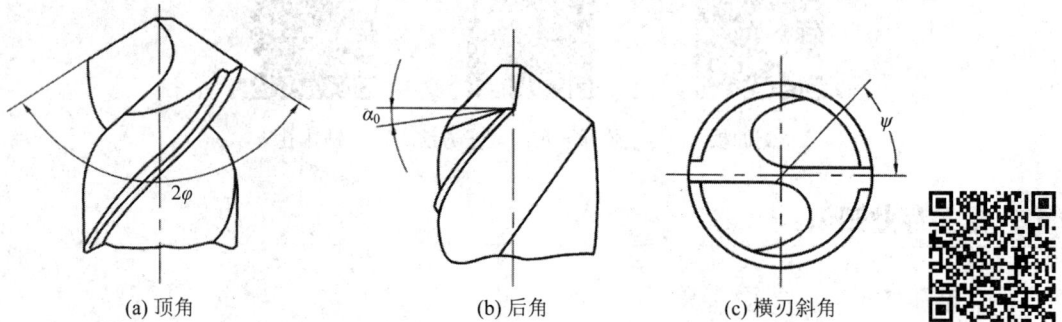

(a) 顶角 (b) 后角 (c) 横刃斜角

图 1-30 麻花钻的刃磨角度   钻头研磨

麻花钻的切削性能与其切削部分的刃磨角度紧密相关。麻花钻刃磨后，两主切削刃应对称等长，后角必须为正值，且应沿着主切削刃从中心向外逐渐减小，以保证其切削性能和强度的要求。

3) 标准麻花钻的缺陷及其改进

由于标准麻花钻横刃很长，且横刃处的后角为负值(-50°～-60°)。因此，标准麻花钻的定心性差，轴向切削阻力大，切削效果很差。不仅如此，由于标准麻花钻主切削刃外缘处刀尖角较小，前角很大(30°)，加工中切削速度又较高，因此极易磨损。而且，主切削刃各点前角的大幅变化，又使得切屑极易卷曲，造成排屑和冷却困难。

正是因为标准麻花钻存在这样一些缺陷，在实际工作中，往往需要对切削部分进行研磨。如：研磨横刃来缩短横刃长度，增大钻心处的前角(-15°～0°)；在后刀面上磨月牙槽和分屑槽，以改善主切削刃切削性能，提高断屑排屑效果；还可以通过研磨主切削刃、棱刃、前刀面和刀尖角来改善标准麻花钻的固有缺陷，从而满足对铸铁、有色金属和薄板等特殊材料或工件的加工要求。

2. 钻孔加工操作要点

(1) 通过划线钻孔时，应先将钻头对准孔中心样冲眼钻一浅窝，以检查钻孔中心是否准确。如发现偏心，应重新打一较大的样冲眼后再进行钻孔。

(2) 手动进给时，进给力不可过大。当孔将要钻穿时，必须减小进给力，以防止折断钻头或工件转动造成事故。

(3) 在韧性材料上钻孔时，应使用切削液。钻小孔或深孔时，应经常退出钻头排屑，并及时冷却。

(4) 钻大直径的孔时，应分两次以上完成，其中第一次钻孔直径必须超过下一次钻孔钻头的横刃长度。

(5) 在圆柱表面钻孔，应先用定心工具(如 V 形铁或定心锥)找正工件。在斜面上钻孔，应先用中心钻钻出浅孔或者用立铣刀加工出小平台后再进行钻孔。

(6) 钻孔加工操作时，不能戴手套，更不能用手直接抓握工件，也不能用手清除铁屑。

二、钳工用砂轮机简介

砂轮机主要用来刃磨各种刀具和工具，也可用于磨去工件上的毛刺、飞边与锐角。钳工用砂轮机主要为固定式砂轮机，如图 1-31 所示。

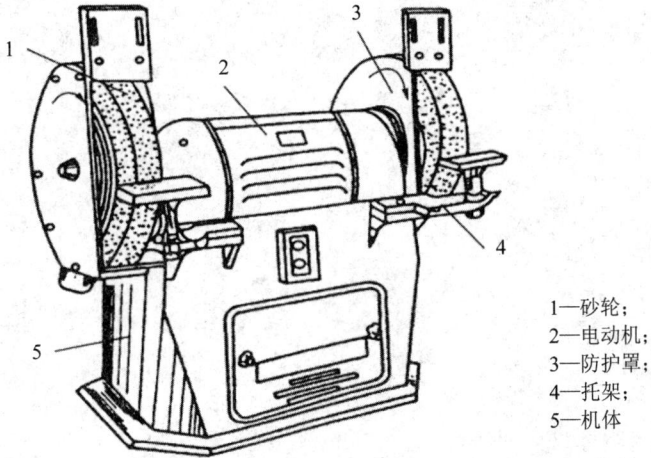

1—砂轮；
2—电动机；
3—防护罩；
4—托架；
5—机体

图 1-31　固定式砂轮机

课内作业

1. 总结加工方案(工序)。

2. 设计工件加工质量评价表。

3. 加工过程中存在的问题及解决方案。

4. 记录加工时间。

课外作业

选择题：

1.《特种设备安全法》规定，特种设备安全工作应当坚持(   )、预防为主、节能环保、综合治理的原则。

    A. 质量   B. 安全第一   C. 效益第一

2.《特种设备安全法》规定，发生(   )由省、自治区、直辖市人民政府负责特种设备安全监督管理的部门会同有关部门组织事故调查组进行调查。

    A. 重大事故   B. 较大事故   C. 一般事故

3.《特种设备安全法》规定，发生较大事故，对负有责任的单位除要求其依法承担相应的赔偿等责任外，依照规定处以(   )罚款。

    A. 十万元以上二十万元以下

    B. 二十万元以上五十万元以下

    C. 五十万元以上二百万元以下

4.《特种设备安全法》规定，特种设备生产、经营、使用单位及其(   )对其生产、经营、使用的特种设备安全负责。

    A. 主要负责人   B. 全体职工   C. 主要负责人和全体职工

5.《特种设备安全法》规定，特种设备使用单位应当建立岗位责任、(   )、应急救援等安全管理制度，制定操作规程，保证特种设备安全运行。

    A. 隐患排查　　　　　B. 隐患治理　　　　　C. 监督管理

6.《环境保护法》规定，环境保护工作坚持(　　)、预防为主、综合治理、公众参与、损害担责的原则。

    A. 保护优先　　　　　B. 安全第一　　　　　C. 治理优先

7. 每年的环境日是(　　)。

    A. 6 月 1 日　　　　　B. 6 月 5 日　　　　　C. 7 月 15 日

8.《环境保护法》规定，企业事业单位和其他生产经营者，生产、使用国家明令禁止生产、使用的农药，被责令改正，拒不改正的，情节较轻的，对其直接负责的主管人员和其他直接责任人员处(　　)以上(　　)以下拘留。

    A. 五日、十日　　　　B. 十日、十五日　　　　C. 十日、二十日

9.《环境保护法》规定，提起环境损害赔偿诉讼的时效期间为(　　)，从当事人知道或者应当知道其受到损害时起计算。

    A. 一年　　　　　　　B. 二年　　　　　　　C. 三年

任务六   外连接件加工

外连接件图纸如图 1-32 所示。

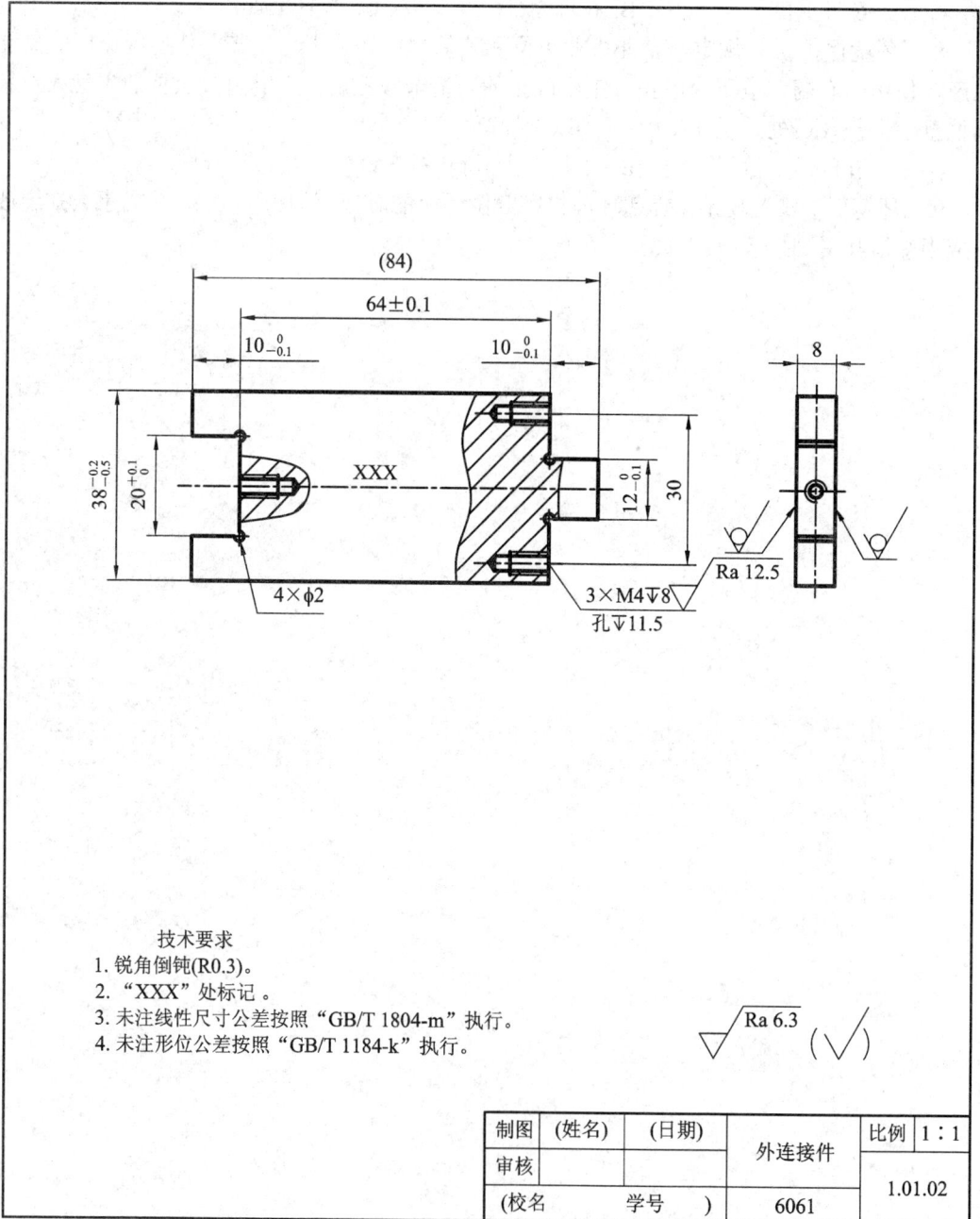

技术要求
1. 锐角倒钝(R0.3)。
2. "XXX"处标记 。
3. 未注线性尺寸公差按照"GB/T 1804-m"执行。
4. 未注形位公差按照"GB/T 1184-k"执行。

$\sqrt{Ra\ 6.3}$ $\left(\sqrt{}\right)$

制图	(姓名)	(日期)	外连接件	比例	1:1
审核					
(校名		学号)	6061	1.01.02	

图 1-32   外连接件图纸

外连接件　　　　　锯弓的种类　　　　深度游标卡尺

相关专业知识

一、钻孔加工方法

1. 钻头的装夹方法

直柄麻花钻通常用钻夹头装夹，如图 1-33(a) 所示。装夹时，将钻头柄部装入钻夹头内，转动锥齿紧固扳手，使 3 个自动定心夹爪夹紧钻头。

装夹麻花钻

锥柄麻花钻一般在立式钻床或摇臂钻床上使用，可以直接将柄部装入机床主轴锥孔内，如图 1-33(b) 所示。对于直径较小的钻头，可以用钻套来安装，如图 1-33(c)所示。钻套尾端的长方形通孔(主轴上也有)用于拆卸钻头时插入楔铁，如图 1-33(d)所示。

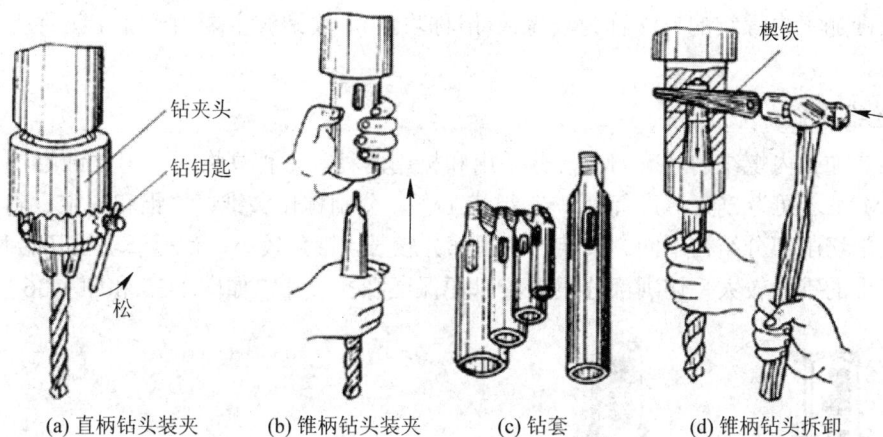

(a) 直柄钻头装夹　　(b) 锥柄钻头装夹　　(c) 钻套　　(d) 锥柄钻头拆卸

图 1-33　钻头的装夹方法

2. 工件的装夹方法

为保证钻孔加工质量和操作安全，工件必须用专门附件或夹具装夹。小型钻床上常用的几种工件装夹方法如图 1-34 所示。

3. 扩孔

扩孔是用扩孔钻对工件上已有的孔(包括铸孔、锻孔和已钻孔)进行扩大加工的方法。

扩孔钻的结构形状与锥柄麻花钻相似，不同的是扩孔钻有 3～4 个切削刃且无横刃，螺旋槽较浅，钻心粗，故扩孔钻的导向性和刚度较麻花钻好。

4. 锪孔

锪孔是用锪孔刀具(锪孔钻或平面锪刀)在已加工孔的端部进行沉孔或平面加工的方法。

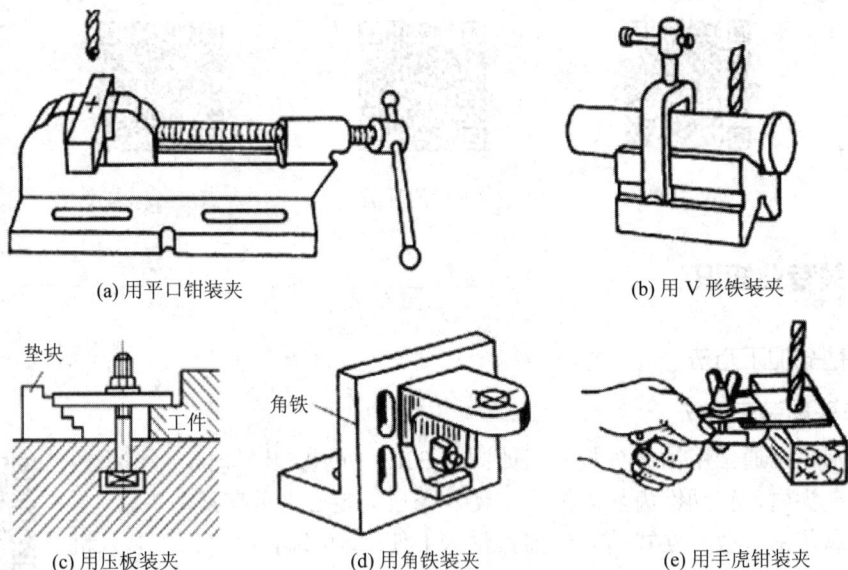

(a) 用平口钳装夹　　　　　　　　　　　　(b) 用 V 形铁装夹

(c) 用压板装夹　　　　　(d) 用角铁装夹　　　　　(e) 用手虎钳装夹

图 1-34　工件的装夹方法

二、攻螺纹加工方法

用丝锥加工内螺纹的方法称为攻螺纹(俗称攻丝)。攻螺纹主要用于加工工件上紧固螺孔的螺纹。

1. 丝锥简介

丝锥是加工内螺纹的标准刀具,分手用和机用两种。每种规格的手用丝锥由 2 支或 3 支(M6～M24 之间为 2 支,其余为 3 支)组成 1 套,分别称作头锥、二锥和三锥。它们的主要区别在于切削部分结构不同。头锥的切削部分较长,锥角较小,有利于攻丝开始时导入。二锥和三锥的锥角较大,切削部分很短,以便保证螺孔尺寸,如图 1-35 和图 1-36 所示。

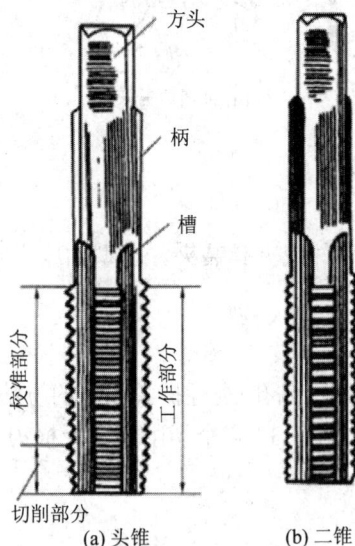

(a) 头锥　　　(b) 二锥

图 1-35　丝锥

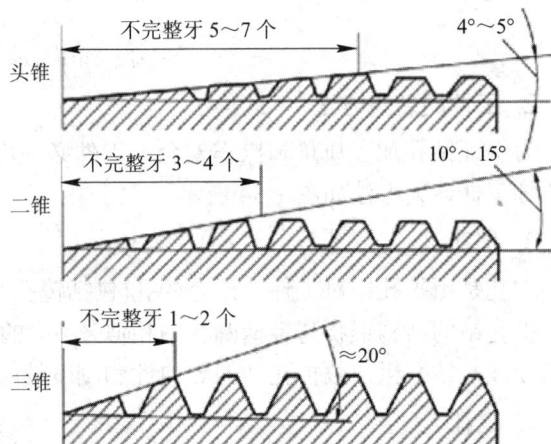

图 1-36　头锥、二锥和三锥的区别

2. 丝锥扳手简介

丝锥扳手俗称铰杠(或铰手)，是用来夹持和扳动丝锥(或铰刀)的工具，其结构如图1-37所示。

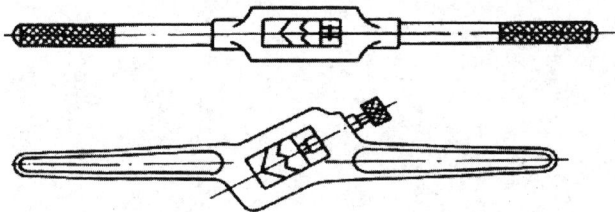

图1-37　丝锥扳手结构

3. 螺纹底孔直径的确定

攻螺纹加工的常规步骤是钻孔、孔口倒角、首攻丝、二次(三次)攻丝。由此可知，攻螺纹必须首先确定螺纹底孔直径，以便选用钻头加工底孔。螺纹底孔的直径 d 可以查阅有关手册，也可以根据螺纹大径 D 和螺距 P 按下述经验公式确定：

加工钢件和塑性材料时：

$$d = D - P \text{(mm)}$$

加工铸铁和脆性材料时：

$$d = D - 1.1P \text{(mm)}$$

4. 手工攻螺纹操作要领及注意事项

(1) 手工攻螺纹的关键是首攻。首攻时必须用头锥，而且丝锥要放正，工件要夹紧。用一只手正向压住丝锥，另一只手轻轻转动铰杠；待丝锥转过1~2圈后用直角尺检验丝锥与工件孔口表面的垂直度，如有偏斜，应及时纠正。

(2) 用头锥攻螺纹过程中，丝锥每转动0.5~1圈后都要倒转1/4圈以上，以便断屑和及时排屑。盲孔攻丝时尤其应经常旋出丝锥进行彻底排屑。攻丝时如遇过大阻力，也应及时倒转，或者先换用二锥攻几圈再用头锥续攻，千万不可强行转动，以免折断丝锥。

(3) 在塑性材料上攻丝时，应加足够的切削液。

(4) 头锥攻完后用二锥和三锥攻丝时，应先将丝锥旋入孔中，再用铰杠转动，转动时不能施加压力。

📐 课内作业

1. 总结加工方案(工序)。

2. 设计工件加工质量评价表。

3. 加工过程中存在的问题及解决方案。

4. 记录加工时间。

课外作业

选择题:

1. 《职业病防治法》规定,对产生严重职业病危害的作业岗位,应当在其醒目位置,设置(　　)和中文警示说明。

　　A. 警示标识　　　　　　　　B. 警告标志　　　　　　　　C. 安全标志

2. 《职业病防治法》规定,对可能发生急性职业损伤的有毒、有害工作场所,用人单位应当设置(　　)装置,配置现场急救用品、冲洗设备、应急撤离通道和必要的泄险区。

　　A. 警示　　　　　　　　　　B. 报警　　　　　　　　　　C. 警告

3. 《职业病防治法》规定,用人单位依法组织本单位的职业病防治工作时,应当对劳动者进行(　　)的定期职业卫生培训，普及职业卫生知识。

　　A. 上岗前和在岗期间　　　B. 上岗前和离岗时　　　C. 在岗期间和离岗时

　　4.《职业病防治法》规定，(　　)必须依法参加工伤保险。

　　A. 用人单位　　　　　　　B. 单位职工　　　　　　C. 劳动者

　　5.《职业病防治法》规定，劳动者对用人单位违反职业病防治法律、法规以及危及生命健康的行为有提出批评、检举和(　　)的权利。

　　A. 起诉　　　　　　　　　B. 控告　　　　　　　　C. 仲裁

　　6.《职业病防治法》规定，劳动者离开用人单位时，有权索取本人盖章的职业健康监护档案(　　)，用人单位应当如实、无偿提供。

　　A. 复印件　　　　　　　　B. 原件　　　　　　　　C. 原件和复印件

　　7.《职业病防治法》规定，劳动者被诊断患有职业病，但用人单位没有依法参加工伤保险的，其医疗和生活保障由该(　　)承担。

　　A. 劳动者自己　　　　　　B. 用人单位　　　　　　C. 用人单位和劳动者共同

　　8.《劳动法》规定，文艺、体育和特种工艺单位招用未满(　　)的未成年人，必须遵守国家有关规定，履行审批手续，并保障其接受义务教育的权利。

　　A. 十八周岁　　　　　　　B. 十五周岁　　　　　　C. 十六周岁

　　9. 劳动合同可以约定试用期。试用期最长不得超过(　　)月。

　　A. 三个　　　　　　　　　B. 六个　　　　　　　　C. 十二个

　　10.《劳动法》规定，劳动者在劳动过程中必须严格遵守安全操作规程。劳动者对用人单位管理人员违章指挥、强令冒险作业，(　　)拒绝执行。

　　A. 有权　　　　　　　　　B. 无权　　　　　　　　C. 不得

任务七 右侧面板加工

右侧面板图纸如图 1-38 所示。

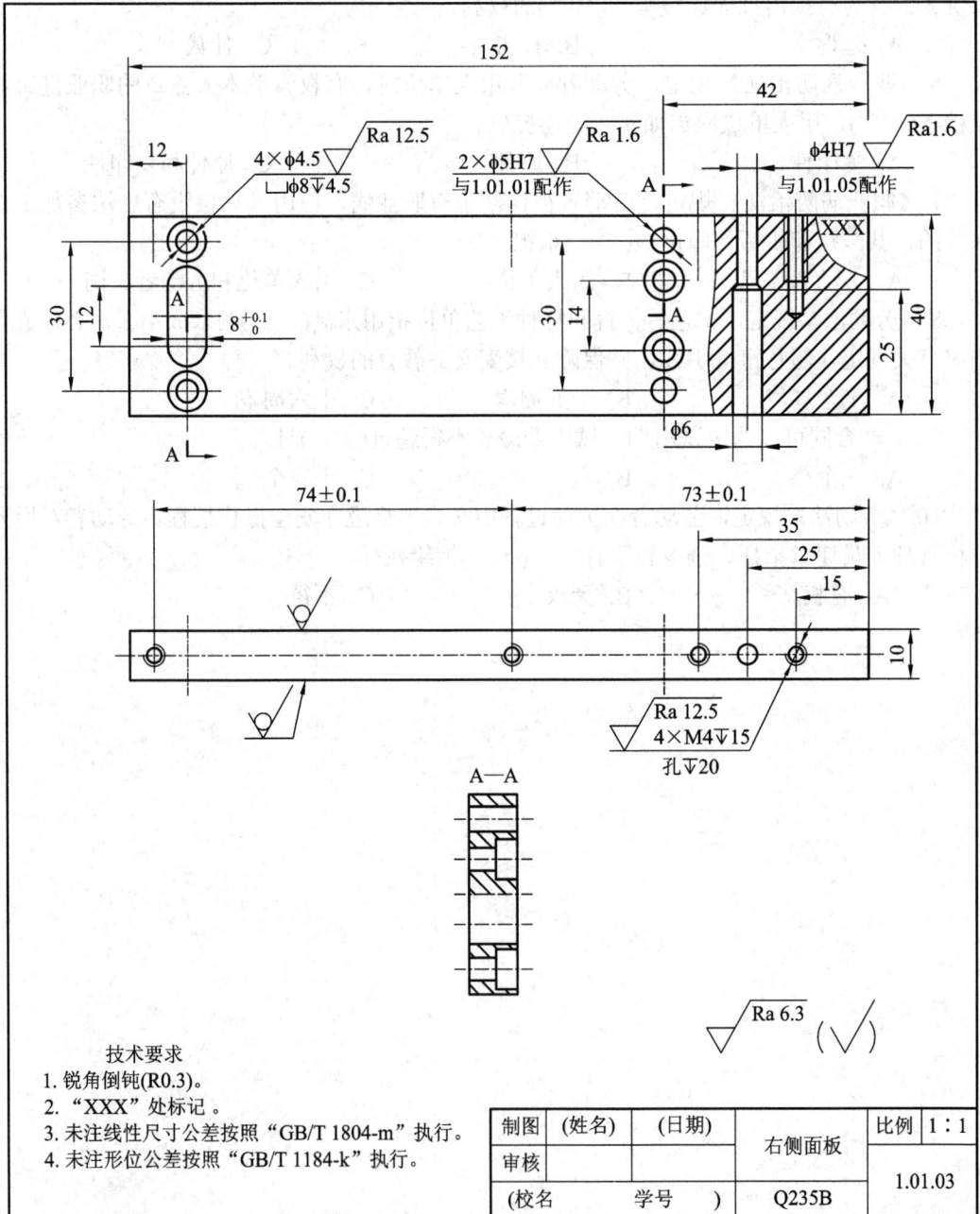

图 1-38 右侧面板图纸

中心距游标卡尺

台虎钳介绍

相关专业知识

一、铰孔余量的确定

铰孔前必须先加工(钻孔或钻孔-扩孔)底孔并留出铰孔余量。余量太大，不但孔铰不好，而且铰刀易磨损；余量太小，则不能铰去上道工序的加工痕迹，也达不到孔的尺寸精度和表面质量要求。通常，直径小于 5 mm 的圆柱孔，铰孔余量为 0.08～0.15 mm；直径为 6～20 mm 的圆柱孔，铰孔余量为 0.12～0.25 mm；直径为 20～35 mm 的圆柱孔，铰孔余量为0.2～0.3 mm。

对于直径较小的锥孔，应按小端直径钻孔后再铰孔；对于较大直径的锥孔，应分级钻出阶梯孔后再铰孔。

二、机动铰孔时切削速度和进给量的确定

机动铰孔时，应根据铰刀、工件材料和铰孔要求正确选择切削速度和进给量。例如，采用高速钢铰刀在钢件上铰孔的切削速度和进给量分别为：

切削速度：粗铰时取 1.5～5 m/min，精铰时取 4～10 m/min；

进给量：0.2～1.2 mm/r。

课内作业

1. 总结加工方案(工序)。

2. 设计工件加工质量评价表。

3. 加工过程中存在的问题及解决方案。

4. 记录加工时间。

课外作业

选择题：

1. 《中华人民共和国宪法》规定，中华人民共和国年满(   )周岁的公民，不分民族、种族、性别、职业、家庭出身、宗教信仰、教育程度、财产状况、居住期限，都有选举权和被选举权；但是依照法律被剥夺政治权利的人除外。

    A. 十五　　　　　　　　　B. 十六　　　　　　　　　C. 十八

2. 中华人民共和国最高国家权力机关是(   )。

    A. 全国人民代表大会　　　B. 国务院　　　　　　　　C. 中央军委

3. 安全生产工作应当以人为本，坚持安全发展，坚持(   )的方针。

A. 生命至上、安全第一、预防为主

B. 安全第一、预防为主、综合治理

C. 安全第一、预防为主、综合监管

4.《安全生产法》规定，工会依法对安全生产工作进行(　　)。

    A. 监督　　　　　　　　B. 指导　　　　　　　　C. 监管

5.《安全生产法》规定，从业人员有权对本单位安全生产工作中存在的问题提出建议、(　　)、检举、控告。

    A. 起诉　　　　　　　　B. 批评　　　　　　　　C. 仲裁

6.《安全生产法》规定，生产经营单位的从业人员有权了解其作业场所和工作岗位存在的危险因素、防范措施及(　　)。

    A. 事故应急措施　　　　B. 安全技术措施　　　　C. 安全投入资金情况

7.《安全生产法》规定，从业人员应当接受安全生产教育和培训，掌握本职工作所需的安全生产知识，提高(　　)，增强事故预防和应急处理能力。

    A. 安全培训技能　　　　B. 安全生产技能　　　　C. 安全素质

8.《安全生产法》规定，从业人员的安全生产义务表述不正确的是(　　)。

    A. 在作业过程中必须遵守有关安全生产规章制度和操作规程

    B. 接受安全生产教育和培训，正确佩戴劳动防护用品的义务

    C. 发现事故隐患自己先排除再向上级领导报告

9.《安全生产法》规定，工会对生产经营单位违反安全生产法律、法规，侵害从业人员合法权益的行为，有权要求(　　)。

    A. 纠正　　　　　　　　B. 停工　　　　　　　　C. 停产

10.《安全生产法》规定，危险物品的生产、经营、储存单位以及矿山、金属冶炼、城市轨道交通运营、建筑施工单位应当建立(　　)组织。

    A. 消防救援　　　　　　B. 应急救援　　　　　　C. 安全抢救

任务八　承载板加工

承载板图纸如图 1-39 所示。

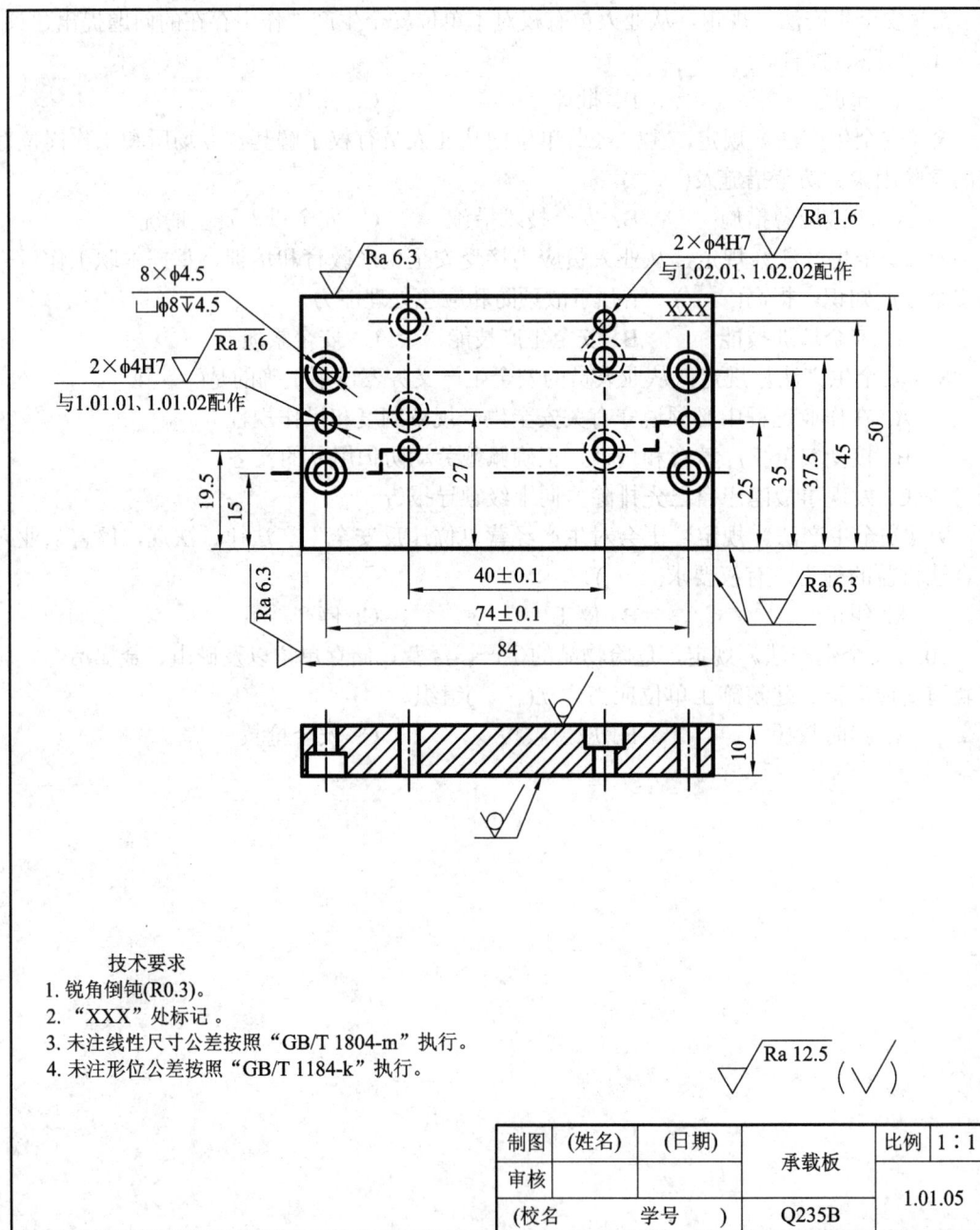

图 1-39　承载板图纸

承载板

相关专业知识

一、铰孔加工方法

铰孔是用铰刀对已经钻孔或扩孔加工并留有较小余量的孔进行精加工的方法。铰孔加工可以提高孔的尺寸形状精度，但不能改变已加工孔的位置精度。铰孔加工的尺寸精度可达 IT9～IT7，表面粗糙度可达 $Ra1.6～0.8\ \mu m$。

1. 铰刀种类

铰刀是精度很高的孔加工标准刀具。常用的铰刀有圆柱形铰刀和圆锥形铰刀两种，分别用于加工圆柱孔和圆锥孔。如图 1-40 所示为圆柱形铰刀，它由工作部分和柄部组成。工作部分又分切削部分和修光部分，切削部分用于切除余量，修光部分则起到校准孔径和修光孔壁的作用。机用铰刀(见图 1-40(a))的工作部分较短，导向锥角 φ 较大，因为要在钻床上使用，所以柄部大多做成莫氏锥度。手用铰刀(见图 1-40(b))的工作部分较长，导向锥角 φ 较小，柄部为圆柱形，末端有方头，以便于用铰杠进行手工操作。

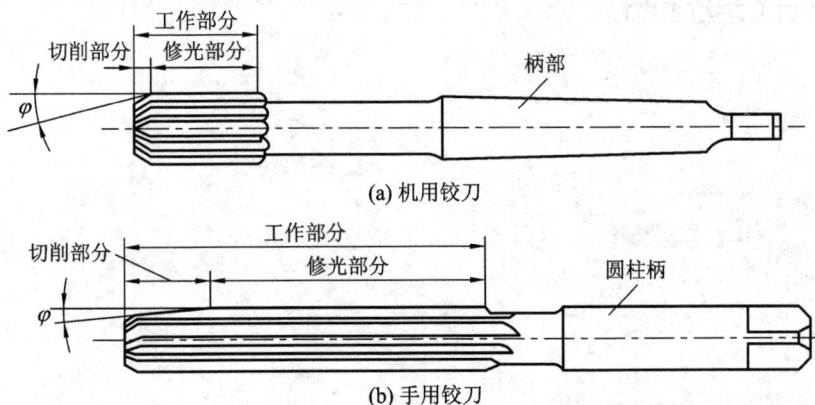

(a) 机用铰刀

(b) 手用铰刀

图 1-40　圆柱形铰刀

铰刀与钻头和扩孔钻在结构上的最大区别是，铰刀是一种多齿直刃刀具，而且有机用和手用之分。

2. 铰孔加工操作要点

(1) 铰孔时，必须选用适当的切削液，以减少铰刀与孔壁的摩擦，降低刀具的温度，去除粘附在工件上的切屑，从而降低孔壁的粗糙度，减小铰孔误差。一般在钢制工件上铰孔时用乳化液作切削液，在铸铁工件上铰孔时用煤油作切削液。

(2) 无论是手工铰孔还是机动铰孔，铰刀都不允许反转，以免损坏刀具，破坏铰孔表面。

(3) 手工铰孔时，铰杠应放平，两手用力应均匀，转动要平稳，不能让铰杠摇摆，以保证铰刀不发生偏斜，避免孔口呈喇叭形或孔径扩大。进刀时压力不可过大，以防止发生"扎刀"而在孔壁出现棱边。

(4) 机动铰孔时，一般应一次装夹就完成孔的钻(扩)、铰加工，以保证铰孔精度。铰刀退出时，主轴应保持原有运转状态。

二、楔形的切削过程与作用

二维码对应的视频中讲解了楔形的切削过程和切削作用，可观看视频内容学习了解。

三、工艺过程卡的制订要求

二维码对应的视频中讲解了工艺过程卡的制订要求，可观看视频内容学习了解。

楔形的切削过程　　　　　　楔形的切削作用　　　　　工艺过程卡的制订要求

课内作业

1. 总结加工方案(工序)。

2. 设计工件加工质量评价表。

3. 加工过程中存在的问题及解决方案。

4. 记录加工时间。

课外作业

在加工过程中碰到了什么问题，或者有什么疑问，可一一列出。

任务九 内连接件加工

内连接件图纸如图 1-41 所示。

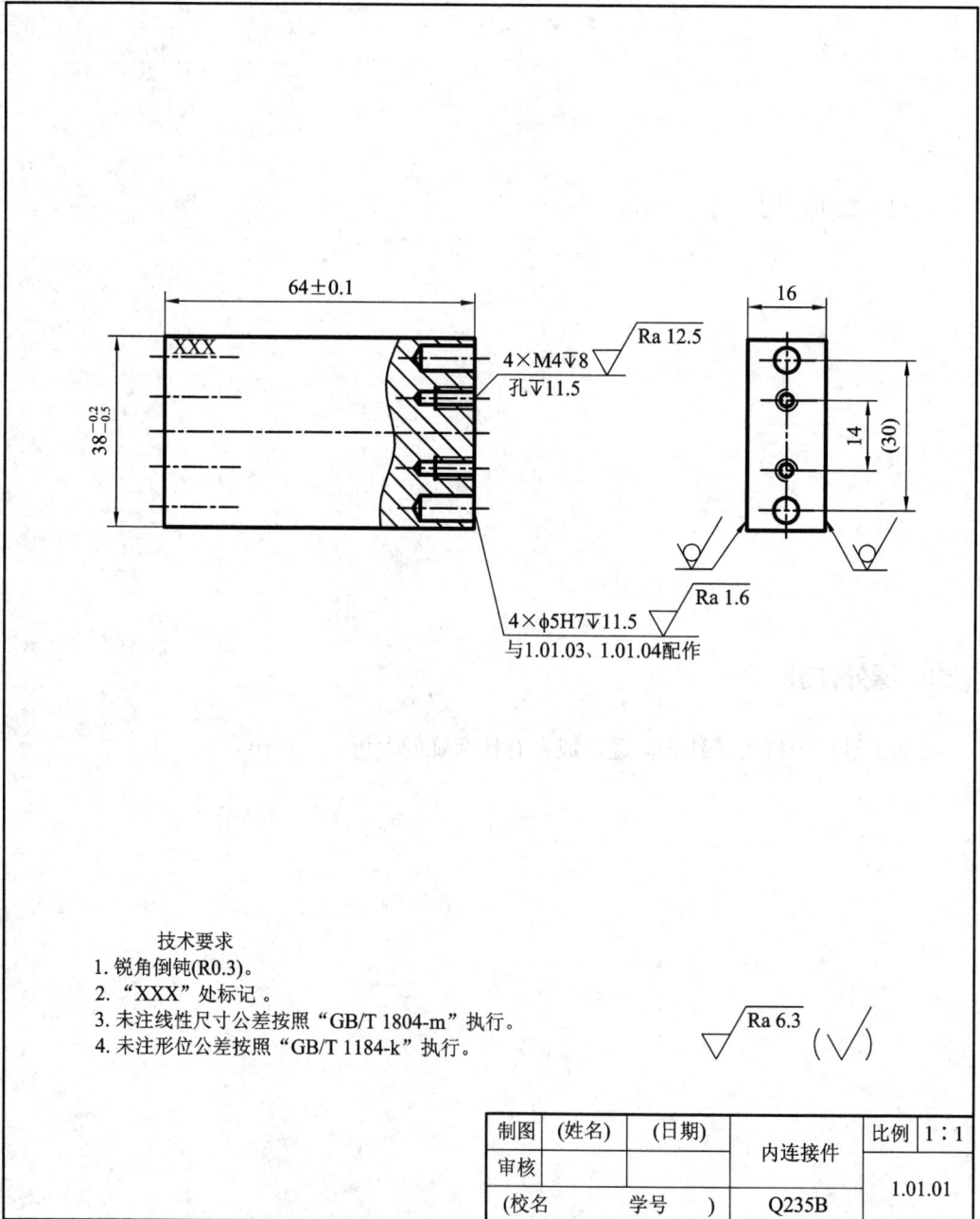

图 1-41 内连接件图纸

内连接件

相关专业知识

一、工作中正确着装的必要性

通过穿着劳保鞋(之前称为安全鞋)，可避免或减轻脚部受伤的危险。因此当可能存在此类危险时，必须穿着劳保鞋。劳保鞋的最重要的组成部分是安装于鞋子头部的用于保护脚趾的钢头。钢头能够在无明显变形的情况下承受巨大的负荷并由此有效保护足部不受来自上部和下部的伤害，以及部分来自侧面的伤害。

防护服绝不仅仅只是工作服！不言而喻，防护服必须适于进行工作，应结实耐用并且易于清洁。防护服的设计必须确保其自身不会成为导致事故的原因。防护服必须贴身，不应为"宽松"款式。只有符合规定的标准的防护服才具备一定的危险防护功能。手部通常是发生事故时最常见的受伤部位。通过佩戴合适的劳保手套或其他手部防护装备能够将受伤危险降至最低。必须谨慎选择劳保手套。手套材料必须能够抵抗预计可能出现的应力，其形状应确保最大限度地起到防护作用。

劳保手套必须带有形状和规格、型号、名称或制造商标识。

二、锉刀的正确使用和保养

(1) 不可用锉刀锉削毛坯硬皮及淬硬表面；

(2) 锉刀应先用一面，用钝后再用另一面；

(3) 应及时用钢丝刷(或铜刷)清理锉刀；

(4) 不能用手摸锉削表面，锉刀严禁接触油类；

(5) 锉刀放置时不能与其他金属物相碰；

(6) 不可用锉刀代替其他工具敲打或撬物。

三、锉削加工中的注意事项

(1) 不能使用无柄或手柄已裂开的锉刀，防止刺伤手腕；

(2) 不能用嘴吹铁屑，防止铁屑飞进眼里；

(3) 锉削过程中不要用手抚摸锉面，以防锉削时打滑；

(4) 锉刀面堵塞后，应用钢丝刷(或铜刷)顺着齿纹方向刷去铁屑；

(5) 锉刀放置时不应伸出钳工台以外，以免碰落砸伤脚。

课内作业

1. 总结加工方案(工序)。

2. 设计工件加工质量评价表。

3. 加工过程中存在的问题及解决方案。

4. 记录加工时间。

📖 课外作业

选择题：

1. 突发事件应对工作实行(   )的原则。

    A. 预防为主、防消结合

    B. 预防为主、防治结合

    C. 预防为主、预防与应急相结合

2.《突发事件应对法》规定，按照突发事件发生的紧急程度、发展势态和可能造成的危害程度，事故预警分为4级预警，其中最高级别为(   )预警。

    A. 红色　　　　　　　　B. 黄色　　　　　　　　C. 蓝色

3.《防震减灾法》规定，防震减灾工作实行(   )相结合的方针。

    A. 预防为主、防治防消

    B. 预防为主、防御与救助

    C. 预防为主、预防与应急

4.《女职工劳动保护特别规定》对怀孕(   )以上的女职工，用人单位不得延长劳动时间或者安排夜班劳动。

    A. 3个月　　　　　　　B. 5个月　　　　　　　C. 7个月

5.《女职工劳动保护特别规定》对哺乳未满(   )婴儿的女职工，用人单位不得延长劳动时间或者安排夜班劳动。

    A. 3个月　　　　　　　B. 6个月　　　　　　　C. 12个月

6.《危险化学品安全管理条例》规定，危险化学品主要是指具有爆炸性、易燃性、毒性、(   )的化学物品。

    A. 易挥发性　　　　　　B. 腐蚀性　　　　　　　C. 刺鼻性

7. 危险化学品安全管理方针是(   )。

    A. 安全第一、预防为主

    B. 安全第一、预防为主、综合治理

    C. 安全第一、预防为主、防治结合

8.《危险化学品安全管理条例》规定，(   )负责危险化学品毒性鉴定的管理，负责组织、协调危险化学品事故受伤人员的医疗卫生救援工作。

    A. 卫生部门　　　　　　B. 环保部门　　　　　　C. 质检部门

任务十　手动压力机底座装配

手动压力机底座装配图如图 1-42 所示。

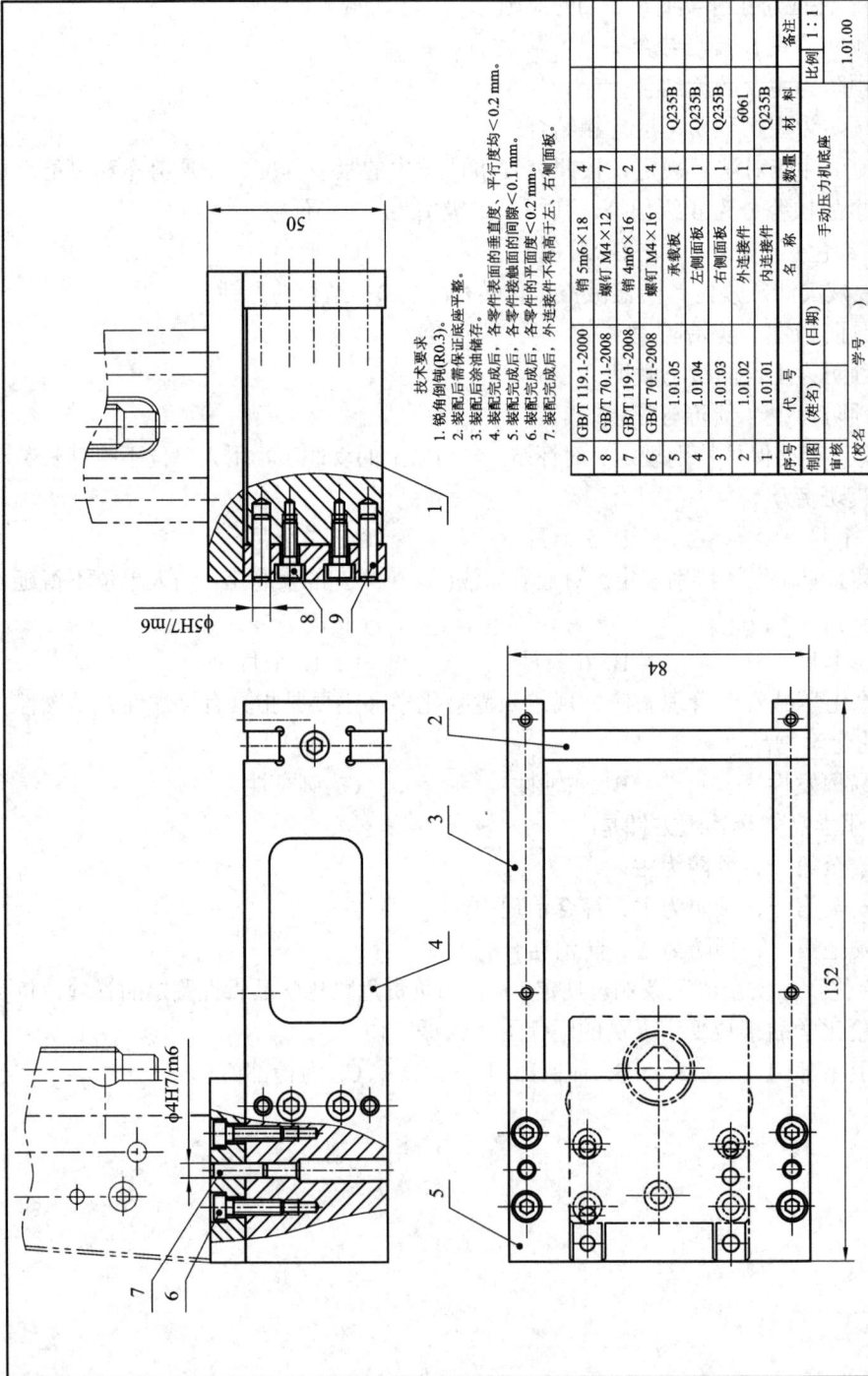

序号	代 号	名 称	数量	材 料	备注
9	GB/T 119.1-2000	销 5m6×18	4		
8	GB/T 70.1-2008	螺钉 M4×12	7		
7	GB/T 119.1-2008	销 4m6×16	2		
6	GB/T 70.1-2008	螺钉 M4×16	4		
5	1.01.05	承载板	1	Q235B	
4	1.01.04	左侧面板	1	Q235B	
3	1.01.03	右侧面板	1	Q235B	
2	1.01.02	外连接件	1	6061	
1	1.01.01	内连接件	1	Q235B	

技术要求

1. 锐角倒钝(R0.3)。
2. 装配后需保证底座平整。
3. 装配后涂油储存。
4. 装配完成后，各零件表面的垂直度、平行度均<0.2 mm。
5. 装配完成后，各零件接触面的间隙<0.1 mm。
6. 装配完成后，各零件的平面度<0.2 mm。
7. 装配完成后，外连接件不得高于左、右侧面板。

图 1-42　手动压力机底座装配图

手动压力机底座

比例 1:1　1.01.00

手动压力机底座的装配　　其他类型的游标卡尺　　其他类型的千分尺

相关专业知识

一、零件、构件和部件的区别与联系

零件是指组成机器或结构物的单个个体，是机械结构中不可分拆的单个工件，是机器的基本组成要素，也是机械加工过程中的基本单元。其加工过程一般不需要装配工序，如轴套、轴瓦、螺母、曲轴、叶片、齿轮、凸轮、连杆体、连杆头等。

构件则是指机械结构中具有确定运动的某个整体。构件可以是一个零件，也可以是连结在一起、不发生相对运动的几个零件的组合体。例如，齿轮用键与轴联接在一起，齿轮、键、轴之间不发生相对运动，成为一个运动的整体，那么，这 3 个零件就组成了 1 个构件。

部件是机械结构的一部分，由若干装配在一起的零件所组成。部件是可大可小，有灵活性的。例如，可把机器中整个变速箱称为一个部件，也可把变速箱内的离合器或其他某一部分(如滚动轴承)称为一个部件。

零件是机械加工过程中的基本单元，构件是机器中运动的单元，部件是指机器中在构造和作用上自成系统的、可单独分离出来的部分。

二、装配简介

任何一台机器都是由许多零件组成的。按照规定的技术要求，将零件组装成机器，并经过调整、试验，使之成为合格产品的工艺过程称为装配。

装配可分为组件装配、部件装配和总装配 3 个阶段。

(1) 组件装配是将两个以上的零件连接组合成为组件的过程。

(2) 部件装配是将组件、零件连接组合成独立部件的过程。

(3) 总装配是将部件和零件连接组合成为整台机器的过程。

课内作业

1. 总结装配方案(工序)。

2. 设计装配质量评价表。

3. 装配过程中存在的问题及解决方案。

4. 记录装配时间。

课外作业

选择题:

1.《安全生产法》规定,从业人员发现(　　)危及人身安全的紧急情况时,有权停止作业或者在采取可能的应急措施后撤离作业场所。

    A. 间接   B. 可能   C. 直接

2.《安全生产法》规定，因生产安全事故受到损害的从业人员，除依法享有工伤保险外，依照有关(　　)尚有获得赔偿的权利的，有权向本单位提出赔偿要求。

A. 民事法律　　　　　　　B. 刑事法律　　　　　　　C. 宪法

3.《安全生产法》规定，生产经营单位的主要负责人未履行本法规定的安全生产管理职责，导致发生重大事故的，由安全生产监督管理部门依照有关规定处上一年年收入(　　)的罚款。

A. 30%　　　　　　　　　B. 40%　　　　　　　　　C. 60%

4.《安全生产法》规定，生产经营单位未按照规定对从业人员、被派遣劳动者、实习学生进行安全生产教育和培训，或者未按照规定如实告知有关的安全生产事项的，责令限期改正，可以处(　　)万元以下的罚款。

A. 二　　　　　　　　　　B. 五　　　　　　　　　　C. 十

5.《安全生产法》规定，生产经营单位未为从业人员提供符合国家标准或者行业标准的劳动防护用品的，责令限期改正，可以处五万元以下的罚款；逾期未改正的，处(　　)万元以上(　　)万元以下的罚款。

A. 五、二十　　　　　　　B. 五、十　　　　　　　　C. 十、二十

6. 职业病防治工作的方针是(　　)。

A. 坚持预防为主、防治结合

B. 坚持预防为主、综合治理

C. 坚持预防为主、分类管理

7.《职业病防治法》规定，用人单位制定或者修改有关职业病防治的规章制度，应当听取(　　)的意见。

A. 劳动者　　　　　　　　B. 工会组织　　　　　　　C. 职工代表大会

8.《职业病防治法》规定，(　　)依法享有职业卫生保护的权利。

A. 地方政府　　　　　　　B. 用人单位　　　　　　　C. 劳动者

项目二 手动压力机立柱加工与装配

任务一 左侧立板加工

左侧立板图纸如图 2-1 所示。

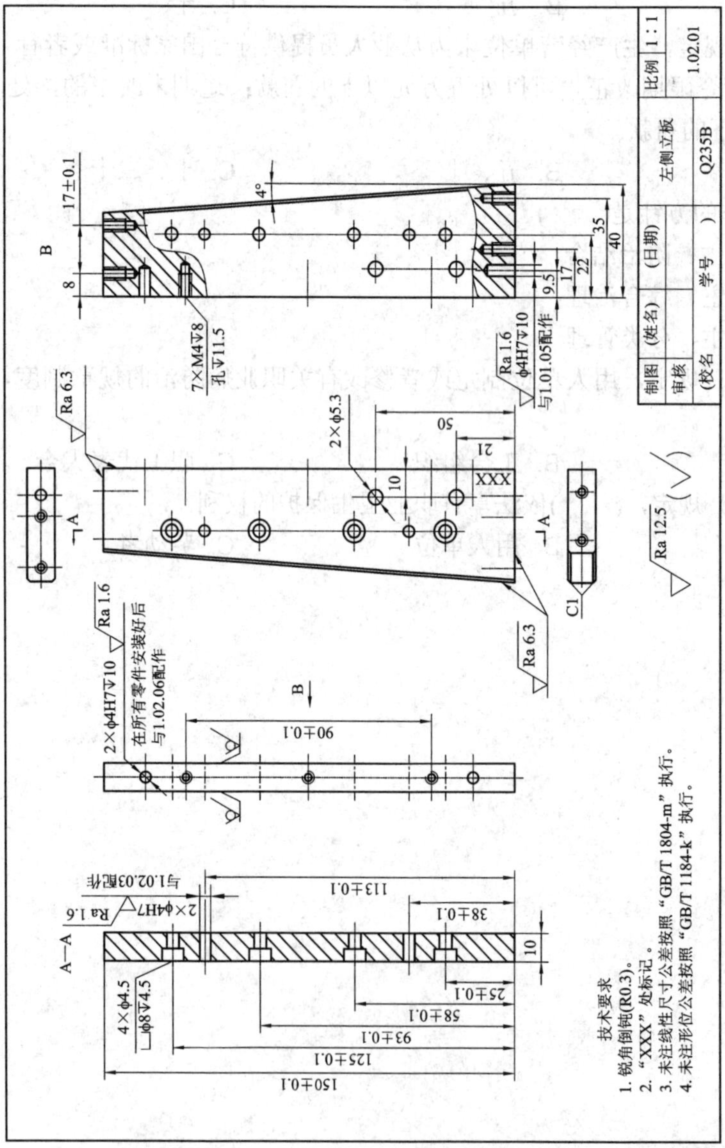

图 2-1 左侧立板图纸

左侧立板

万能角度尺的测量范围

几何公差的标注

相关专业知识

一、C6132A 车床结构组成及各部分作用

C6132A 车床主要由主轴箱、进给箱、光杠和丝杠、溜板箱、刀架、尾座、床身及床腿组成(其他型号的卧式车床类似)。图 2-2 和表 2-1 为 C6132A 车床各手柄分布及名称,各组成部分的作用如下。

1. 主轴箱

主轴箱是装有主轴和变速机构的箱形部件。变换箱外的主轴变速手柄位置,可使主轴得到各种不同的转速。主轴为空心件,可装入棒料;其前端内部为锥孔,可插入顶尖或刀具、夹具;其前端外部为螺纹或锥面,用于安装卡盘等夹具。

2. 进给箱

进给箱内装进给运动的变速齿轮,可调整进给量和螺距,并将运动传至光杠或丝杠。

3. 光杠和丝杠

进给箱的运动通过光杠或丝杠传给溜板箱。自动走刀用光杠,车削螺纹用丝杠。

4. 溜板箱与刀架

溜板箱与刀架相连,是车床进给运动的操纵箱,装有各种操纵手柄和按钮。它可将光杠传来的旋转运动变为车刀的纵向或横向的直线运动;也可将丝杠传来的旋转运动通过"对开螺母"直接变为车刀的纵向移动,用以车削螺纹。

5. 床鞍与溜板箱

床鞍与溜板箱连接,可带动中滑板沿床身导轨作纵向移动。

6. 中滑板

中滑板可带动转盘沿床鞍上的导轨作横向移动。

7. 转盘

转盘与中滑板连接,用螺栓紧固。松开螺母,转盘可在水平面内扳转任意角度。

8. 小滑板

小滑板可沿转盘上的导轨作短距离移动。当转盘被扳动一定角度后,小滑板即可带动方刀架作相应的斜向运动。

9. 方刀架

方刀架用来安装车刀,最多可同时装 4 把车刀。松开锁紧手柄即可转动位置,选用所需车刀。

10. 尾座

尾座安装在床身导轨上,可沿导轨移至所需的位置。尾座套筒内安装顶尖,可支承轴类工件,安装钻头、扩孔钻或铰刀,可在工件上钻孔、扩孔或铰孔。

11. 床身与床腿

床身与床腿用于支承和安装车床的各个部件。床身上有一组精密的导轨,床鞍和尾座

可沿导轨左右移动。床腿用于支承床身，并用地脚螺栓固定在地基上。

二、C6132A 车床的手动操作

1. 手动操作前的准备工作

(1) 切断车床的电源，以防止因动作不熟练造成失误而损坏车床。

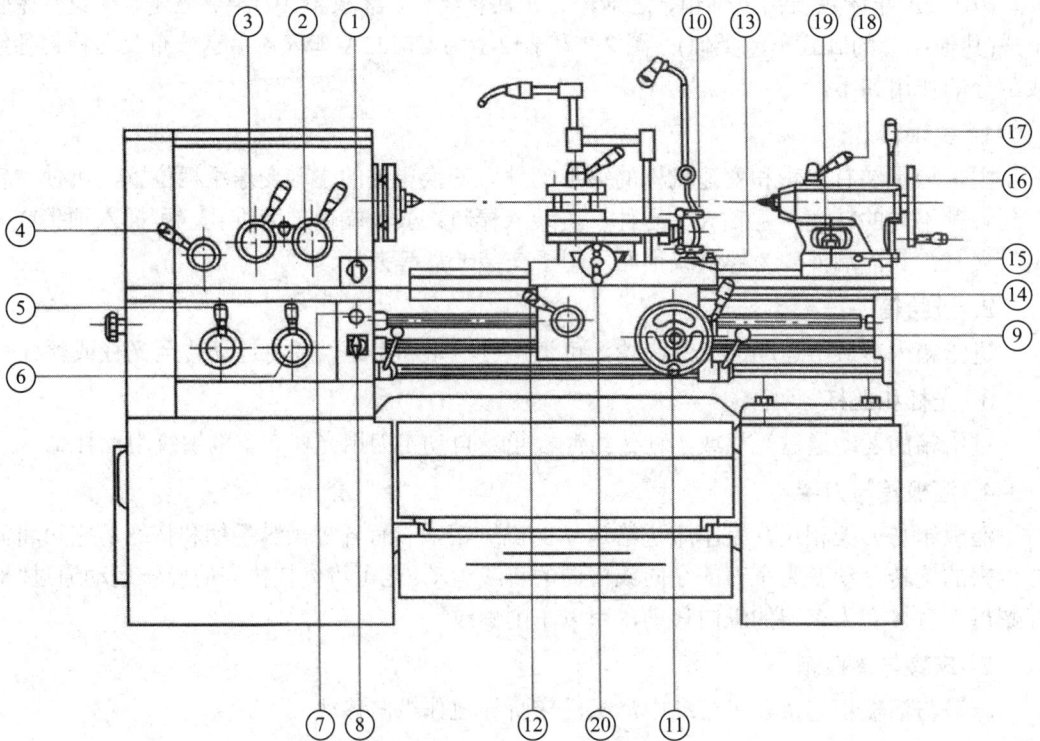

图 2-2　C6132A 车床各手柄分布

表 2-1　C6132A 车床各手柄名称

序号	名　　称	序号	名　　称
1	主轴高低速旋钮	11	床鞍纵向移动手轮
2	主轴变速手柄	12	开合螺母手柄
3	主轴变速手柄	13	锁紧床鞍螺钉
4	左右螺纹变换手柄	14	纵横进给选择手柄
5	螺距、进给量调整手柄	15	调节尾座横向移动螺钉
6	螺距、进给量调整手柄	16	顶尖套筒移动手轮
7	总停按钮	17	尾座偏心锁紧手柄
8	冷却泵开关	18	顶尖套筒锁紧手柄
9	正反车手柄	19	尾座锁紧螺母
10	小刀架进给手柄	20	横刀架移动手柄

(2) 调整中、小滑板塞铁间隙。调整时，如塞铁间隙过大，可将塞铁的小端紧定螺钉松开，将大端处紧定螺钉向里旋紧，使塞铁大端向里，间隙变小；反之，则间隙变大。调

整后应试摇滑板手柄几次，以手感灵活、轻便、无明显间隙为宜。

(3) 擦净机床外表面及各手柄。

2. 变换主轴转速

卧式车床主轴箱外有 2 个变换转速的主轴变速手柄，改变手柄位置即可得到各种不同的转速。由于车床型号不同，手柄布置及其操纵方法也有所不同，但基本可分成两种类型，一种是在主轴箱上用铭牌注明各种转速并用图形表示出对应各手柄位置，操作时按铭牌指示变换手柄位置，即可得到所需要的主轴转速。另一种是不用铭牌，直接将转速标出。

C6132A 主轴变速手柄和高低速旋钮与主轴转速对应关系如表 2-2 所示，2 个手柄各有 3 个工作位置，配合主轴高低速旋钮的两个位置共可得 12 种不同转速，各转速值都标注在手柄后面的铭牌上。根据加工需要确定了所需主轴转速后，即可根据所需转速在 A 区或 B 区来转动手柄并与其背后固定铭牌上的 A 或 B 对齐，再转动进给箱上主轴高低速旋钮与蓝或黄挡对齐，即可获得所需主轴转速。

表 2-2　C6132A 主轴变速手柄和高低速旋钮位置与主轴转速对应关系

主轴变速手柄	主轴高低速旋钮	主轴转速/(r/min)
（手柄位置图 B、A）	蓝	1600
	黄	800
（手柄位置图 B、A）	蓝	1120
	黄	560
（手柄位置图 B、A）	蓝	360
	黄	180
（手柄位置图 B、A）	蓝	260
	黄	130
（手柄位置图 B、A）	蓝	210
	黄	105
（手柄位置图 B、A）	蓝	50
	黄	25

变换主轴转速时，转动手柄的力不可过大，若发现手柄转不动或转不到位，主要是主轴箱内齿轮不能啮合，可用手转动卡盘，使齿轮的圆周位置改变，手柄即能扳动。

3. 变换进给速度

手柄位置要根据进给箱铭牌(见表 2-3)的指示进行，例如，变动进给要根据进给量查阅铭牌；如为米制螺纹则应按螺距 P 查阅铭牌。

表 2-3　C6132A 进给变速手柄位置与进给速度对应关系

手柄	位置	π1″						1″						πm								mm							
		C3	D3	F3	D4	E6	A3	A3	B3	C3	F3	D3	E6	A1	A2	A3	C3	D1	D3	D4	D6	A1	A2	A3	C3	A1	D3	D4	D6
M I		160	96	88	64	56	80	80	76	72	44	48	28	—	—	0.45	0.5	—	0.75	—	1.25	—	—	0.45	0.5	—	0.75	—	1.25
II		80	48	44	32	28	40	40	38	36	22	24	14	—	—	0.9	1	—	1.5	2.25	2.5	—	—	0.9	1	—	1.5	2.25	2.5
III		40	24	22	16	14	20	20	19	18	11	12	7	1.65	1.75	1.8	2	2.75	3	4.5	5	1.65	1.75	1.8	2	2.75	3	4.5	5
IV		20	12	11	8	7	10	10	9½	9	5½	6	3½	—	3.5	3.6	4	5.5	6	9	10	—	3.5	3.6	4	5.5	6	9	10
V		10	6	5½	4	3½	5	5	4¾	4½	2¾	3	1¾	—	7	—	8	—	—	18	—	—	7	—	8	11	12	18	20
s I		0.06	0.10	0.11	0.16	0.18	0.04	0.04	0.042	0.045	0.07	0.06	0.11	0.08	0.085	0.09	0.10	0.14	0.15	0.22	0.25	0.05	0.055	0.06	0.065	0.09	0.10	0.14	0.16
II		0.12	0.20	0.23	0.31	0.36	0.08	0.08	0.085	0.09	0.14	0.13	0.23	0.16	0.17	0.18	0.20	0.27	0.30	0.44	0.49	0.10	0.11	0.12	0.13	0.17	0.19	0.28	0.31
III		0.25	0.39	0.45	0.62	0.71	0.16	0.16	0.17	0.18	0.29	0.26	0.45	0.32	0.35	0.36	0.39	0.54	0.59	0.88	0.98	0.21	0.22	0.23	0.25	0.34	0.38	0.56	0.62
IV		0.50	0.78	0.90	1.24	1.42	0.32	0.32	0.33	0.35	0.58	0.53	0.90	0.64	0.69	0.71	0.79	1.08	1.18	1.76	1.96	0.41	0.44	0.45	0.50	0.69	0.75	1.12	1.24
V		1.00	1.56	1.80	—	—	0.64	0.64	0.66	0.70	1.16	1.06	1.80	1.28	1.38	1.42	1.58	2.16	—	—	—	0.82	0.88	0.90	1.00	1.38	1.50	—	—

注：以上所列各种螺纹是直接用进给箱及滑移式挂轮箱的变换面获得的。按箭头所示的方向，把滑移式挂轮推入或拉出来变换螺纹种类。

4. 操纵溜板部分

溜板箱外操纵手柄用途及工作位置一般都用铭牌标明，变换各手柄位置可使溜板作纵向或横向运动。各种车床溜板部分的操纵手柄基本相似，摇动手轮 11 可使床鞍纵向移动，手轮上刻度盘表示床鞍移动距离，刻度盘每转动 1 小格，床鞍纵向移动距离为 0.5 mm。旋紧压花螺钉可将刻度圈锁紧，松开螺钉即可用手转动刻度圈调整零位。摇动手柄 20 可使中滑板作横向移动，摇动手柄 10 可使小滑板作前后移动，小滑板下有转盘，松开螺钉可以转动一定角度。为便于车削时控制工件的直径和长度尺寸，在中、小滑板上都有刻度盘并注明每格的刻度值。手柄 12 是开合螺母手柄，例如，车螺纹时可将开合螺母手柄向下转到"合"的位置，机动或手动进给时手柄均应在"开"的位置。手柄 14 是机动进给时纵横进给选择手柄，如需纵向进给则将手柄置于"纵"，横向进给则置于"横"。手柄 9 是正反车手柄，正反车手柄向上，主轴作顺转；正反车手柄向下，主轴作倒转；正反车手柄放中间，主轴停止转动。

5. 纵、横向进给和进、退刀操作

(1) 手动纵、横向进给要求进给速度慢而均匀、不间断，具体操作方法如下。

① 纵向手动进给操作时，操作者应站在床鞍纵向移动手轮的右侧，双手交替摇动床鞍纵向移动手轮。

② 横向手动进给操作时，操作者要双手交替摇动横刀架移动手柄。

(2) 进、退刀操作要求反应敏捷、动作正确，具体方法是：操作者左手握床鞍纵向移动手轮，右手握横刀架移动手柄，双手同时作快速摇动。进刀时要求床鞍和中滑板同时向卡盘处移动，退刀时的要求则正好相反。进、退刀操作必须十分熟练，否则，在车削过程中动作一旦失误，便会造成工件报废。

6. 移动尾座和顶尖套筒

尾座和顶尖套筒可以在床身导轨上前后移动，以适应支顶不同长度的工件。尾座锥孔可供安装顶尖或钻头，顶尖套筒可以前后移动，具体操作方法如下。

1) 尾座的运动和锁紧

(1) 将尾座锁紧螺母 19 松开，使尾座底部的压板与床身导轨脱开。

(2) 用手推动尾座，使尾座沿着床身导轨作前、后移动。

(3) 将尾座锁紧螺母 19 拧紧，使尾座底部的压板紧压在床身导轨上，使尾座锁紧。

2) 顶尖套筒的运动和锁紧

(1) 摇动顶尖套筒移动手轮 16，使套筒前、后运动。注意，套筒不要伸出过长，以免影响支持刚性和防止套筒伸出到极限而使套筒内的丝杠与螺母脱开。

(2) 转动顶尖套筒锁紧手柄 18 使顶尖套筒锁紧。

三、C6132A 车床的机动进给

1. 车床机动进给前的准备工作

(1) 将车床主轴转速调整到 100 r/min 左右。

(2) 操纵床鞍纵向移动手轮 11，将床鞍移动至床身的中间位置。

(3) 调整进给箱螺距、进给量调整手柄位置，使进给量 $f = 0.3$ mm/r。

(4) 用手转动车床主轴卡盘一周，检查与机床有无碰撞处，并检查各手柄是否处于正确位置。

2．车床的启动、停止和变换速度

(1) 接通车床电源，将旋钮开关转到接通的位置。

(2) 按下启动按钮，指示灯亮，电动机即开始启动，由于正反车手柄在中间位置，所以车床主轴尚未转动。

(3) 将正反车手柄向上提起，主轴作正向转动；将正反车手柄放中间，主轴停止转动，此时电动机仍在转动。如需离开车床应按下总停按钮，使电动机停止转动。在车削过程中因装夹、测量等需要主轴作短暂停止时，应利用正反车手柄停机，不要按总停按钮，以免电动机因频繁启动而损坏。正反车手柄向下，主轴作倒转，除车螺纹外，一般情况下主轴不使用倒转功能。

注意：变换主轴转速时一定要先停机，以免损坏主轴箱内齿轮。

3．车床的纵、横向机动进给

(1) 纵向机动进给。先将床鞍移到床身的中间，启动车床；将纵横进给选择手柄调整到"纵"位置，操纵床鞍纵向移动手轮使床鞍向卡盘方向移动，如移动方向相反，需变换纵横进给选择手柄位置。

(2) 横向机动进给。

① 摇动横刀架移动手柄，使刀架前面后退至离卡盘中心约 100 mm 处。

② 启动车床。

③ 将纵横进给选择手柄调整到"横"位置，操纵横刀架移动手柄使中滑板向卡盘方向移动。横向机动进给时应注意中滑板向前移动时刀架前面不要超过卡盘中心，以防止中滑板丝杠与螺母脱开，如反向进给应防止中滑板后退时与刻度盘相撞而损坏。

课内作业

1. 总结加工方案(工序)。

2. 加工过程中存在的问题及解决方案。

3. 记录加工时间。

4. 设计工件加工质量评价表。

课外作业

判断题：

1. 当游标卡尺两量爪贴合时，主标尺和游标尺的零线要对齐。（　　）

2. 游标卡尺主标尺和游标尺上的刻线间距都是 1 mm。（　　）

3. 游标卡尺是一种常用量具，能测量各种不同精度要求的零件。（　　）

4. 0～25 mm 千分尺放置时两测量面之间须保持一定间隙。（　　）

5. 千分尺活动套管转一圈，测微螺杆就移动 1 mm。（　　）

6. 塞尺也是一种界限量规。（　　）

7. 千分尺上的棘轮，其作用是限制测量力的大小。（　　）

8. 水平仪用来测量平面对水平或垂直位置的误差。（　　）

9. 台虎钳夹持工件时，可套上长管子扳紧手柄，以增加夹紧力。（　　）

10. 在台虎钳上强力作业时，应尽量使作用力朝向固定钳身。（　　）

11. 车刀的切削部分要素由刀尖、主切削刃、副切削刃、前面、后面组成。（　　）

12. 过切削刃选定点和该点假定主运动方向垂直的面称为基面。（　　）

13. 过切削刃选定点与切削刃相切并垂直于基面的平面称为正交平面。（　　）

14. 主、副切削平面之间的夹角称为刀尖角。（　　）

15. 进行切削时，最主要的、消耗动力最多的运动称为主运动。（　　）

16. 刀具在进给运动方向上相对工件的位移量称为背吃刀量。（　　）

17. 尺寸是以特定单位表示线性长度的数值。（　　）

18. 极限尺寸是指允许尺寸变化的两个数值。（　　）

19. 尺寸公差是指上极限尺寸加下极限尺寸之和。（　　）

20. 基准轴是在基轴制配合中选作基准的轴，用"h"表示。（　　）

21. 基准孔是在基孔制配合中选作基准的孔，用"H"表示。（　　）

22. 间隙配合中最小间隙是指孔的下极限尺寸与轴的上极限尺寸之和。（　　）

23. 过渡配合是指可能具有间隙或过盈的配合。（　　）

24. 过盈配合是指具有过盈(包括最小过盈等于零)的配合。（　　）

25. 一个尺寸的公差等于该尺寸的上极限偏差减去下极限偏差。（　　）

26. 公称尺寸 0～500 mm 内规定了 18 个标准公差等级。（　　）

任务二　右侧立板加工

右侧立板图纸如图 2-3 所示。

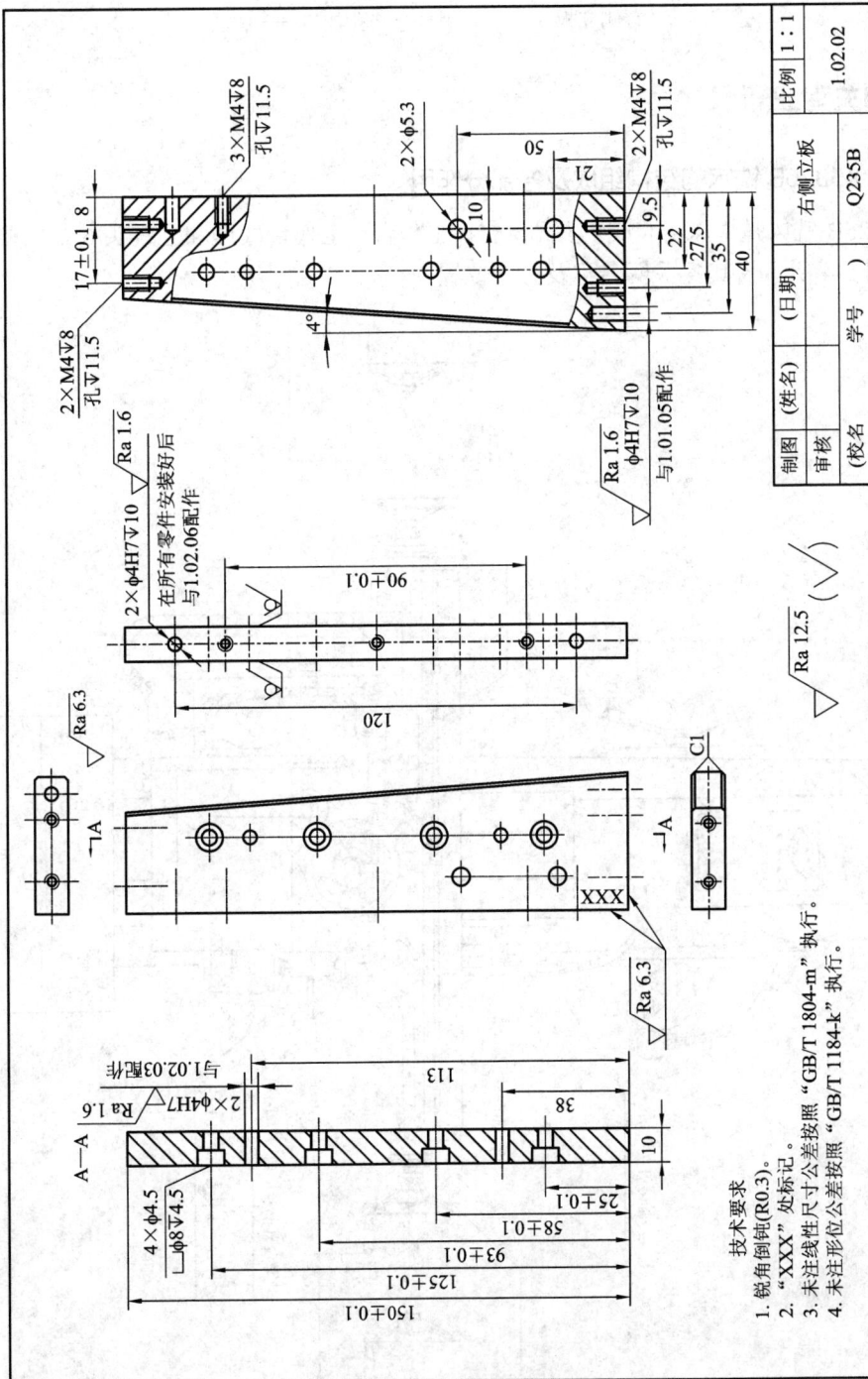

图 2-3　右侧立板图纸

右侧立板　　　　　　　　孔加工——钻孔

相关专业知识

一、X5025B 铣床的结构组成及各部分作用

X5025B 铣床是由床身、底盘、升降台、工作台、工作台底座和立铣头 6 个主要部件组成，如图 2-4 所示为其各手柄名称及分布位置。

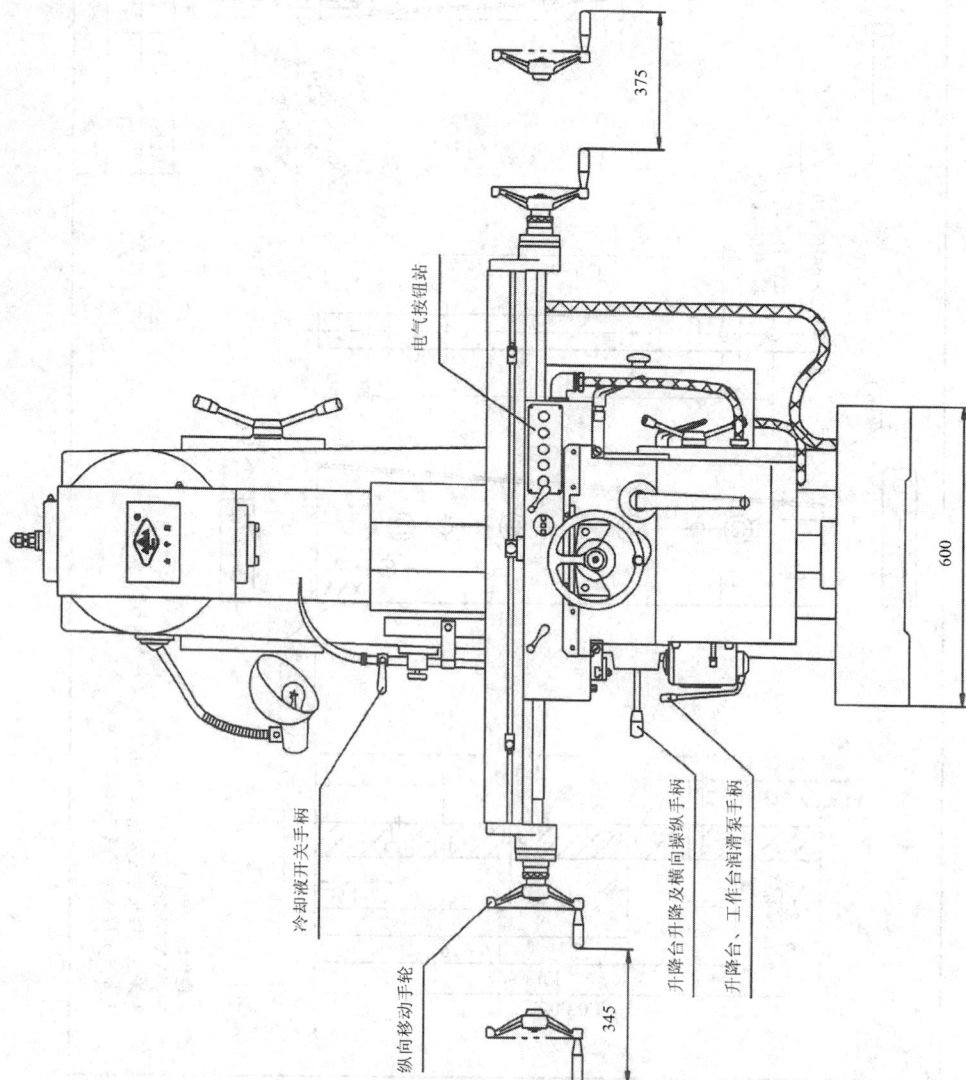

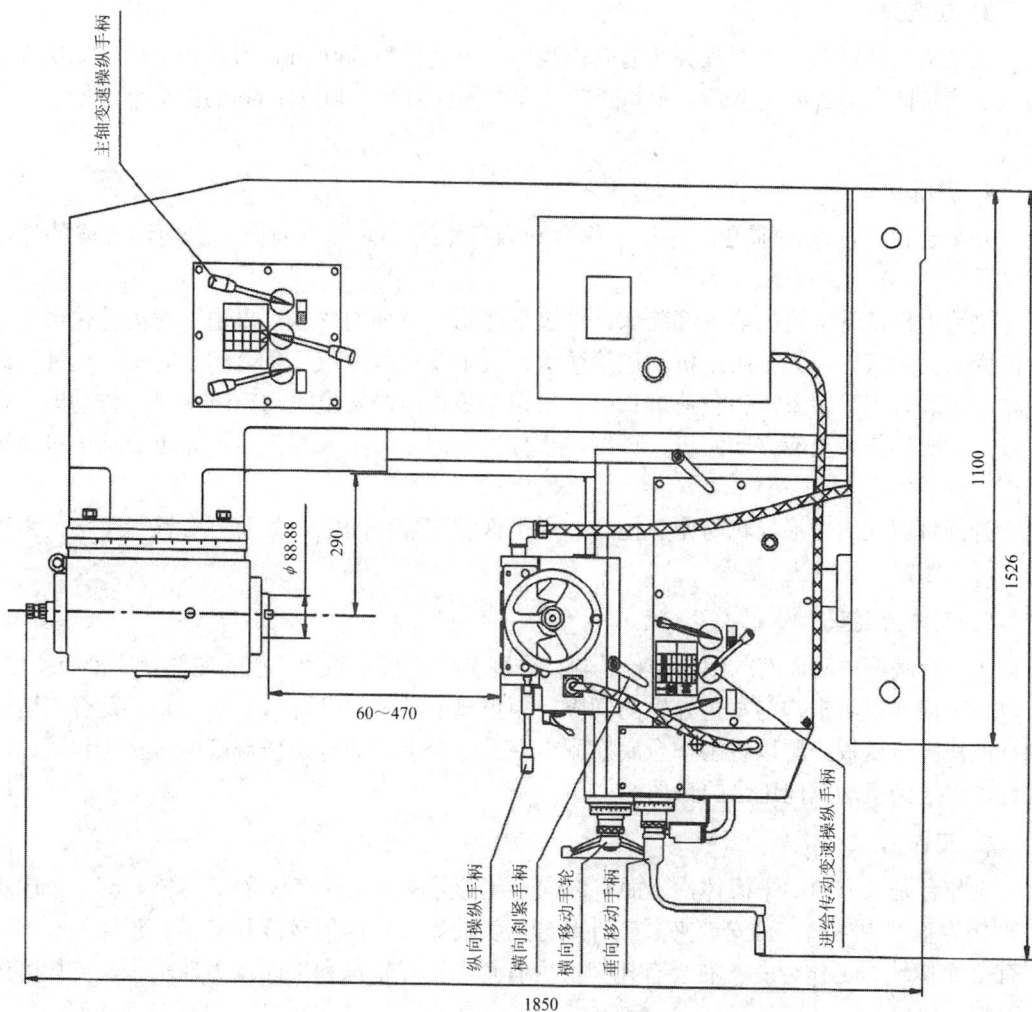

图 2-4 X5025B 立式铣床各手柄名称及分布位置

X5025B 铣床各组成部分作用如下。

1. 床身

床身是 X5025B 铣床的主要部件，其他各零部件都是通过床身联接起来的。床身上部弯头用 4 个螺栓紧固立铣头，床身底部由螺栓牢固地固定在底座上。在床身内部由隔墙分成几个独立区域，使机床工作时无共振现象。此外，床身上又合理地安排了加强筋，故床身有良好的刚性。在床身顶部有一窗口，用来安装润滑系统分油器和固定油管。主轴变速机构由床身后上部装入，主轴变速操纵机构由床身右上部装入。床身左侧有一窗口，打开门盖可看见主传动部分的结构，以便于维修和调整。在床身下部右侧装有电气箱，电气箱门上装有"电源开关""冷却泵开关"和"进给点动"按钮等，床身后壁中央安装着主电动机，用后罩壳加以遮盖。

2. 底座

底座是封闭式方箱结构，内储冷却液，中间用撑筋分隔，有足够的支承刚性。

3. 立铣头

立铣头安装在床身上部弯头的前面,利用一个直径为 360 mm 的凸缘定位,立铣头能相对于床身向左右各回转 45°,在此回转范围内的任何一个角度上都可用 4 个螺栓将其固定住。

4. 升降台

升降台位于床身的前方,它与工作台和床身相连,并传递横向、纵向和升降的进给运动。

进给电机从升降台的前下部装入,经过变速箱一系列的变速,再由一对齿轮传至升降台前腔的齿轮箱内,为了防止机动进给传动系统中发生故障或超负荷切削时损坏机件,此传动轴上装有保险装置,当负荷过重时,滚珠即被顶出,发出跳动声响报警,传动即自行暂停,此时操作人员应立即停机,详细检查分析原因,纠正或修正后,方可启动电机继续工作。

升降台前面的矩形导轨与床身抱合,用镶铁调整配合间隙,其前方有锁紧手柄,用以将升降台锁紧在床身上。

5. 工作台底座

工作台底座的底面有一组矩形槽,骑在升降台的矩形导轨上。槽的左侧及底部有斜楔,用以调节横向进给机构与垂直导轨的间隙,矩形槽的顶部和升降台水平导轨面贴合,两下侧有两块固定压板,用以将工作台底座固定在升降台上。通过工作台底座可将力传至纵向丝杠,以达到机动纵向进给的目的。

6. 工作台

工作台是长方形的平板体,下面有纵向燕尾形导轨,上面有 3 条 T 形槽。其中,中央 T 型槽为基准中央槽,可安放夹固工件或分度头的螺钉,四周有冷却液槽。正面的长槽内装有 2 个撞块,工作台左、右装有托架,内有角深沟球轴承和平面推力球轴承,支撑着纵向丝杠。

二、X5025B 铣床的机动进给速度

表 2-4 为 X5025B 立式铣床主轴转速表,通过各手柄的位置和颜色组合可调节出表中的各主轴转速。表 2-5 为 X5025B 立式铣床机动进给速度表,该表为铣床机动(自动)进给的手柄调节位置,按表中手柄的位置组合可获得各方向的相应机动进给速度,速度的单位为 mm/min。

表 2-4　X5025B 立式铣床主轴转速表　　r/min

	主轴转速			手柄位置颜色
A	1130	800	1600	蓝色
	400	283	566	白色
B	140	100	200	蓝色
	50	35	70	白色
手柄位置	左	中	右	—

表 2-5　X5025B 立式铣床机动进给速度表　mm/min

机动进给方向	机动进给速度			手柄位置
X、Y 方向	26	12	18	A
	202	96	139	
	72	34	50	B
	565	268	390	
Z 方向	10	5	7	A
	81	38	56	
	29	14	20	B
	226	107	156	
手柄位置	左	中	右	—

三、Z3025×7 摇臂钻床主轴转速

表 2-6 为 Z3025×7 摇臂钻床主轴转速表，表中各手柄的位置组合可获得相应的钻床主轴的转速(r/min)，交流电频率为 50 Hz。

表 2-6　Z3025×7 摇臂钻床主轴转速表　r/min

主轴转速		A	B
手柄位置	Ⅰ、1	100	150
	Ⅰ、2	220	330
	Ⅱ、1	485	725
	Ⅱ、2	1070	1600

🖊 课内作业

1. 总结加工方案(工序)。

2. 加工过程中存在的问题及解决方案。

3. 记录加工时间。

4. 设计工件加工质量评价表。

课外作业

判断题:

1. 当毛坯件尺寸有误差时,都可通过划线的借料予以补救。(   )

2. 平面划线只需选择一个划线基准,立体划线则要选择两个划线基准。(   )

3. 划线平板平面是划线时的基准平面。(   )

4. 划线前在工件划线部位应涂上较厚的涂料,才能使划线清晰。(   )

5. 划线蓝油是由适量的龙胆紫、虫胶漆和酒精配制而成的。(   )

6. 零件都必须经过划线后才能加工。(   )

7. 划线应从基准开始。(   )

8. 划线的借料就是将工件的加工余量进行调整和恰当地分配。(   )

9. 利用分度头划线,当手柄转数不是整数时,可利用分度叉一起进行分度。(   )

10. 锯条长度是以其两端安装孔的中心距来表示的。(   )

11. 锯条反装后,由于楔角发生变化,而使锯削不能正常进行。(   )

12. 起锯时,起锯角越小越好。(   )

13. 锯条粗细应根据工件材料的性质及锯削面的宽度来选择。(   )

14. 锯条有了分齿,会使工件上锯缝宽度大于锯条背部厚度。(   )

15. 固定式锯架可安装几种不同长度规格的锯条。(   )

16. 錾子切削部分只要制成楔形,就能进行錾削。(   )

17. 錾子后角的大小,是由錾削时錾子被握持的位置决定的。(   )

18. 錾子在砂轮上刃磨时,必须低于砂轮中心。(   )

19. 錾子热处理时,应尽量提高其硬度。(   )

20. 尖錾的切削刃两端侧面略带倒锥。(   )

21. 对錾子进行热处理就是指对錾子进行淬火。(   )

22. 当錾削距尽头 10 mm 左右时,应掉头錾去余下的部分。(   )

23. 锉削过程中,两手对锉刀压力的大小应保持不变。(   )

24. 锉刀的硬度应在 HRC 62～67。(   )

25. 顺向锉法可使锉削表面得到正直的锉痕,比较整齐美观。(   )

26. 主锉纹覆盖的锉纹是辅锉纹。(   )

任务三 盖 板 加 工

盖板图纸如图 2-5 所示。

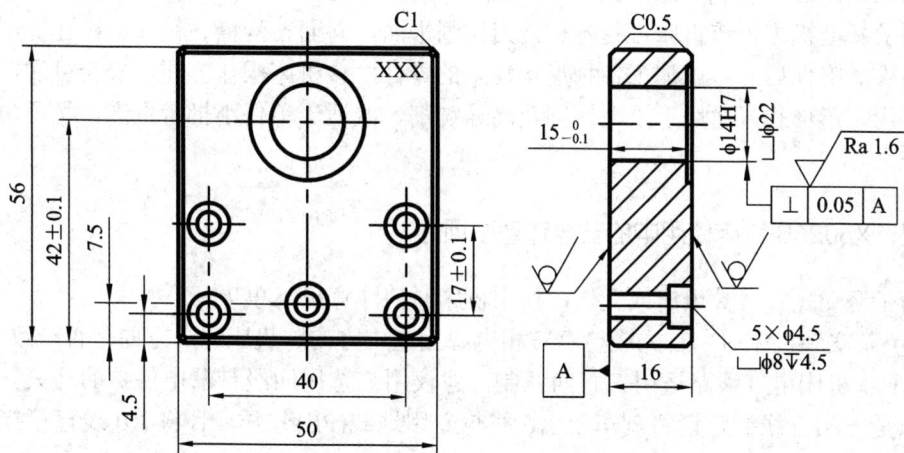

技术要求
1. 锐角倒钝(R0.3)。
2. "XXX"处标记。
3. 未注线性尺寸公差按照"GB/T 1804-m"执行。
4. 未注形位公差按照"GB/T 1184-k"执行。

图 2-5 盖板图纸

盖板   Z3025 摇臂钻床   配置蓝油

▣ 相关专业知识

一、X5025B 立式升降台铣床简介

X5025B 立式升降台铣床是按 ISO9001 质量体系监管，结合 X5025A 铣床的优点而重新设计的新型机床。该机床可用各种铣刀铣削平面、斜面、沟槽、钻孔、镗孔等，在其上安装特殊的附件后，可以加工各种形状复杂的零件。该机床操作方便，安全可靠，立、横导轨采用矩形形式，适用于重型切削及高速铣削，既适于单件小批量生产，又可用于大批量生产。

二、X5025B 铣床使用中的安全注意事项

为了避免操作者被电击或受伤，使用机床时应注意以下事项。

(1) 新安装机床时，首先应检查三相电源相电位方向与机床运动方向是否一致。

(2) 本机床电气线路适用三相四线制，建议用户选用四级带漏电保护的开关。如果用户电源是三相五线制，请将刹车上 X0 线与专用地线(PE)分开，且将 X0 线直接接于中线(N)上。

(3) 机床无人操作时，应切断电源。

(4) 更换电器或机械部件前，应先切断电源。

(5) 其他人员靠近正在运行的机床时，应注意安全。

(6) 机床运转前，操作者应先检查各弹簧夹头、卡套、锁紧螺母是否锁紧。

(7) 主轴或进给在变速或变换方向时，必须先停机再进行。

(8) 把铣床当立式车床用时，要选用说明书中推荐的附件。

(9) 操作者必须穿戴防护用品，避免飞出的碎片伤害到操作者的眼睛或身体。

(10) 操作者不要将手或身体置于机床内，以免受伤。

三、X5025B 铣床操作注意事项

(1) 按金属切削机床的规范进行切削。

(2) 经常查看机床的润滑点，当油量不足时，应及时补给。

(3) 工作台工作进给时，注意该方向是否属于锁紧状态，如已锁紧，请先解锁。

(4) 新机床在前 600 小时工作时间内，尽量使用中低转速、中低负荷切削。

(5) 为了减少工作台及导轨的局部磨损，建议尽可能经常变换工作台上的工件装夹位置。

(6) 切削的切屑可能会造成人身伤害，应尽量使用隔离板；刀具、工件装卸时请关闭机床。

四、X5025B 铣床电气安全注意事项

为保护机床电气设备免遭潜在的损坏，并确保人身安全，应注意以下事项。

(1) 机床供电电源为 380 V，50 Hz。

(2) 电源稳态电压为 0.9～1.1 倍额定电压，稳态频率值为 0.99～1.01 倍额定频率。如果供电电网电压或频率过高或过低都会影响机床正常工作，建议在供电电网波动较大时增设稳定装置。

(3) 机床电气设备正常工作的环境温度为 5～40℃，并且连续 24 小时内平均温度不得超过 35℃，正常工作的相对湿度为 30%～95%(无冷凝水)。

(4) 用户必须设置可靠的保护接地线，并按要求牢固地连接到电柜内端子上，以保证保护接地电路的连续性。

(5) 机床各部位的保护接地电路连接点在机床寿命期内应保持接触良好、牢固，不得松开和断开，以免发生间接触电。

(6) 在进行维修前应切断电源开关，以免发生触电危险。

(7) 只有确保电柜门关好后，才能接通电源开关及启动机床，电柜门钥匙应由专人保管，以免发生触电事故。

(8) 机床工作区域照明用荧光管应保持至少两只同时点亮，避免主轴旋转产生严重的频闪效应。

五、X5025B 铣床电气操作顺序

X5025B 铣床电气系统由主轴控制电路、工作台进给控制电路、冷却电路、照明电路、短路保护电路、过载保护电路以及其他辅助电路组成。X5025B 铣床电气元件安装位置图如图 2-6 所示，其电气原理图如图 2-7 所示。

1. 准备工作状态

(1) 接好外部电源后，将电源开关旋至"接通"位置，QS1 闭合，总电路电源被接通。

(2) 打开照明灯 EL 上的开关 SA，照明灯亮。

(3) 振动床身右侧面的变速手柄，进行主轴变速调整，如出现咬齿现象，只需按下电气箱上的主轴点动按钮 SB3，主电机 M3 立即作反向脉冲转动，从而克服咬齿现象，以利变速调整。(注意：不允许开车时变速！)

(4) 当需要对工作台进给速度进行调整时，只需按下电气箱上的进给点动按钮 SB5，则进给电机 M1 立即作反向脉冲转动，从而克服咬齿现象，以利变速调整。

(5) 主轴转速和进给速度调整好以后，机床即处于准备工作状态。

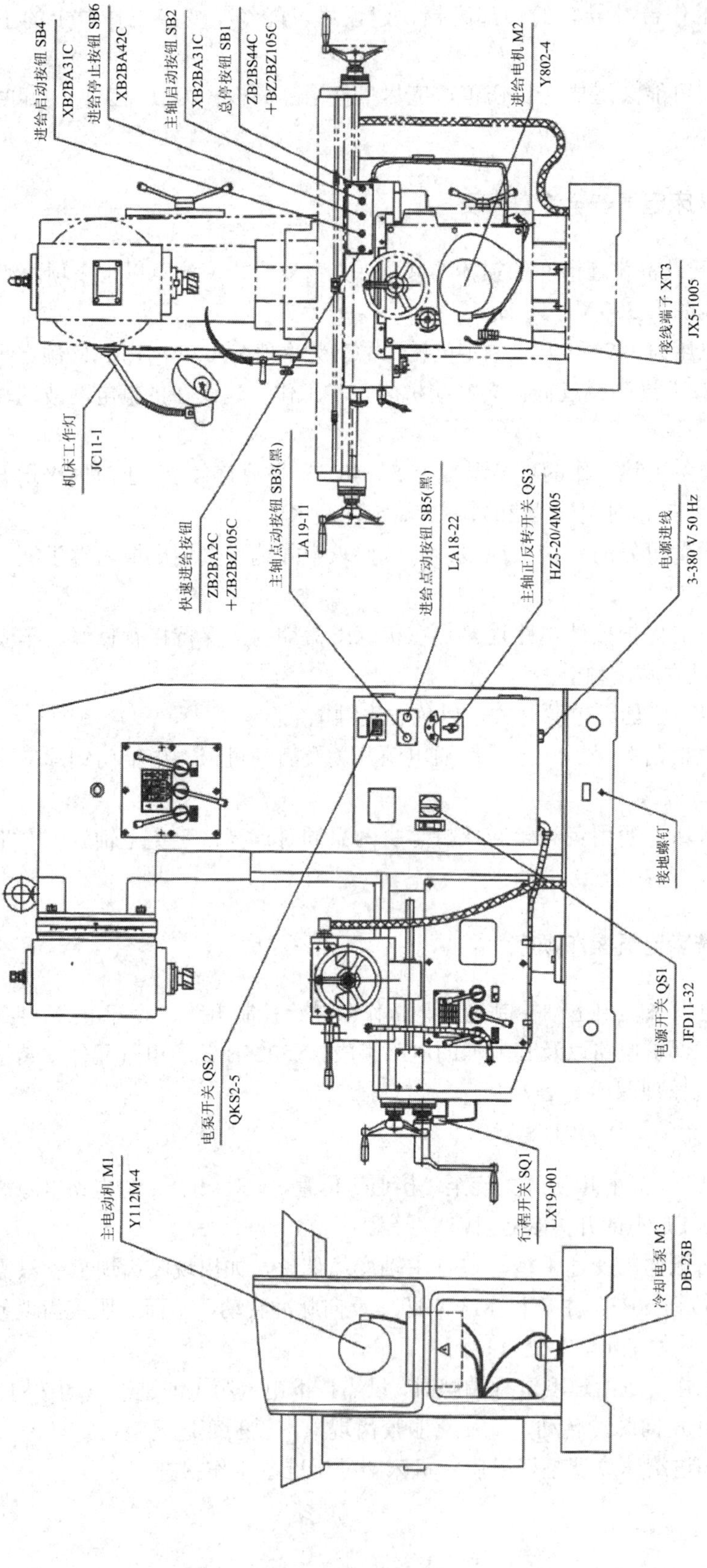

进给启动按钮 SB4
XB2BA31C

进给停止按钮 SB6
XB2BA42C

主轴启动按钮 SB2
XB2BA31C

总停按钮 SB1
ZB2BS44C
+BZ2BZ105C

进给电机 M2
Y802-4

机床工作灯
JC11-1

接线端子 XT3
JX5-1005

快速进给按钮
ZB2BA2C
+ZB2BZ105C

主轴点动按钮 SB3(黑)
LA19-11

进给点动按钮 SB5(黑)
LA18-22

主轴正反转开关 QS3
HZ5-20/4M05

电源进线
3-380 V 50 Hz

接地螺钉

电源开关 QS1
JFD11-32

电泵开关 QS2
QKS2-5

主电动机 M1
Y112M-4

行程开关 SQ1
LX19-001

冷却电泵 M3
DB-25B

图 2-6　X5025B 铣床电气元件安装位置图

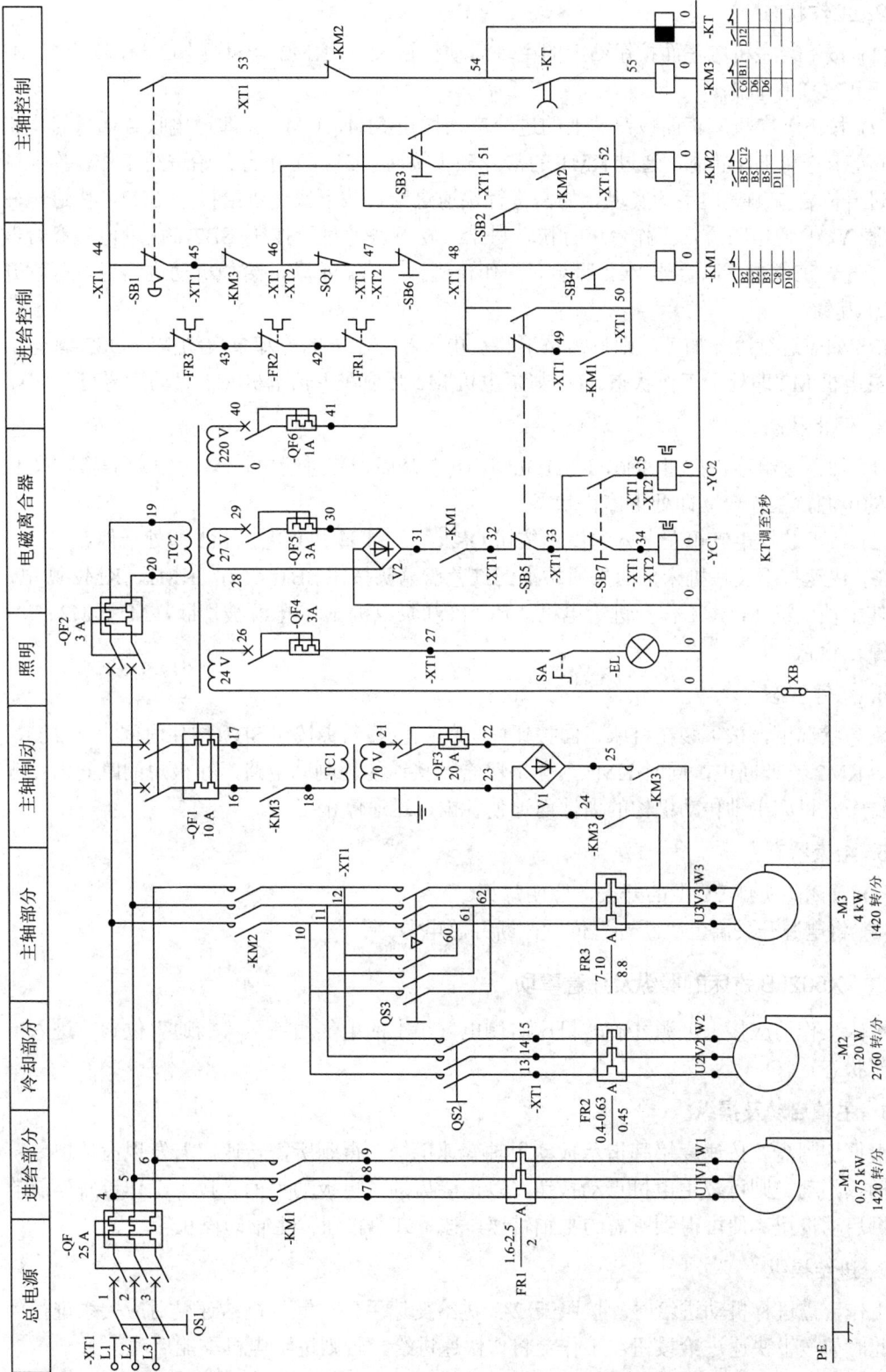

图 2-7 X5025B 铣床电气原理图

2. 工作状态

(1) 按下装在机床正面按钮站上的主轴启动按钮 SB2，KM2 立即通电吸合，主电机 M3 即处于正转工作状态。

(2) 按下装在机床正面按钮站上的进给启动按钮 SB4，KM1 立即通电吸合，进给电机 M1 即处于正转工作状态，通过 KM1 的常开触头接通 YC1，工作台开始进给工作，换向则可通过升降台左侧换向手柄实现。如需进行快速进给，按下快速进给按钮 SB7，快进电磁离合器 YC2 通电吸合，工作台进行快速进给；松开快速进给按钮 SB7，快进电磁离合器 YC2 断电，工进电磁离合器 YC1 吸合，工作台进行工进。手动进给和机动进给通过行程开关 SQ1 互锁。

(3) 如需进行冷却加工，则只需按下装在电气箱左上方的冷却泵启动按钮 QS2(绿色)，冷却泵电机 M2 即处于工作状态。(冷却泵电机 M2 必须在主轴电机 M3 启动后方可工作)。

3. 停止状态

(1) 按下进给停止按钮 SB6，KM1 立即断电，从而切断进给电机 M1 电磁离合器 YC1、YC2 的电源，工作台立即处于停止状态。

(2) 按下装在电气箱左上方的停止按钮 QS2(红色)，冷却泵电机 M2 即处于停止状态。

(3) 快速按下装在机床正面按钮站上的红色蘑菇头按钮 SB1(<2 s)，KM1、KM2 断电，从而使主轴电机 M3、工作台进给电机 M1、冷却泵电机 M2 电源被切断，M1、M2、M3 处于停止状态。

4. 急停状态

紧急状况下，按下装在机床正面按钮站上的红色蘑菇头按钮 SB1(按住时间大于 2 s)，KM1、KM2 立即断电，同时 KM3 和 KT 吸合，接通能耗制动电路，在极短的时间内克服电机转子及机床主轴传动机构的惯性而迫使各电机迅速停止工作。

5. 结束状态

(1) 关闭照明灯 EL 上的开关，照明灯灭。

(2) 将电源开关旋至"断开"位置，断开总电源。

六、X5025B 铣床的操纵及注意事项

机床工作前应接上电源并旋转机床右侧电气箱上的电气门锁至"接通"位置，进入准备工作状态。

1. 主轴启动及操纵

根据切削需要按速度铭牌指示扳动主轴变速手柄，得到所需转速。若发现齿顶现象，即手柄扳不动，则可按主电机点动按钮，以消除齿顶，再扳动手柄。按下工作台底座前的主电机启动按钮，便可得到所需的主轴转速，按下红色按钮，主轴即停止转动。

2. 进给操纵

工作台需进行机动进给时，按照表 2-3 进给变速手柄位置与进给速度对应关系进行操作，此时如按下快速进给按钮，工作台将作快速进给，否则进给电机不能启动。

同选定主轴转速一样预先选好所需的进给速度，而后扳动纵横进给选择手柄，挂上纵

向或横向的自动进给，就可得到所需的工作进给速度。

3. 注意事项

(1) 电机在工作时不得变速，否则将会损坏机床。

(2) 在工作时，一个方向作进给运动，则相应的其他两个方向的导轨需锁紧。

课内作业

1. 总结加工方案(工序)。

2. 加工过程中存在的问题及解决方案。

3. 记录加工时间。

4. 设计工件加工质量评价表。

课外作业

判断题：

1. 同一把锉刀上主锉纹斜角与辅锉纹斜角相等。（　　）

2. 锉刀编号依次由类别代号、型式代号、规格和锉纹号组成。（　　）

3. 钻头主切削刃上的后角，外缘处最大，越接近中心则越小。（　　）

4. 钻孔时加切削液的主要目的是提高孔的表面质量。（　　）

5. 钻孔属粗加工。（　　）

6. 对于钻头的顶角(2φ)，钻硬材料应比钻软材料选得大些。（　　）

7. 钻头直径越小，螺旋角越大。（　　）

8. 标准麻花钻的横刃斜角 $\psi=50°\sim55°$。（　　）

9. Z525 钻床的最大钻孔直径为 $\phi50$ mm。（　　）

10. 钻床的一级保养以操作者为主，维修人员配合。（　　）

11. 当孔将要钻穿时，必须减小进给量。（　　）

12. 切削用量是切削速度、进给量和背吃刀量的总称。（　　）

13. 钻削速度是指每分钟钻头的转数。（　　）

14. 钻芯就是指钻头直径。（　　）

15. 钻头前角大小与螺旋角有关(横刃处除外)，螺旋角越大，前角越大。（　　）

16. 刃磨钻头的砂轮，其硬度为中软级。（　　）

17. 柱形锪钻外圆上的切削刃为主切削刃，起主要切削作用。（　　）

18. 柱形锪钻的螺旋角就是它的前角。（　　）

19. 修磨钻头横刃时，其长度磨得越短越好。（　　）

20. 在钻头后面开分屑槽，可改变钻头后角的大小。（　　）

21. 机铰结束后，应先停机再退刀。（　　）

22. 铰刀的齿距在圆周上都是不均匀分布的。（　　）

23. 螺旋形手铰刀用于铰削带有键槽的圆柱孔。（　　）

24. 1∶30 锥铰刀是用来铰削定位销孔的。（　　）

25. 铰孔时，铰削余量越小，铰后的表面越光洁。（　　）

26. 螺纹的基准线是螺旋线。（　　）

27. 多线螺纹的螺距就是螺纹的导程。（　　）

任务四 连接板加工

连接板图纸如图 2-8 所示。

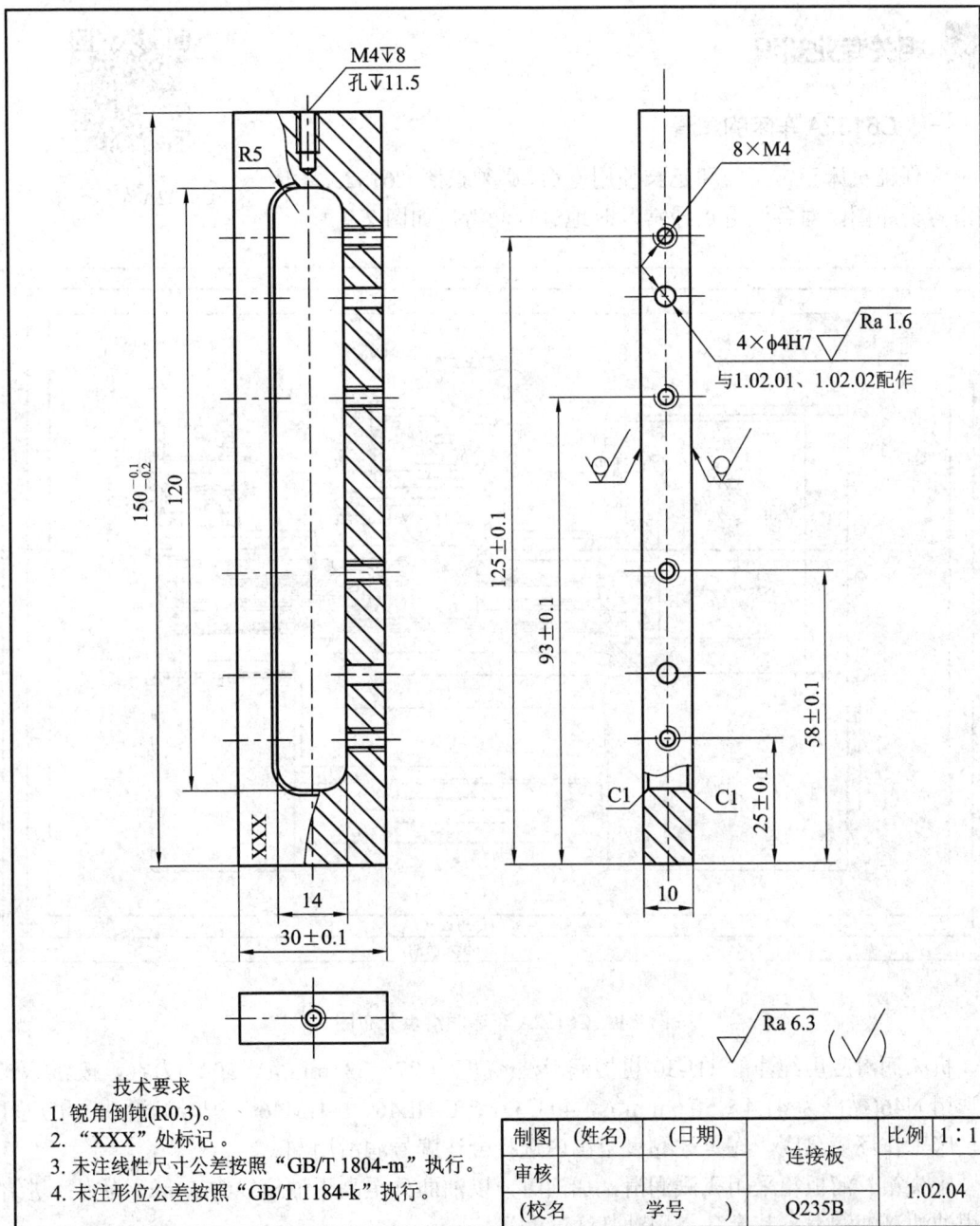

图 2-8 连接板图纸

连接板　　　　　　整削排料　　　　　　锤子的握法

◆ 相关专业知识

一、C6132A 车床的润滑

为保证机床正常工作和延长使用寿命，必须按照 C6132A 车床润滑点分布图，对各润滑点经常及时地进行润滑，如图 2-9 所示。

C6132A 车床介绍

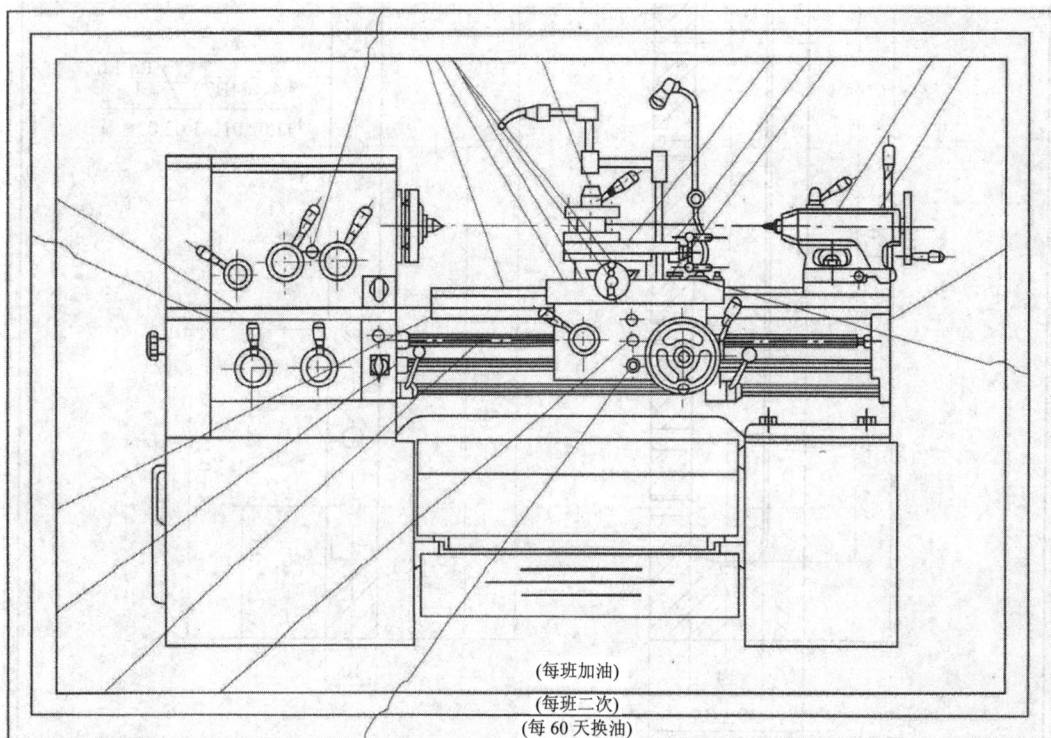

(每班加油)

(每班二次)

(每 60 天换油)

图 2-9　C6132A 车床润滑点分布图

机床润滑应用纯净的 HJ-30 机械润滑油(黏度为 27～33 mm^2/s，50℃)为宜。按新标准应选用 N46(黏度为 41.4～50.6 mm^2/s，40℃)，或 L-HL46、L-HM46 等牌号润滑油。用户可按机床工作环境温度，在上述黏度范围内选择合适牌号润滑用油。

床头箱、溜板箱采用飞溅润滑，加油时，以油面升至高于油标线约 5 mm 为宜；进给箱用油池滴油润滑；其余各点用油杯注油润滑。

床头箱在换油时，应先把箱内及滤油网洗净，再用干净的布抹净。不要忘记装上滤油网，否则就不能正常地供给干净的润滑油而损坏机件了。

各导轨面必须保持清洁。每班工作结束后，操作者应当仔细清除导轨上的铁屑和冷却液，并注入新润滑油。每次加工铸件前，应将导轨面上的冷却液擦干净，以免铸铁屑末和冷却液混合成糊状，渗入床鞍下滑面，造成床鞍与床面急剧磨损。加工完铸件后，应将铸铁屑末清除干净再使用机床。

二、X5025B 铣床的润滑

如图 2-10 所示是 X5025B 铣床的润滑点分布图，在床身和升降台各有 1 个储油池。新机床开车以前，须拆去床身左上侧门盖、升降台左方门盖，打开手动油泵盖，然后将 HJ-32 机械油灌入机床齿轮箱和油泵内并观察油位，油面应在油位线以上 3～5 mm，在使用过程中若发现油面低于油位线，要及时补给润滑油。润滑油工作满 600 小时，必须更换一次。

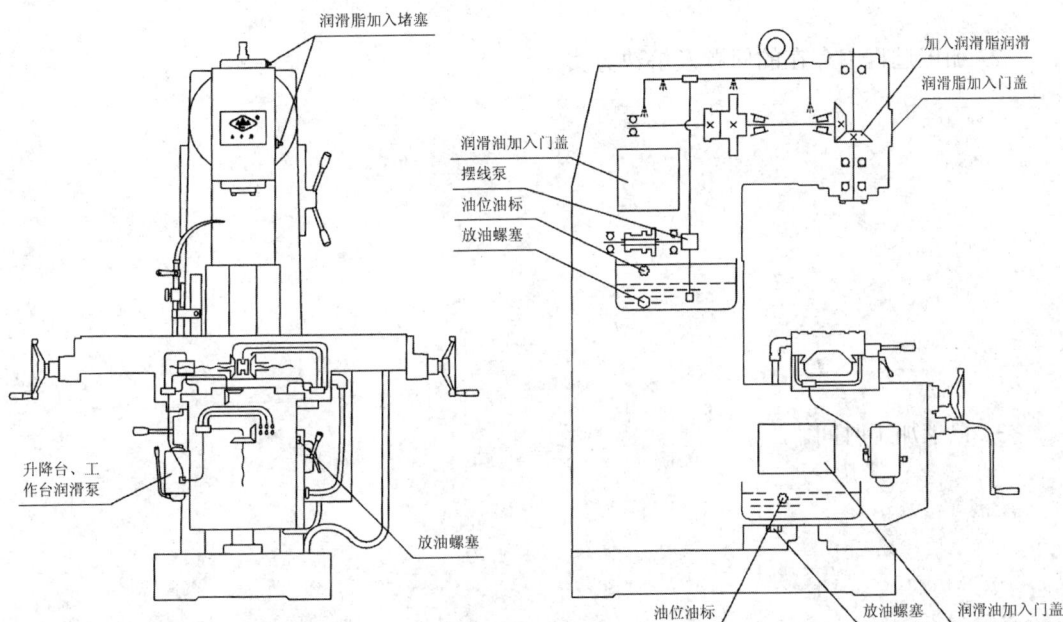

图 2-10　X5025B 铣床的润滑点分布图

X5025B 立式升降台铣床

立铣头上轴承、伞齿轮出厂前已添加了润滑脂，以后每年添加一次，添加时，先将立铣头右侧螺堵卸下(两处)，用黄油枪往里压注润滑脂，即可对轴承进行润滑，注意避免注满，一般以占轴承空间体积 1/3～1/2 为宜，拆卸立铣头前盖，可对伞齿轮进行润滑。

床身内变速箱由摆线泵进行喷淋润滑；工作台、工作台底座及横向、垂向丝杠由手拉油泵实现集中润滑；升降台后腔的齿轮箱采用油池飞溅润滑。

课内作业

1. 总结加工方案(工序)。

2. 加工过程中存在的问题及解决方案。

3. 记录加工时间。

4. 设计工件加工质量评价表。

课外作业

判断题：

1. 螺纹旋合长度分为短旋合长度和长旋合长度两种。(   )

2. 逆时针旋转时旋入的螺纹称为右螺纹。(   )

3. 米制普通螺纹的牙型角为 60°。(   )

4. M16×1 的含义是细牙普通螺纹，大径为 16 mm，螺距为 1 mm。(   )

5. 机攻螺纹时，丝锥的校准部分不能全部出头，否则退出时会造成螺纹烂牙。(   )

6. 板牙只在单面制成切削部分，故板牙只能单面使用。(   )

7. 攻螺纹前的底孔直径必须大于螺纹标准中规定的螺纹小径。(   )

8. 研具的材料应当比工件材料稍硬，否则其几何精度不易保证，从而影响研磨精度。(   )

9. 研磨时，为减小工件表面粗糙度值，可加大研磨压力。(   )

10. 碳化物磨料的硬度高于刚玉类磨料。(   )

11. 直线研磨运动的轨迹不但能获得较高的几何精度，同时也能得到较低的表面粗糙度值。(   )

12. 研磨为精加工，能得到精确的尺寸、精确的几何精度和极低的表面粗糙度值。(   )

13. 研磨是主要靠化学作用除去零件表面层金属的一种加工方法。(   )

14. 研磨液在研磨加工中起到调和磨料、冷却和润滑作用。(   )

15. 去除金属零件表面的污物称为清洗。(   )

16. 污垢是由零件在加工、运输、存储等过程中产生的。(   )

17. 水基金属清洗剂由表面活性剂、多种助剂和水配合而成。(   )

18. 使用水、各种水溶液、有机溶剂等液体清洗剂的清洗工艺称为干式清洗。(   )

19. 大型的、不易搬动的清洗对象，可采用喷射清洗。(   )

20. 材料发生腐蚀都是一个自发的、必然的过程。(   )

21. 不锈钢在大气环境中永远不生锈。(   )

22. 电化学保护就是改变金属(介质)的电极电位来达到保护金属免受腐蚀的办法。(   )

任务五　车铣练习件

车铣练习件图纸如图 2-11 所示。

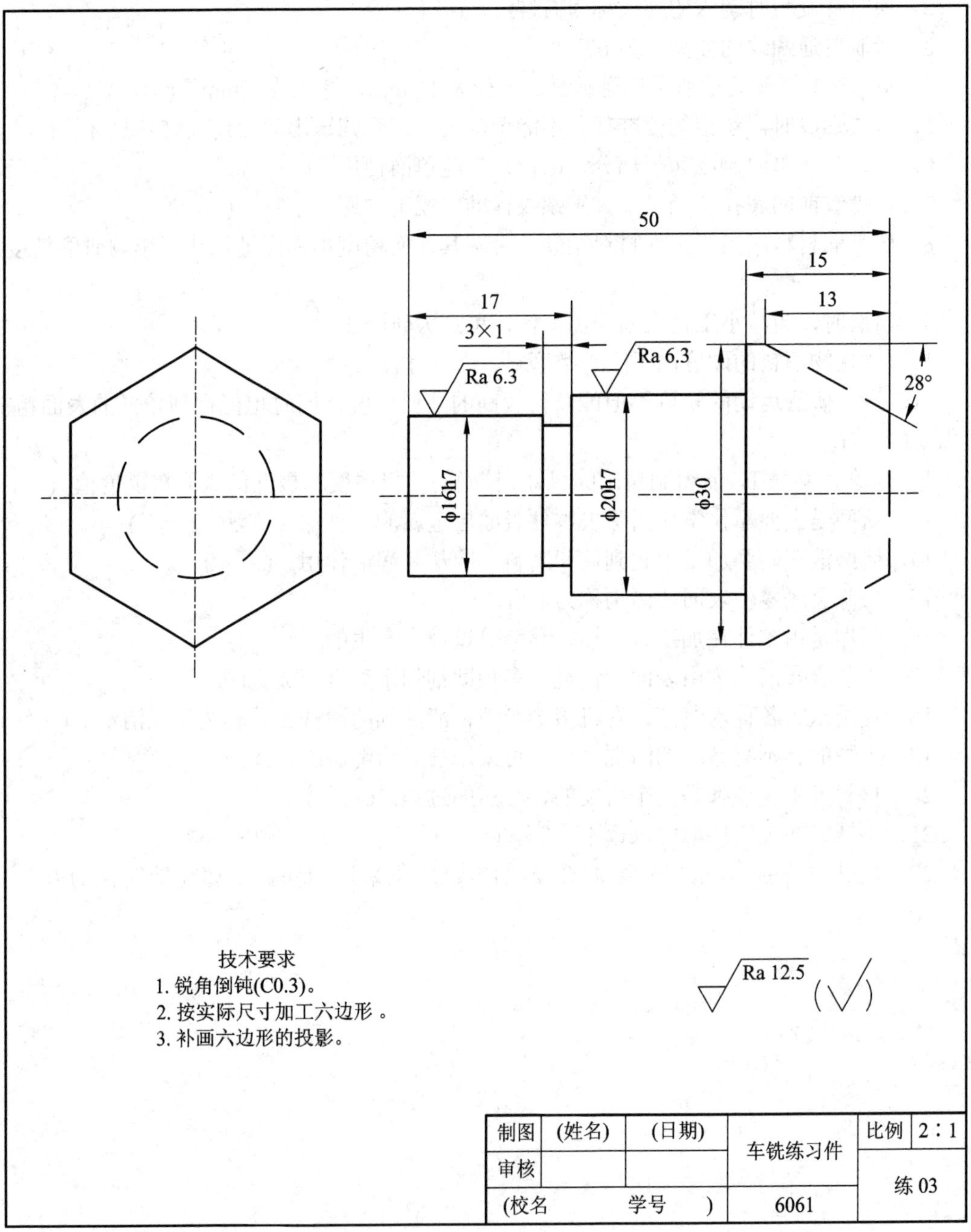
50
15
13
17
3×1
Ra 6.3
Ra 6.3
28°
ϕ16h7
ϕ20h7
ϕ30
技术要求
1. 锐角倒钝(C0.3)。
2. 按实际尺寸加工六边形 。
3. 补画六边形的投影。
Ra 12.5
制图
(姓名)
(日期)
车铣练习件
比例
2∶1
审核
练 03
(校名
学号
)
6061

图 2-11　车铣练习件图纸

■ **相关专业知识**

一、分度头简介

F11100A 型万能分度头是铣床上的主要附件之一。它能将工件装卡在顶尖间或卡盘上分成任意角度，可将工件分成各种等分，协助机床利用各种不同形状的刀具进行各种沟槽、正齿轮、螺旋正齿轮、阿基米德螺线凸轮及螺旋线等的加工。表 2-7 为常用的 3 种分度头的规格。

表 2-7　常用的 3 种分度头规格

	F11100A	F11125A	F11160A
中心高	100 mm	125 mm	160 mm
主轴由水平位置向上转动的角度	≤95°		
主轴由水平位置向下转动的角度	≤5°		
分度手轮每转所表示的主轴回转角度	9°（540 格，每格 1′）		
游标最小示值	10″		
蜗杆与蜗轮速比	1∶40		
主轴法兰盘定位短锥直径	Φ41.275 mm	Φ53.975 mm	Φ53.975 mm
主轴孔锥度	莫氏 3 号	莫氏 4 号	莫氏 4 号
定位键宽度	14 mm	18 mm	18 mm
尾架定位键宽度	14 mm	18 mm	18 mm
交换齿轮模数	1.5 mm	2 mm	2 mm
交换齿轮齿数：25；30；35；40；50；55；60；70；80；90；100			
分度盘孔数：			
第一面：24；25；28；30；37；38；39；41；42；43			
第二面：46；47；49；51；53；54；57；58；59；62；66			

二、分度头主要结构组成及使用说明

分度头是铣床的重要附件之一，可用来装夹轴类、盘套类零件并实现分度。它是铣床加工齿轮、花键、离合器、螺旋槽等零件时必不可少的工艺装备。分度头由主轴、回转体、分度装置、传动机构和底座组成。

F11100A 分度头结构组成及其传动原理如图 2-12 所示。

分度头的结构介绍

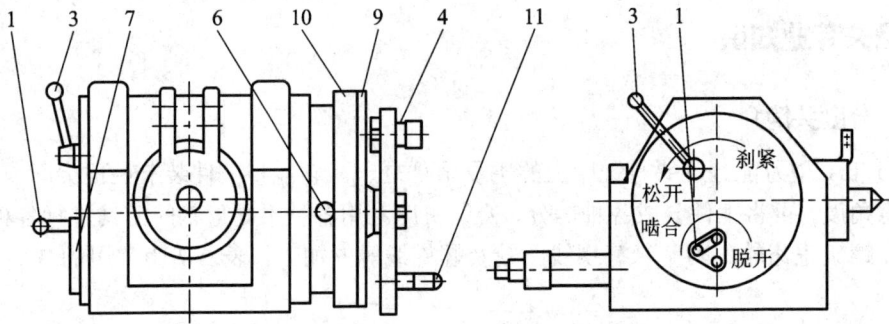

1—蜗杆脱落手柄；2—主轴前端刻度环；3—主轴刹紧手柄；4—定位销；5—分度盘；6—分度盘刹紧螺杆；

7—蜗轮副间隙调整螺母；8—挂轮轴；9—手轮刻度环；10—游标环；11—手动分度手柄

图 2-12　F11100A 分度头结构组成及其传动原理

　　F11100A 分度头的主轴前端有莫氏锥孔，可安装顶尖支承工件；外部有一定位圆锥体，用于安装三爪卡盘并装夹工件。主轴正面回转体上有刻度值，用于加工简单多面体时直接分度。侧面分度装置由分度盘、分度叉和分度手柄组成，用于精确分度。如图 2-13 所示为分度头传动系统图及各手柄名称，转动分度手柄，经传动比 $i=1$ 的圆柱齿轮副、传动比 $i=1/40$ 的蜗轮蜗杆副，可带动分度头主轴回转，从而实现分度运动。

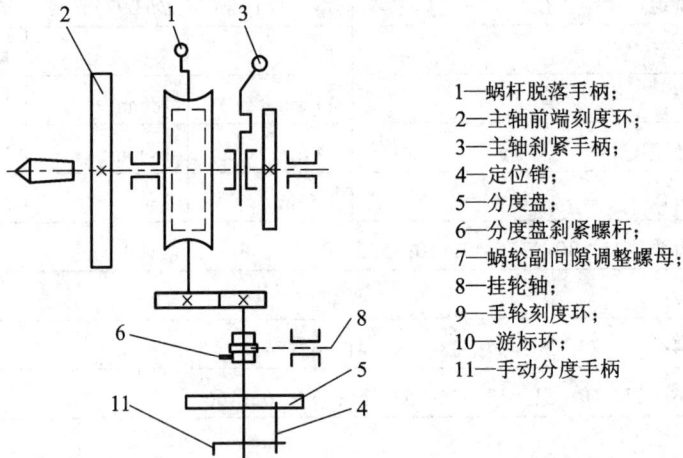

1—蜗杆脱落手柄；
2—主轴前端刻度环；
3—主轴刹紧手柄；
4—定位销；
5—分度盘；
6—分度盘刹紧螺杆；
7—蜗轮副间隙调整螺母；
8—挂轮轴；
9—手轮刻度环；
10—游标环；
11—手动分度手柄

图 2-13　F11100A 分度头传动系统图及各手柄名称

　　从图 2-13 可知，若要工件转一转，分度手柄需转 40 转。因此，工件的等分数与分度头手柄每次分度所需转动的转数间的关系为：

$$n = \frac{40(分度蜗轮齿数)}{z(工件所需等分数)}$$

式中，n——手柄转动的转数。

　　当用上式求得 n 不是整数时，就要借助于分度盘来进行分度。分度盘是分度头的配件。每个分度头一般配有两块分度盘供选用。分度盘正反两面各加工有若干个孔距精度很高的孔圈，各圈孔数均不相同。

为避免每次分度要数孔数而产生差错，可调整分度叉使两块叉板之间所夹的孔数为 $n+1$。若顺时针方向转动分度手柄，分度前应将左侧叉板紧贴定位销，分度时拔出定位销，转动 n 圈后在紧贴右侧叉板孔中定位即可。在每次分度后，只需顺着手柄转动方向拨动分度叉，使左侧叉板再次紧贴定位销，为下次分度做好准备。以上分度方法称为简单分度法，也是最常用的一种分度方法。

三、分度头的分度方法

分度头的分度方法一般有以下 4 种。

1. 直接分度法

直接分度时，要先将蜗轮脱开，利用主轴前端刻度环和本体上的刻线来进行，但分度好后必须用主轴刹紧手柄将主轴刹紧后方可切削。

2. 角度分度法

角度分度法是利用手轮上的手轮刻度环和游标环配合，来完成给定的角度分度的。用角度分度法可以达到任意角度分度。手轮刻度环每格刻度值为 $1'$，刻度环回转一周分度值为 $9°$。

3. 简单分度法

简单分度法是利用定位销和分度盘配合，实现所有等分数是一个能分解的简单数的分度方法。

简单分度法在分度头使用中应用最为广泛。定位销(分度手柄)的转数 n 可根据所需等分数来决定。

4. 差动分度法

在分度头主轴和分度盘之间用挂轮连接起来进行分度的方法叫做差动分度法。这种分度方法是在用简单分度法不能分度的情况下采用的，差动分度法可以达到任意等分数。

当使用差动分度时，应将分度盘刹紧螺杆与分度盘脱离，保证分度盘也能转动，并在主轴后锥孔中插上心轴，在心轴上装上交换齿轮，通过心轴传至挂轮轴。当转动手动分度手柄带动主轴旋转时，该运动通过主轴后端心轴的交换齿轮传至挂轴，带动分度盘产生微动来补偿工件所需等份与假定等份在角度上的差值。差动分度法中的挂轮情况如图 2-14 所示。

四、分度头的操作注意事项

(1) 主轴刹紧手柄 3 刹紧时，不得转动主轴进行分度。

(2) 蜗杆与蜗轮由非啮合状态改为啮合状态时，应用手扶主轴前端，轻扳蜗杆脱落手柄，正反向微转主轴，感觉啮合位置合适时再将蜗杆与蜗轮啮合，配合间隙应保证分度时手感松紧适中，不得处于半啮合状态使用，以免拉伤蜗轮齿面。

(3) 差动分度或用挂轮拖动分度时应松开分度盘刹紧螺杆 6。

(4) 定位销 4 不能击打分度盘表面，不能在分度盘表面划动，以免早期磨伤。

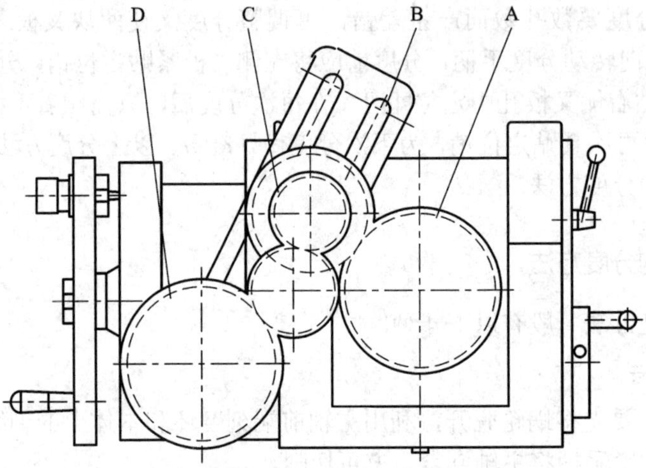

A、B、C、D 均为挂轮

图 2-14　差动分度法中的挂轮情况

五、分度头的维护保养

分度头的精度和使用期限取决于它的维护保养程度。在使用及搬运过程中，严禁敲打冲击，以保持分度头的精度。

分度头的润滑点大部分采用标准外露油杯，只有在分度头顶部有 1 个丝堵为注油润滑蜗轮副之用。在每班工作前必须在各润滑点注入清洁的 N46 润滑油一次。当使用交换齿轮时，对齿面和轴套孔等转动部位也应注入适量的润滑油。

课内作业

所需的设备、工具、量具列表

序号	设备(工、量具)	型号或规格	数量	备注

切 削 参 数

序号	设备名称	主轴转速(n)	进给量(f)	背吃刀量(a_p)

课外作业

一、判断题

1．高精度的齿轮通常在铣床上铣削加工。（　　）

2．万能分度头和回转工作台属于铣床专用夹具。（　　）

3．铣削用量的选择顺序是吃刀量、每齿进给量、铣削速度，然后换算成每分钟进给量和每分钟主轴转速。（　　）

4．卧式铣床的工作台都能回转角度，以适应螺旋槽铣削。（　　）

5．斜面与垂直面加工实质上是相同的，有区别的是与基准面或线的夹角不同而已。（　　）

6．用套式面铣刀铣削平面，铣刀直径的选择与工件的余量有关，铣刀的齿数与进给量有关。（　　）

7．铣削半圆键槽时，随着键槽深度增加，铣削量越来越小，因此通常采用机动进给进行铣削。（　　）

8．分度头的主轴是空心轴，两端均有莫氏锥度内锥孔。（　　）

9．在计算差动分度交换齿轮时，假定等分数必须大于工件等分数。（　　）

10．用成形铣刀铣削外花键，是通过调整工作台横向来达到花键的键宽尺的。（　　）

二、选择题

1．通常在铣床上加工效率较高的是（　　）。

A. 齿轮   B. 花键   C. 凸轮   D. 平面

2. 盘形凸轮大都在(   )上铣削加工

   A. 立式铣床   B. 卧式铣床   C. 龙门铣床   D. 仿形铣床

3. 大型的箱体零件应选用(   )铣削加工。

   A. 立式铣床   B. 仿形铣床   C. 龙门铣床   D. 万能卧式铣床

4. 键槽一般在(   )上铣削加工。

   A. 龙门铣床   B. 卧式铣床   C. 平面仿形铣床   D. 立式铣床

5. 椭圆加工应选用(   )。

   A. 立式铣床   B. 无升降台铣床   C. 龙门铣   D. 卧式铣床

6. 斜齿轮通常在(   )上铣削加工。

   A. 立式铣床   B. 无升降台铣床   C. 仿形铣床   D. 卧式万能铣床

任务六　挂 杆 加 工

挂杆图纸如图 2-15 所示。

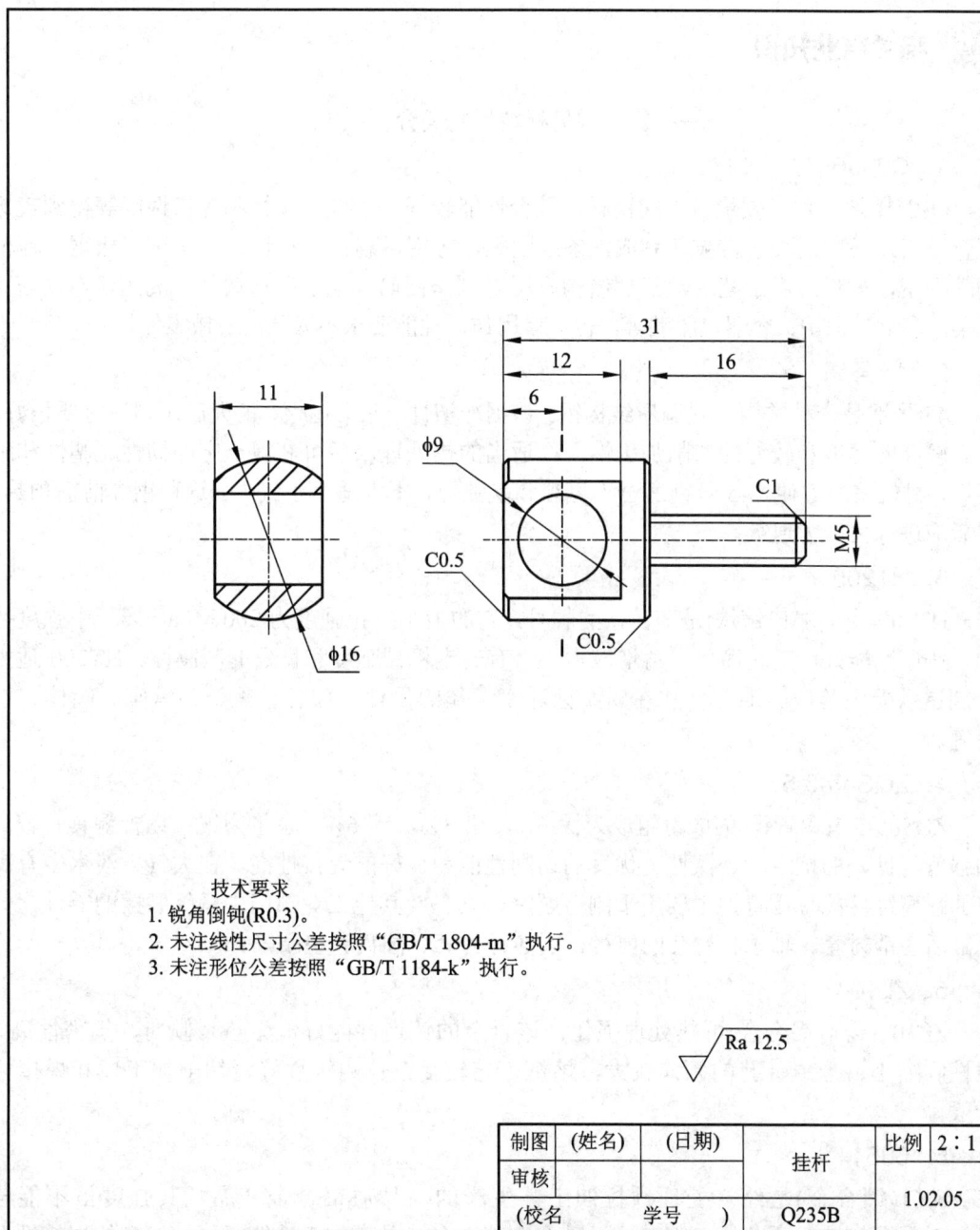

技术要求
1. 锐角倒钝(R0.3)。
2. 未注线性尺寸公差按照 "GB/T 1804-m" 执行。
3. 未注形位公差按照 "GB/T 1184-k" 执行。

$\sqrt{}$ Ra 12.5

制图	(姓名)	(日期)	挂杆	比例	2：1
审核				1.02.05	
(校名　　学号　)			Q235B		

图 2-15　挂杆图纸

挂杆

百分表

分度头的安装

相关专业知识

常见材料性能简介

1. Q235B

Q235B 是一种含碳量适中的钢材，综合性能较好，强度、塑性和焊接性能等得到较好配合，用途最广泛。它常被轧制成盘条或圆钢、方钢、扁钢、角钢、工字钢、槽钢、窗框钢等型钢，大量应用于建筑及工程结构，用以制作钢筋或建造厂房房架、高压输电铁塔、桥梁、车辆、锅炉、容器、船舶等，也大量用作对性能要求不太高的机械零件。

2. 45 号钢

45 号钢是一种常用中碳调质结构钢。该钢冷塑性一般，退火、正火后比调质时要稍好，具有较高的强度和较好的切削加工性，经适当的热处理以后可获得一定的韧性、塑性和耐磨性，材料来源方便。45 号钢适合于氢焊和氩弧焊，不太适合于气焊。这种钢焊前需预热，焊后应进行去应力退火。

3. HT200

HT200(也叫灰口铸铁)是灰铸铁的牌号，它的最小抗拉强度为 200 MPa，属于中强度铸铁，铸造性能好，工艺简单，铸造应力小，有一定机械强度和良好的减震性。HT200 适用于制造承受中等应力的零件和在弱腐蚀环境工作的零件，如各种盖、轴承座、阀体、手轮等。

4. ZQSn5-5-5

ZQSn5-5-5(锡青铜)的成份组成为锡 6%，铅 3%，锌 6%，余量为铜。锡青铜具有较高的强度、良好的抗滑动摩擦性、优良的切削性能和良好的焊接性能，在大气、淡水中有良好的耐腐蚀性能。锡青铜主要用于制造航空、汽车及其他工业部门中承受磨擦的零件，如汽缸活塞销衬套、轴承和衬套的内衬、副连杆衬套、圆盘和垫圈等。

5. ZL104

ZL104(铸造铝合金)可热处理强化。该合金的铸造性能好，无热裂倾向、气密性高、线性收缩小；形成针孔的倾向较大，熔炼工艺较复杂；耐蚀性好，切削加工性和焊接性一般。

6. 6061

6061(铝合金)是经热处理预拉伸工艺生产的高品质铝合金产品，其强度虽不能与 2XXX 系或 7XXX 系相比，但其镁、硅合金特性多，具有加工性能极佳、优良的焊接性及电镀性、良好的抗腐蚀性、韧性高及加工后不变形、材料致密无缺陷、易于抛光、上色膜容易、氧化效果极佳等优良特点。

7. PA6

PA6 即尼龙 6，又叫聚酰胺 6。尼龙 6 的化学物理特性和尼龙 66 很相似，不同之处在于它的熔点较低，而且工艺温度范围很宽。它的抗冲击性和抗溶解性比尼龙 66 塑料要好，吸湿性也更强。因为塑件的许多品质特性都要受到吸湿性的影响，因此使用尼龙 6 设计产品时要充分考虑到这一点。为了提高尼龙 6 的机械特性，经常加入各种各样的改性剂。玻璃纤维就是最常见的添加剂，有时为了提高抗冲击性还加入合成橡胶，如 EPDM 和 SBR 等。对于没有添加剂的产品，尼龙 6 塑胶原料的收缩率为 1%～1.5%。加入玻璃纤维添加剂可以使收缩率降低到 0.3%(和流程相垂直的方向还要稍高一些)。成型组装的收缩率主要受材料结晶度和吸湿性影响。实际的收缩率和塑件设计、壁厚及其他工艺参数成函数关系。

尼龙 6 注塑干燥处理时要注意：由于尼龙 6 很容易吸收水分，因此加工前的干燥特别重要。如果材料是用防水材料包装供应的，则容器应保持密闭。如果环境湿度大于 0.2%，建议加工前先在 80℃ 以上的热空气中干燥 16 小时以上。如果材料已经在空气中暴露超过 8 小时，建议先进行 105℃、8 小时以上的真空烘干。

尼龙 6 注塑工艺熔料温度：240～250℃，对于增强品种为 250～280℃。

8. 2A12

2A12 是一种高强度硬铝，可以进行热处理强化；2A12 铝合金点焊焊接性良好，用气焊和氩弧焊焊接时有形成晶间裂纹的倾向；2A12 铝合金在冷作硬化后可切削性能尚好。2A12 铝合金抗蚀性不高，常采用阳极氧化处理与涂漆方法或表面加包铝层以提高其抗腐蚀能力。

📐 课内作业

所需的设备、工具、量具列表

序号	设备(工、量具)	型号或规格	数量	备注

切 削 参 数

序号	设备名称	主轴转速(n)	进给量(f)	背吃刀量(a_p)

课外作业

一、判断题

1. 光杠是用来带动溜板箱，使车刀按要求方向作纵向或横向运动的。（　　）

2. 高速钢刀具制造简单，有较好的工艺性和足够的强度及韧性，可制造形状复杂的刀具。（　　）

3. 刃磨高速钢车刀用的是绿色碳化硅砂轮，刃磨硬质合金车刀用的是氧化铝砂轮。（　　）

4. 用正爪装夹工件时，工件直径不能太大，卡爪伸出卡盘圆周可以超过卡爪长度的1/3。（　　）

5. 滚花刀在装夹时一般与工件表面产生一个很小的交角，使刀具容易切入工件表面。（　　）

6. 在普通螺纹代号后加注"LH"的是左旋螺纹，未注名的为右旋螺纹。（　　）

7. 由于螺纹千分尺的刻线原理和读数方法与外径千分尺相同，所以它主要用于测量螺纹的大径。（　　）

8. 铰圆锥孔时，车床主轴只能顺转，不能反转，否则铰刀刃口容易损坏。（　　）

二、选择题

1. 在铣床上直接加工精度在 IT9 以下的孔应采用（　　）加工。

　A. 麻花钻　　　　　　　B. 铣刀　　　　　　　　C. 镗刀

2. 对铣床夹具的基本要求是（　　）。

A. 定位与夹紧　　　　　　　B. 对刀方便　　　　　　C. 安装稳固

3. 刀具齿槽铣削是形成(　　)的加工过程。

A. 刀具齿槽角　　　　　　　B. 刀具前后角　　　　　C. 刀齿、切削刃和容屑空间

4. 在铣床上镗孔，孔呈椭圆形状的主要原因是(　　)。

A. 铣床主轴与进给方向不平行　　　B. 镗刀尖磨损　　　　　C. 工件装夹不当

5. 具有圆柱面螺旋齿的刀具是(　　)。

A. 直齿三面刃铣刀　　　　　B. 键槽铣刀　　　　　　C. 角度铣刀

6. 为提高角度面铣削精度，尽可能采用(　　)。

A. 圆柱形铣刀逆铣　　　　　B. 圆柱形铣刀顺铣　　　C. 面铣刀逆铣

7. 2 号莫氏锥柄的麻花钻直径范围为(　　)。

A. ≥23.2～31.75 mm　　　　B. >14～23.02 mm　　　C. ≥3～14 mm

任务七　导 柱 加 工

导柱图纸如图 2-16 所示。

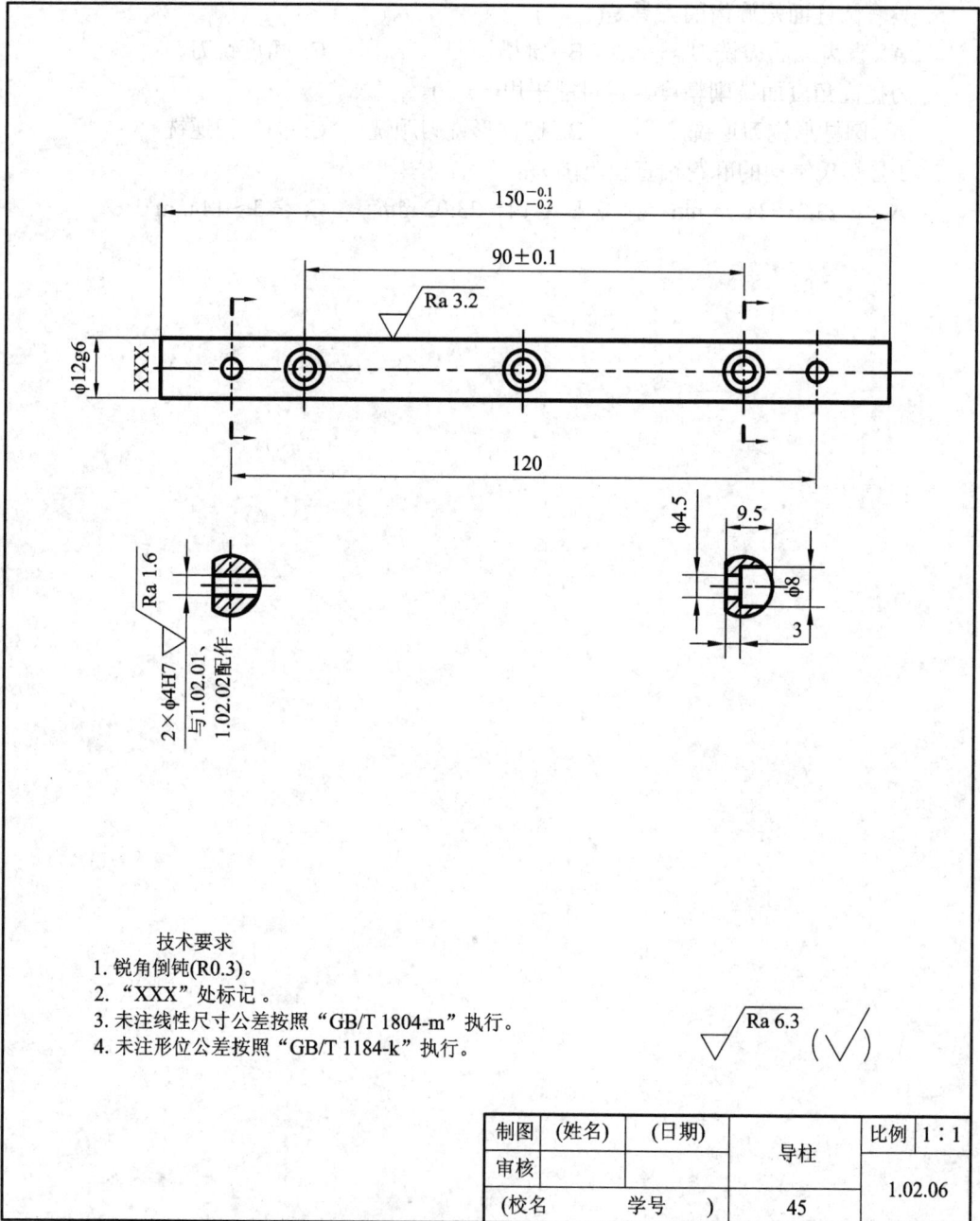

技术要求
1. 锐角倒钝(R0.3)。
2. "XXX"处标记。
3. 未注线性尺寸公差按照"GB/T 1804-m"执行。
4. 未注形位公差按照"GB/T 1184-k"执行。

制图	(姓名)	(日期)	导柱	比例	1：1
审核					1.02.06
(校名	学号	)	45		

图 2-16　导柱图纸

　　　　导柱　　　　　　　　　　外径千分尺　　　　　表面质量对零件使用性能影响

相关专业知识

　　根据工件表面的加工精度和表面粗糙度的要求，车外圆一般分粗车和精车两个步骤，由于它们的要求不同，因此使用的车刀也不同，可分为外圆粗车刀和外圆精车刀两种。

一、粗车

　　粗车的目的是尽快地切去大部分余量，为精加工留 0.5～1 mm 余量。常用的外圆粗车刀按主偏角大小分为 45°、75° 和 90° 等几种，如图 2-17 所示。

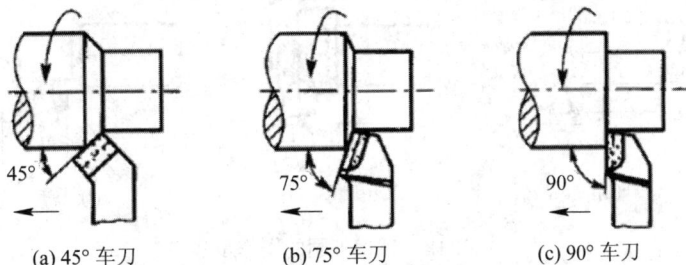

(a) 45° 车刀　　　　　　(b) 75° 车刀　　　　　　(c) 90° 车刀

图 2-17　常用的外圆粗车刀

二、精车

　　精车的目的是切去余下的少量金属层，以获得图纸要求的精度和表面粗糙度。精车时应采取有圆弧过渡刃的精车刀。车刀的前后面须用油石打光。精车时背吃刀量 a_p 和进给量 f 较小，以减小残留面积，使 Ra 值减小。切削用量一般为：$a_p = 0.1～0.2$ mm，$f = 0.05～0.2$ mm/r，$v \geqslant 60$ m/min。精车的尺寸公差等级一般为 IT8～IT6，半精车的一般为 IT10～IT9；精车的表面粗糙度 $Ra = 3.2～0.8$ μm，半精车的表面粗糙度 $Ra = 6.3～3.2$ μm。

三、车外圆的步骤

　　(1) 检查毛坯的直径，根据加工余量确定进给次数和背吃刀量。

　　(2) 在工件上划线，确定车削长度。先在工件上用粉笔涂色，然后用内卡钳在钢直尺上量取尺寸，再在工件上划出加工线。

　　(3) 车外圆要准确地控制背吃刀量，这样才能保证外圆的尺寸公差。通常采用试切方法来控制背吃刀量，试切外圆的操作步骤如图 2-18 所示。

　　① 启动车床，移动床鞍与中滑板，使车刀刀尖与工件表面轻微接触(见图 2-18(a))，并记下中滑板刻度。

　　② 保持横刀架移动手柄不动，移动床鞍，退出车刀，与工件端面相距 2～5 mm(见图

2-18(b))。

③ 按选定的背吃刀量 a_{p1} 摇动横刀架移动手柄,根据中滑板刻度作横向进给(见图 2-18(c))。

④ 移动床鞍,试切长度约 2~3 mm(见图 2-18(d))。

⑤ 保持横刀架移动手柄不动,向右退出车刀,停车,测量工件尺寸(见图 2-18(e))。

⑥ 根据测量结果,调整背吃刀量(见图 2-18(f))。如试切尺寸正确,即可继续手动或自动进刀车削;如不符合要求,则应根据中滑板刻度重新调整背吃刀量,再进刀车削。

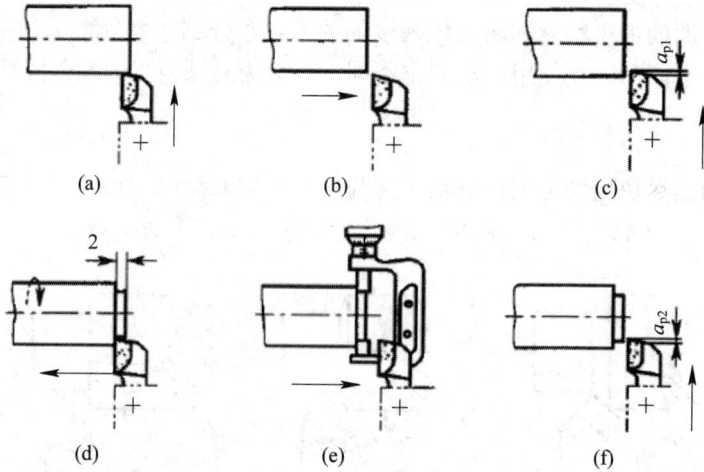

图 2-18 试切外圆的操作步骤

四、车端面的方法

车端面的方法如图 2-19 所示。

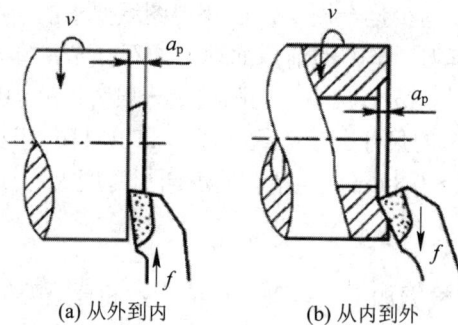

(a) 从外到内   (b) 从内到外

图 2-19 车端面的方法

1. 车端面的注意事项

(1) 车刀的刀尖应对准工件中心,以免车出的端面中心留有凸台。

(2) 端面的直径从外到中心是变化的,切削速度也是变化的,端面的粗糙度不易得到保证。因此,工件转速可比车外圆时选择得高一些。为减小端面的表面粗糙度值,也可由中心向外切削。

(3) 车削直径较大的端面时，若出现凹心或凸台，应检查车刀和刀架是否紧固，以及床鞍的松紧度。为使车刀准确地横向进给而无纵向松动，应将床鞍紧固在床身上，此时可用小滑板调整背吃刀量。

2. 车削用量的选择

(1) 背吃刀量：粗车时，$a_p = 2 \sim 5$ mm；精车时，$a_p = 0.2 \sim 1$ mm。

(2) 进给量：粗车时，$f = 0.3 \sim 0.7$ mm/r；精车时，$f = 0.08 \sim 0.3$ mm/r。

(3) 切削速度：车端面时，切削速度随刀具横向的切入而变化，选用时应根据工件最大直径来确定。

3. 车端面的操作步骤

(1) 移动床鞍和中滑板，使车刀靠近工件端面后，将床鞍上的锁紧床鞍螺钉扳紧，使床鞍位置固定。

(2) 测量毛坯长度，确定端面应车去的余量，一般先车的一面尽可能少车，其余余量在另一面车去。车端面前可先倒角，尤其是铸铁表面有一层硬皮，如先倒角可以防止刀尖损坏。车端面和外圆时，第一刀背吃刀量一定要超过硬皮层，否则即使已倒角，但车削时刀尖还是要碰到硬皮层，很快就会磨损。

(3) 双手摇动横刀架移动手柄车端面，手动进给速度要保持均匀。当车刀刀尖车到端面中心时，车刀即退回。对于精加工的端面，要防止车刀横向退出时将端面拉毛，可向后移动小滑板，使车刀离开端面后再横向退回。车端面时的背吃刀量 a_p 可用小滑板刻度盘控制。

(4) 用刀口直尺检查端面直线度是否符合要求。

五、车台阶轴

1. 车刀的选用

台阶轴应选用 90° 外圆车刀。

2. 台阶外圆的车削方法和步骤

车削低台阶可用 90° 外圆车刀直接车出，车削高台阶要先用 75° 车刀粗车，再用 90° 车刀将台阶车成直角，如图 2-20 所示。

台阶外圆的车削步骤如下：

1) 确定台阶的车削长度

常用的方法有两种，一种是刻线痕法，另一种是床鞍刻度盘控制法。两种方法都有一定误差，用刻线痕法或用床鞍刻度盘控制法时，车削长度都应比所需长度略短 $0.5 \sim 1$ mm，以留有余地。

(1) 刻线痕法是以端面为基准，先用钢直尺量出台阶长度尺寸，开车，用刀尖在工件上刻出线痕，如图 2-21(a)所示。

(2) 床鞍刻度盘控制法如图 2-21(b)所示，先移动床鞍和中滑板，使刀尖靠近工件端面，开车，移动小滑板，使刀尖与工件端面相擦，车刀横向快速退出，将床鞍刻度调到零位。车削时就可利用刻度值来控制台阶的车削长度。如能利用刻度值先在工件上刻出台阶长度的线痕，操作时车刀靠近线痕再看刻度值就更方便了。

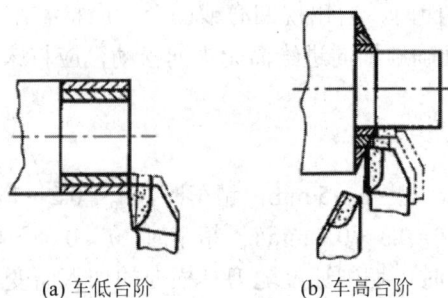

(a) 车低台阶　　　　　(b) 车高台阶

图 2-20　台阶外圆的车削方法

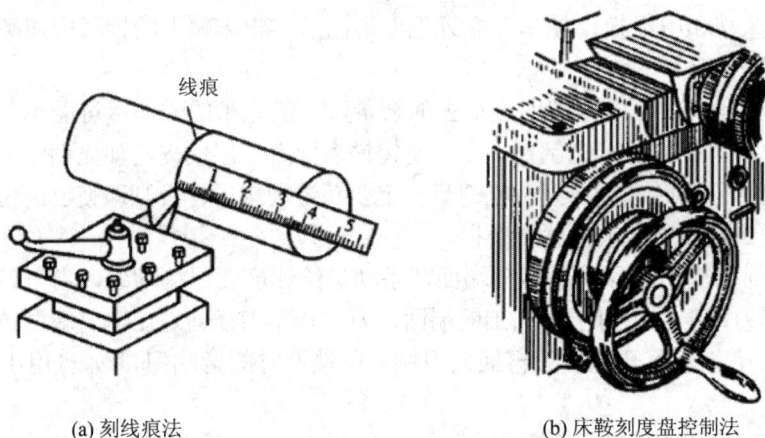

(a) 刻线痕法　　　　　(b) 床鞍刻度盘控制法

图 2-21　确定台阶车削长度的方法

2) 粗车台阶外圆

(1) 按粗车要求调整切削速度和进给量。

(2) 调整好背吃刀量后移动床鞍，刀尖靠近工件时合上机动进给手柄，当车刀刀尖距离退刀位置 1～2 mm 时停止机动进给，改为手动进给，车至所需长度时，将车刀横向退出，移动床鞍回到起始位置。然后实现第二次工作行程。台阶外圆和长度在粗车时各留 0.5～1 mm 的精车余量。

3) 精车台阶外圆

(1) 按精车要求调整切削速度和进给量。

(2) 试切外圆，调整背吃刀量，尺寸符合图样要求后合上机动进给手柄，精车台阶外圆至距离台阶端面 1～2 mm 时，停止机动进给，改用手动进给继续车外圆。当刀尖切入台阶面时车刀横向慢慢退出，将台阶面车平。

(3) 测量台阶长度。用深度游标卡尺测量台阶长度，如图 2-22 所示。

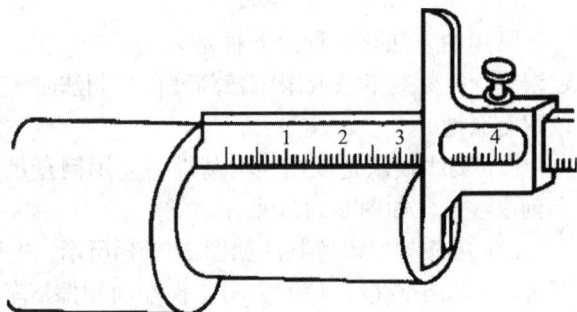

图 2-22　测量台阶长度

(4) 根据测量结果，用小滑板刻度调整车端面的背吃刀量。

(5) 开车，车刀由外向里均匀地精车端面，当刀尖车至外圆与端面相交处时，车刀先纵向退出 0.5～1 mm，然后再横向退出。

课内作业

所需的设备、工具、量具列表

序号	设备(工、量具)	型号或规格	数量	备注

切　削　参　数

序号	设备名称	主轴转速(n)	进给量(f)	背吃刀量(a_p)

课外作业

一、判断题

1. 变换主轴箱外手柄的位置可使主轴得到各种不同转速。(　　)

2. 硬质合金刀具的韧性较好，不怕冲击。(　　)

3. 刃磨硬质合金车刀时，车刀发热时可以直接放入水中冷却，而高速钢车刀不能放入水中冷却。(　　)

4. 用单动卡盘装夹工件时，先用两个相对的卡爪夹紧，然后再用另一对相对的卡爪夹紧。(　　)

5. 滚花时产生乱纹，其主要原因是转速太慢。(　　)

6. 英制螺纹的牙型角为 60°。(　　)

7. 三针测量用的最佳量针直径，是指量针横截面与螺纹中径处牙侧相切时的量针直径。(　　)

8. 车圆锥面时，车刀刀尖必须严格对准工件旋转轴线，以保证车削后的圆锥面素线的直线度及圆锥直径和圆锥角的正确。(　　)

二、选择题

1. 铣削用量选择的次序是(　　)。
   A. f_z、a_e 或 a_p、v_c　　　　B. a_e 或 a_p、f_z、v_c　　　　C. v_c、f_z、a_e 或 a_p

2. 粗铣时，限制进给量提高的主要因素是(　　)。
   A. 铣削力　　　　　　B. 表面粗糙度　　　　　C. 尺寸精度

3. 精铣时，限制进给量提高的主要因素是(　　)。
   A. 铣削力　　　　　　B. 表面粗糙度　　　　　C. 尺寸精度

4. 铣削铸铁时，高速钢铣刀每齿进给量 f_z 通常选用(　　)mm。
   A. 0.08～0.25　　　　B. 0.02～0.08　　　　　C. 0.25～0.40

5. 铣削铸铁时，硬质合金铣刀每齿进给量 f_z 通常选用(　　)mm。
   A. 0.20～0.50　　　　B. 0.05～0.20　　　　　C. 0.50～0.75

6. 铣削 45 号钢时，高速钢铣刀通常选用的铣削速度是(　　)mm/min。
   A. 5～10　　　　　　B. 20～45　　　　　　　C. 60～80

7. 铣削铝合金时，硬质合金铣刀通常选用的铣削速度是(　　)mm/min。
   A. 50～100　　　　　B. 400～600　　　　　　C. 800～1000

任务八 螺 杆 加 工

螺杆图纸如图 2-23 所示。

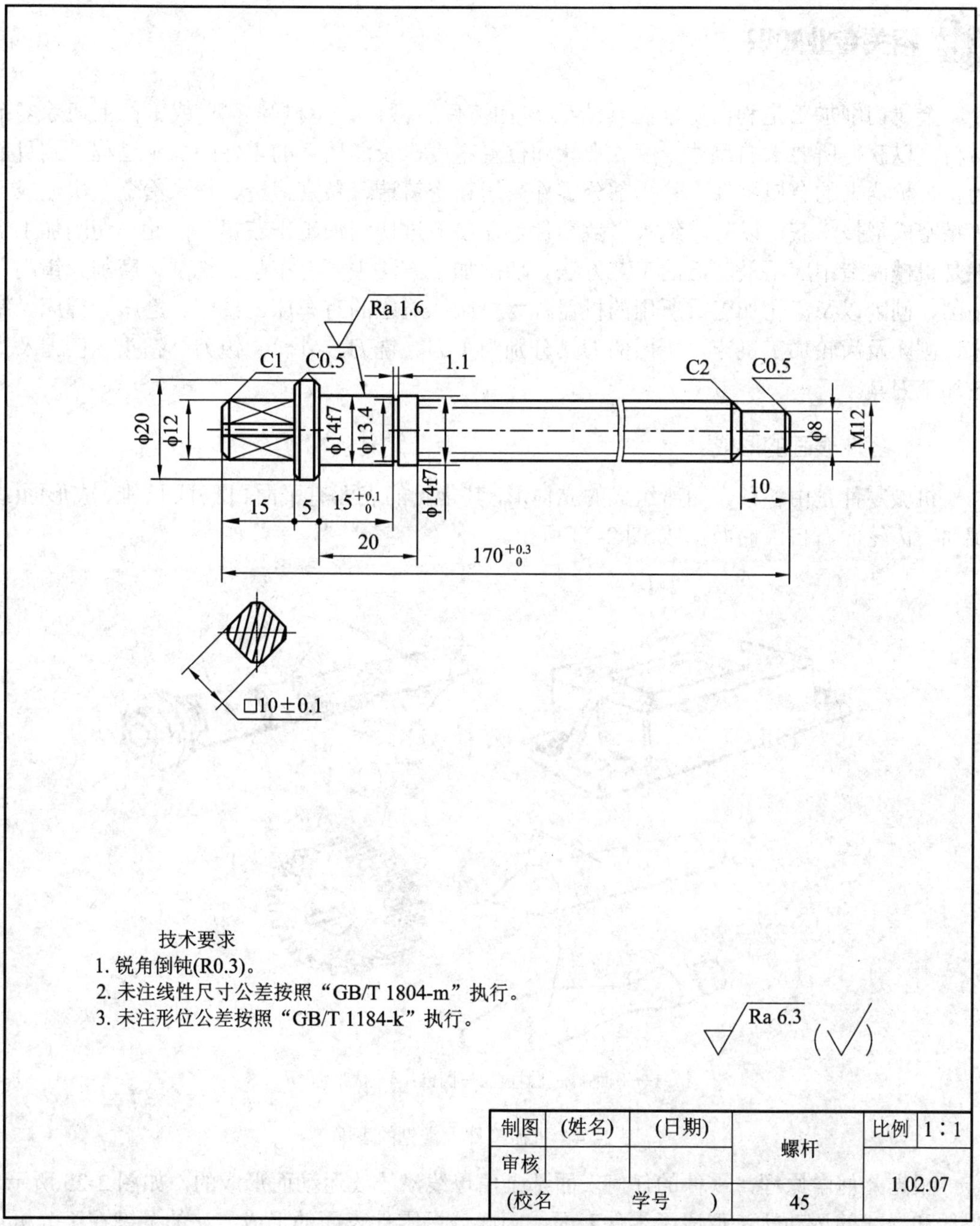
Ra 1.6
C1
C0.5
1.1
C2
C0.5
ϕ20
ϕ12
ϕ14f7
ϕ13.4
ϕ14f7
ϕ8
M12
15
5
15 +0.1 0
20
10
170 +0.3 0
□10±0.1
技术要求
1. 锐角倒钝(R0.3)。
2. 未注线性尺寸公差按照“GB/T 1804-m”执行。
3. 未注形位公差按照“GB/T 1184-k”执行。
Ra 6.3
制图 (姓名) (日期)
审核
(校名 学号)
螺杆
45
比例 1∶1
1.02.07

图 2-23 螺杆图纸

螺杆   三针法测螺纹中径   加工方案的选择   带表卡尺、电子卡尺

相关专业知识

金属切削加工是利用切削刀具从毛坯(如铸件、锻件、型材等坯料)或工件上切除多余材料，以获得所要求的尺寸精度、形状和位置精度、表面质量的零件的加工过程。到目前为止，机器上的金属零件，除少部分零件采用精密铸造、精密锻造、粉末冶金、快速成形等精密成形技术获得以外，绝大多数零件都需要通过切削加工来获得。因此，切削加工仍然是机械制造中应用最广泛的工艺方法。切削加工方法主要有车削、铣削、磨削、镗削、钻削、刨削以及齿轮加工，所用的机器称为机床，对应的有车床、铣床、磨床、镗床、钻床、刨床及齿轮加工机床，所用的刀具分别为车刀、铣刀、砂轮、镗刀、钻头、刨刀及齿轮加工刀具。

一、零件表面的形成

机械零件是由各种表面所组成的立体形，其常见的表面有平面、圆柱、圆锥、成形面(螺旋面、齿轮面、自由曲面)，如图 2-24 所示。

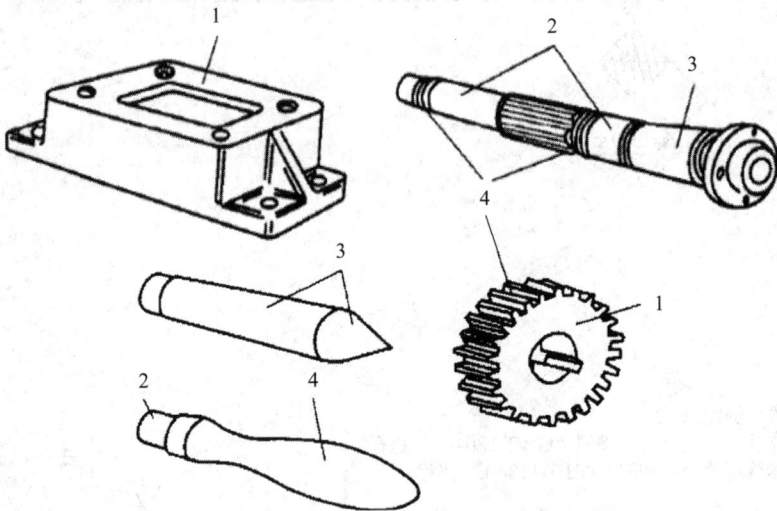

1—平面；2—圆柱；3—圆锥；4—成形面

图 2-24 机械零件上常见的表面

根据几何学原理，零件的任何表面都是由母线沿导线运动而形成的，如图 2-25 所示。母线和导线的运动轨迹形成了零件表面，因此分析零件表面的形成方法的关键在于分析母线和导线的形成方法。

二、机床的运动

就机床上运动的功能来看，机床的运动可分为表面成形运动、切入运动、辅助运动 3 类。表面成形运动是使工件获得所要求的表面形状和尺寸的运动，它是机床上最基本的运动，是机床上的刀具和工件为了形成母线或导线而作的相对运动，也称切削运动。切入运动是使刀具切入工件表面一定深度，以使工件获得所需尺寸的运动。辅助运动主要包括刀具或工件的快速趋近和退出、机床部件位置的调整、工件分度、刀架转位、送夹料，机床的启动、变速、换向、停止和自动换刀等运动。

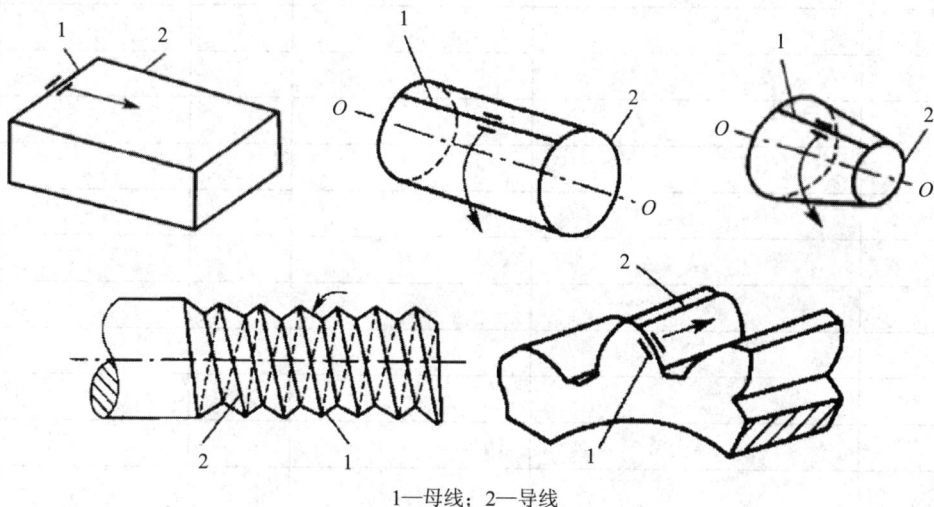

1—母线；2—导线

图 2-25　零件表面的形成方法

以图 2-26 所示的车削外圆表面时的运动为例，Ⅰ、Ⅴ是表面成形运动，Ⅳ是切入运动，Ⅱ、Ⅲ是刀具的快速趋近运动，Ⅵ、Ⅶ是刀具退出运动。

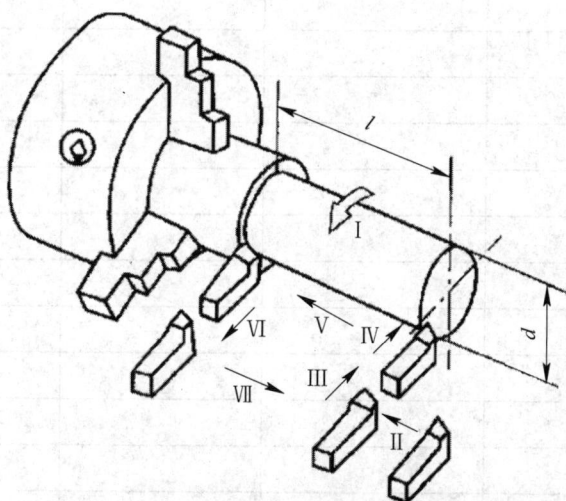

图 2-26　车削外圆表面时的运动

课内作业

所需的设备、工具、量具列表

序号	设备(工、量具)	型号或规格	数量	备注

切 削 参 数

序号	设备名称	主轴转速(n)	进给量(f)	背吃刀量(a_p)

课外作业

一、判断题

1. 改变小滑板扳动角度，可车削带锥度的工件。（　　）

2. 一般情况下，YG3 用于粗加工，YG8 用于精加工。（　　）

3. 车外圆时，若车刀刀尖装得低于工件轴线，则会使前角增大，后角减小。（　　）

4. 在单动卡盘上找正较长的外圆时，只要对工件前端外圆找正即可。（　　）

5. 滚花以后，工件直径小于滚花前直径。（　　）

6. 英制螺纹尺寸代号表示的是外螺纹大径尺寸。（　　）

7. 通端螺纹塞规是检验螺纹中径的上极限尺寸的，其牙型做成截短的。（　　）

8. 用圆锥塞规涂色检验圆锥孔时，如果小端接触，大端没有接触，说明圆锥孔的圆锥角太小。（　　）

二、选择题

1. 工作台能在水平面内扳转±45°的铣床称为（　　）。
   A. 卧式万能铣床　　　　B. 卧式铣床　　　　C. 龙门铣床　　　　D. 立式铣床

2. 卧式铣床的主要特征是主轴与工作台面（　　）。
   A. 平行　　　　　　　　B. 垂直　　　　　　C. 沿横向倾斜　　　D. 沿纵向倾斜

3. 龙门铣床的特征之一是工作台只能作（　　）进给运动。
   A. 纵向　　　　　　　　B. 横向　　　　　　C. 垂向　　　　　　D. 圆周

4. 仿形铣床的主要特征是具有（　　）。
   A. 立铣头　　　　　　　B. 万能铣头　　　　C. 仿形头　　　　　D. 悬梁

5. 套式面铣刀与圆柱铣刀的主要区别是（　　）。
   A. 具有安装孔　　　　　　　　　　　　B. 具有端面齿刃
   C. 具有螺旋齿刃　　　　　　　　　　　D. 具有装夹面

6. 角度铣刀主要用（　　）切削刃铣削。
   A. 端面　　　　　　B. 圆柱面　　　　　C. 圆锥面　　　　　D. 刀尖圆弧

7. 较小直径的键槽铣刀是（　　）铣刀。
   A. 圆柱直柄　　　　B. 莫氏锥柄　　　　C. 盘形带孔　　　　D. 圆柱带孔

8. 锯片铣刀的厚度（　　）。
   A. 除凸缘外处处相等　　　　　　　　　B. 由圆周处向中心凸缘处增厚
   C. 处处相等　　　　　　　　　　　　　D. 由圆周处向中心凸缘处减薄

任务九　手动压力机立柱装配

手动压力机立柱图纸如图 2-27 所示。

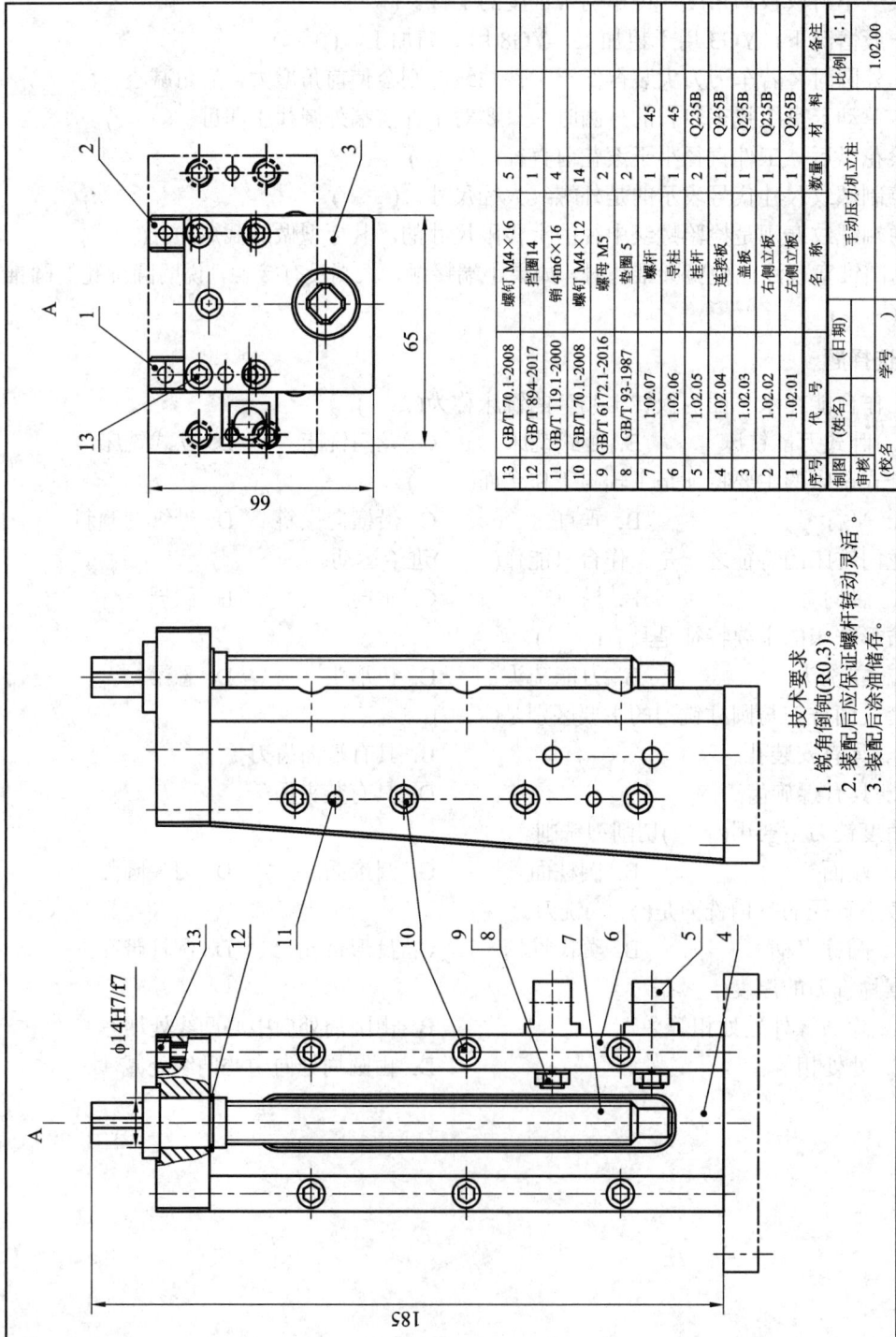

序号	代　号	名　称	数量	材　料	备注
13	GB/T 70.1-2008	螺钉 M4×16	5		
12	GB/T 894-2017	挡圈14	1		
11	GB/T 119.1-2000	销 4m6×16	4		
10	GB/T 70.1-2008	螺钉 M4×12	14		
9	GB/T 6172.1-2016	螺母 M5	2		
8	GB/T 93-1987	垫圈 5	2		
7	1.02.07	螺杆	1	45	
6	1.02.06	导柱	1	45	
5	1.02.05	挂杆	2	Q235B	
4	1.02.04	连接板	1	Q235B	
3	1.02.03	盖板	1	Q235B	
2	1.02.02	右侧立板	1	Q235B	
1	1.02.01	左侧立板	1	Q235B	

手动压力机立柱　比例 1:1　1.02.00

技术要求

1. 锐角倒钝(R0.3)。
2. 装配后应保证螺杆转动灵活。
3. 装配后涂油储存。

图 2-27　手动压力机立柱

手动压力机立柱　　双柱带表高度卡尺　　保证加工精度的工艺措施

相关专业知识

一、切削运动

切削运动是切削加工过程中刀具和工件之间的相对运动。

为了实现切削加工，刀具与工件之间必须有相对的切削运动。根据在切削加工中所起的作用不同，切削运动可分为主运动和进给运动。如图 2-28 所示，主运动是切除多余材料所需的基本运动，它的运动速度最高，在切削运动中消耗功率最多。进给运动是使待加工金属材料不断投入切削的运动，使切削工作可连续进行。对于任何切削过程而言，主运动只有 1 个，进给运动则可以有 1 个或多个。

二、工件表面的分类

在加工过程中工件上有几个不断变化着的表面。因为车削加工是一种最常见的、典型的切削加工方法，故以车削加工为例。车削加工过程中工件上有 3 个不断变化着的表面，如图 2-28 所示，分别为待加工表面(工件上待切除的表面)、已加工表面(工件上经刀具切削后产生的新表面)和过渡表面(工件上切削刃正在切削的表面，它是待加工表面和已加工表面之间的过渡表面)。过渡表面有时也称为加工表面。

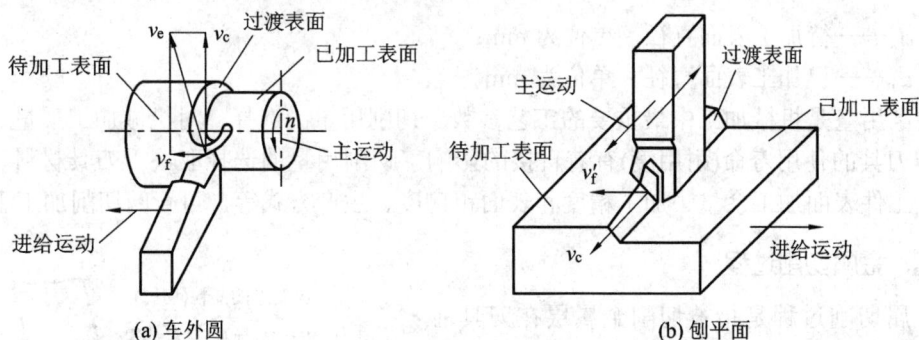

(a) 车外圆　　　　　　　(b) 刨平面

图 2-28　切削过程中的工件表面和切削运动

三、切削用量

切削用量是指切削过程中刀具和工件之间的切削速度、进给量和切削深度的总称。合理的切削用量可使刀具的切削性能和机床的动力性能得到充分发挥，并在保证加工质量的前提下，获得高生产率和低加工成本。

1. 切削速度

切削速度指工件与刀具接触处刀具相对工件的最高线速度。提高切削速度可以提高生产率，但对刀具寿命影响很大。

当主运动为旋转运动时(如车削、铣削或磨削)，其切削速度由下式确定：

$$v_c = \frac{\pi dn}{1000 \times 60} (\text{m} / \text{min})$$

式中，n——工件或刀具的转速，单位为 r/min；

　　d——工件直径，单位为 mm。

当主运动为直线往复运动时(如刨削加工)，其切削速度 v_c 由下式确定：

$$v_c = \frac{2Ln_\tau}{1000 \times 60} (\text{m/s})$$

式中，L——往复运动行程长度，单位为 mm

　　n_τ——主运动每分钟往复次数。

2. 进给量

进给量是主运动每转一转或一个往复行程时，刀具或工件沿进给运动方向上的位移量，也称走刀量。当主运动为旋转运动时(如车削、钻削、镗削加工)，进给量单位是 mm/r；当主运动为直线往复运动时(如刨削加工)，进给量单位是 mm/次；有时进给量还用进给运动速度表示(如铣削或磨削加工)，其单位是 mm/min。

3. 切削深度

切削深度也称背吃刀量，是指一次进给时刀具切入工件表面的深度，单位是 mm。

在车削外圆时

$$a_p = \frac{d_w - d_m}{2}$$

式中，d_w——待加工表面直径，单位为 mm；

　　d_m——已加工表面直径，单位为 mm。

切削用量是机械加工中最重要的工艺参数。切削用量的选择，对机械加工质量、生产效率和刀具的使用寿命(耐用度)有着直接的影响。切削用量的选择取决于刀具材料、工件材料、工件表面加工余量、加工精度和表面粗糙度、生产方式等，可查阅切削加工手册。

四、金属切削过程

金属切削过程是指被切削金属层在刀具前刀面和刀刃的共同作用下，靠近刀刃处的金属材料从弹性变形到塑性变形(剪切滑移变形)，然后从前刀面排出成为切屑的过程(见图 2-29)。在金属切削过程中会伴随一些切削现象，如金属材料发生变形、切削力、切削热、刀具磨损和振动等。

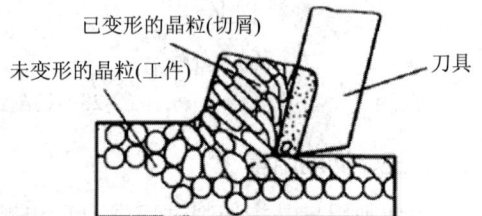

图 2-29　金属切削过程

1. 切屑的类型(见图 2-30)

1) 带状切屑

带状切屑是最常见的屑型之一，它的表面是光滑的，外表面是毛茸茸的。一般加工塑性金属材料，当切削厚度较小、切削速度较高、刀具前角较大时，会得到此类切屑。产生带状切屑意味着切削过程平稳，切削力波动小，因而已加工表面粗糙度较小。

2) 挤裂切屑

挤裂切屑是指刀具和切屑接触面有裂纹，外表面是锯齿形的切屑。这类切屑之所以呈锯齿形，是因为在剪切滑移过程中滑移量较大。挤裂切屑大多在低速、大进给、切削厚度较大、刀具前角较小时产生。

3) 单元切屑

在挤裂切屑产生的前提下，当进一步降低切削速度，增大进给量，减小前角时则会出现单元切屑。

4) 崩碎切屑

切削脆性金属(铸铁)时，常会产生呈不规则细粒状的切屑，称为崩碎切屑。

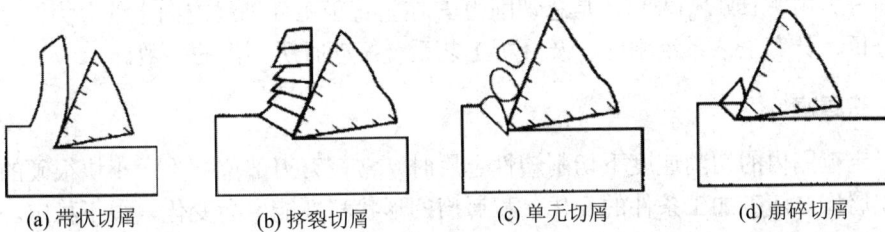

(a) 带状切屑　　(b) 挤裂切屑　　(c) 单元切屑　　(d) 崩碎切屑

图 2-30　切屑的类型

五、切削力

1. 切削力的来源

在切削过程中，刀具施加于工件使工件材料产生变形，并使多余材料变为切屑所需的力，称为切削力。切削力来自于金属切削过程中克服被加工材料的弹、塑性变形抗力和摩擦阻力，如图 2-31 所示。

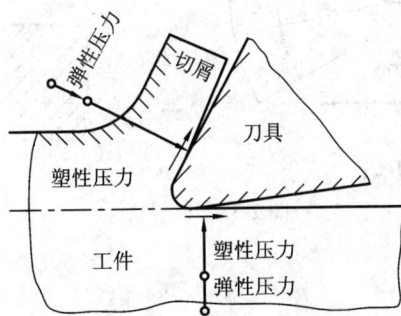

图 2-31　切削力的来源

2. 切削力的分解

下面以车削为例来分解切削力。车削加工通常将切削力 F 分解为相互垂直的 3 个分力：主切削力、轴向分力、径向分力(见图 2-32)。

主切削力用 F_z(或 F_c)表示，是总切削力 F 在主运动方向上的分力，是计算机床切削功率、选配机床电机、校核机床主轴、设计机床部件及计算刀具强度等必不可少的参数。

轴向分力用 F_x(或 F_f)表示，是总切削力 F 在进给方向上的分力，是设计、校核机床进给机构，计算机床进给功率不可缺少的参数。

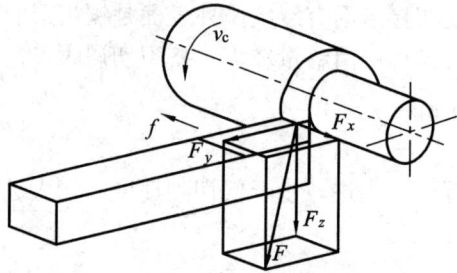

图 2-32　切削力的分解

径向分力用 F_y(或 F_p)表示，是总切削力 F 在垂直于工件轴线方向上的分力，是进行加工精度分析、计算工艺系统刚度以及分析工艺系统振动时所必需的参数。

六、积屑瘤

在一定范围内的切削速度下切削塑性金属时，常在刀刃部位粘附一小块很硬的金属，这就是积屑瘤。随着加工条件的变化，积屑瘤的形状和性能也会变化，很不稳定。粗加工时，积屑瘤有增大实际切削前角和保护刀尖的作用；精加工时，积屑瘤会损坏已加工表面，如图 2-33 所示。

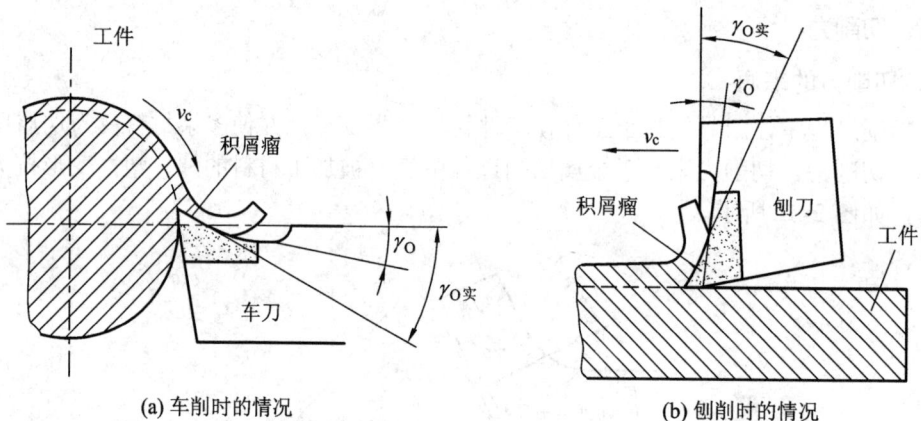

(a) 车削时的情况　　　　　　　　　　　(b) 刨削时的情况

图 2-33　积屑瘤

课内作业

手动压力机立柱加工与装配涉及到以下国家标准，自行下载并阅读。

1．《轴用弹性挡圈》GB/T 894—2007
2．《内六角圆柱头螺钉》GB/T 70.1—2008
3．《圆锥销》GB/T 117—2000
4．《圆柱销　不淬硬钢和奥氏体不锈钢》GB/T 119.1—2000
5．《产品几何技术规范(GPS) 技术产品文件中表面结构的表示法》GB/T 131—2006

6．《普通螺纹 直径与螺距系列》GB/T 193—2003

7．《产品几何技术规范(GPS) 表面结构 轮廓法 表面粗糙度参数及其数值》GB/T 1031—2009

8．《平键 键槽的剖面尺寸》GB/T 1095—2003

9．《产品几何技术规范(GPS)几何公差 形状、方向、位置和跳动公差标注》GB/T 1182—2008

10．《形状和位置公差 未注公差值》GB/T 1184—1996

11．《产品几何技术规范(GPS)极限与配合 第1部分 公差、偏差和配合的基础》GB/T 1800.1—2009

12．《产品几何技术规范(GPS)极限与配合 第2部分 标准公差等级和孔、轴极限偏差表》GB/T 1800.2—2009

13．《产品几何技术规范(GPS) 极限与配合 公差带和配合的选择》GB/T 1801—2009

14．《一般公差 未注公差的线性和角度尺寸的公差》GB/T 1804—2000

15．《技术制图 图样画法 指引线和基准线的基本规》GB/T 4457.2—2003

16．《机械制图 图样画法 图线》GB/T 4457.4—2002

17．《机械制图 剖面区域的表示法》GB/T 4457.5—2013

18．《机械制图 图样画法 视图》GB/T 4458.1—2002

19．《机械制图 装配图中零、部件序号及其编排方法》GB/T 4458.2—2003

20．《机械制图 尺寸注法》GB/T 4458.4—2003

21．《机械制图 尺寸公差与配合注法》GB/T 4458.5—2003

22．《机械制图 图样画法 剖视图和断面图》GB/T 4458.6—2002

23．《技术制图 标题栏》GB/T 10609.1—2008

课外作业

一、判断题

1．机床的类别用汉语拼音字母表示，居型号的首位，其中字母"C"是表示车床类。
（　　）

2．钨钴类硬质合金的韧性较好，因此适用于加工铸铁等脆性材料或冲击较大的场合。
（　　）

3．车端面时，车刀刀尖应稍低于工件中心，否则会使工件端面中心处留有凸头。（　　）

4．国家标准中心孔只有 A 型和 B 型两大类。（　　）

5．单轮滚花刀通常用于滚压网花纹。（　　）

6．英制螺纹的公称直径是指内螺纹大径，并用尺寸代号表示。（　　）

7．在 M10-5g6g 标记中，6g 表示螺纹中径的公差带代号。（　　）

8．圆锥的尺寸精度一般指锥体的大端(小端)直径的尺寸，可用圆锥极限量规来测量。
（　　）

二、选择题

1. 半圆键槽铣刀的端部有一中心孔，其作用是(　　)。
    A. 便于对刀　　　　　　　　　B. 用顶尖支持增强铣刀刚性
    C. 便于铣刀安装　　　　　　　D. 便于工件装夹
2. 机用虎钳主要用于装夹(　　)。
    A. 矩形工件　　　B. 轴类零件　　　C. 套类零件　　　D. 盘形工件
3. 自定心卡盘是铣床上常用的(　　)。
    A. 定位装置　　　B. 夹紧装置　　　C. 夹具　　　　　D. 对刀装置
4. 分度头的主要功能是(　　)。
    A. 分度　　　　　　　　　　　B. 装夹轴类零件
    C. 装夹套类零件　　　　　　　D. 装夹矩形工件
5. V 形架的主要作用是轴类零件(　　)。
    A. 夹紧　　　　　B. 测量　　　　　C. 定位　　　　　D. 导向
6. 铣床的进给速度是指(　　)。
    A. 每齿进给量　　B. 快速移动量　　C. 每转进给量　　D. 每分钟进给量
7. 铣削的主运动是(　　)。
    A. 铣刀旋转　　　B. 工件移动　　　C. 工作台进给　　D. 铣刀位移

项目三　手动压力机夹紧机构加工与装配

任务一　衬套加工

衬套图纸如图 3-1 所示。

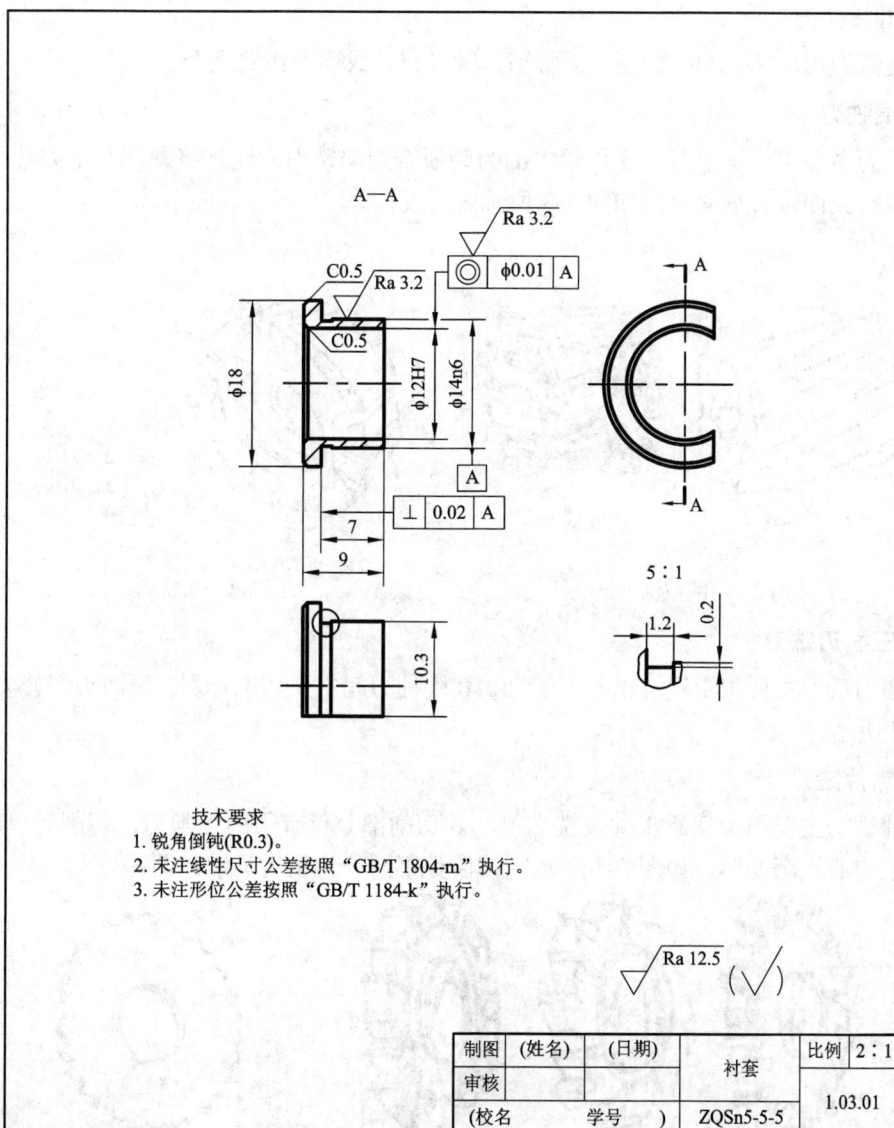

技术要求
1. 锐角倒钝(R0.3)。
2. 未注线性尺寸公差按照"GB/T 1804-m"执行。
3. 未注形位公差按照"GB/T 1184-k"执行。

图 3-1　衬套图纸

衬套　　　　　　　控制加工表面质量的工艺途径　　　　孔的加工——拉孔

相关专业知识

一、铣刀的分类及其用途

铣刀的几何形状较复杂，种类较多。按铣刀的形状和用途不同，铣刀可分为以下几种。

1. 圆柱铣刀

圆柱铣刀用于铣平面，如图 3-2 所示，又有整体式和镶齿式之分。

2. 端铣刀

端铣刀主要用于铣平面，应用较多的为硬质合金端铣刀。通常将硬质合金刀片 2 用刀垫 1 与螺钉夹固于刀盘 4 上，如图 3-3 所示。

(a) 整体式　　　　(b) 镶齿式

图 3-2　圆柱铣刀

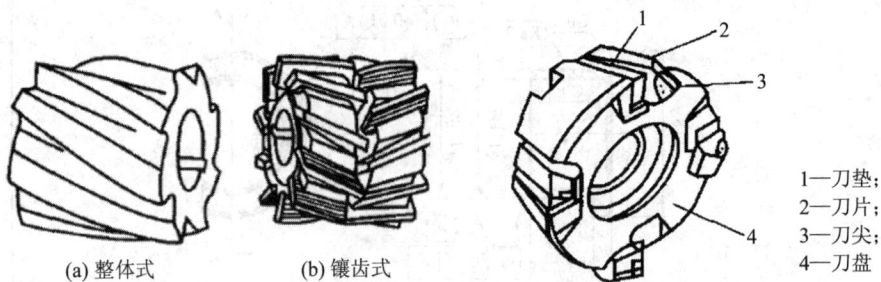

1—刀垫；
2—刀片；
3—刀尖；
4—刀盘

图 3-3　端铣刀

3. 三面刃铣刀

三面刃铣刀主要用于铣沟槽与台阶面。其圆柱刃起主要切削作用，端面刃起修光作用，如图 3-4 所示。

4. 锯片铣刀

锯片铣刀主要用于切断工件及铣窄槽。其切削部分仅有圆周切削刃，切削刃厚度沿径向从外至中心逐渐变薄，如图 3-5 所示，按齿数不同分为粗齿与细齿两种。

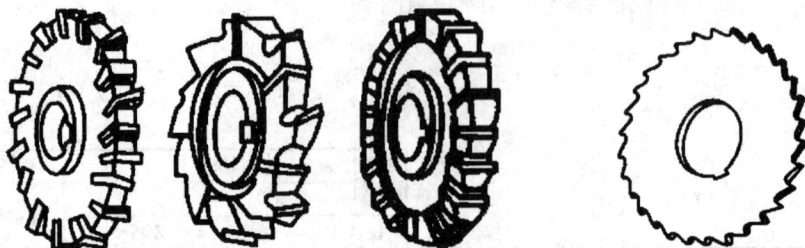

图 3-4　三面刃铣刀

图 3-5　锯片铣刀

5. 立铣刀

立铣刀主要用于铣台阶面、小平面和相互垂直的平面。它的圆柱刃起主要切削作用，端面刀刃起修光作用，故不能作轴向进给，如图 3-6 所示。立铣刀用于安装的柄部有圆柱柄与莫氏锥柄两种，通常小直径为圆柱柄，大直径为莫氏锥柄。

图 3-6　立铣刀

6. 键槽铣刀

键槽铣刀用于铣键槽，其外形与立铣刀相似，它与立铣刀的主要区别在于其只有两个螺旋刀齿，且端面刀刃延伸至中心，故可作轴向进给，直接切入工件，如图 3-7 所示。

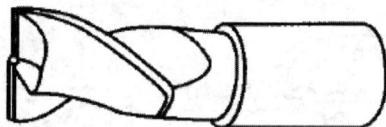

图 3-7　键槽铣刀

7. 角度铣刀

角度铣刀主要用于加工带角度零件、多齿刀具的容屑槽等，如图 3-8 所示，又有单角度与双角度之分。

8. 成形铣刀

成形铣刀主要用于加工成形面与特形面，如渐开线齿轮、圆弧槽等，如图 3-9 所示。

(a) 单角度铣刀　　(b) 不对称双角度铣刀　　　　(a) 专用成形铣刀　　(b) 齿轮铣刀

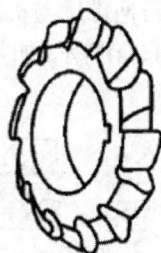

图 3-8　角度铣刀　　　　　　　　图 3-9　成形铣刀

二、铣刀的安装

1. 带孔铣刀的安装

圆柱铣刀、三面刃铣刀、锯片铣刀等都为带孔铣刀，其安装时都要使用铣刀杆，铣刀杆柄部与铣床主轴间采用锥度为 7：24 的圆锥面定位，用拉杆从主轴的后端拧入刀杆柄部来固定于主轴上，如图 3-10 所示。

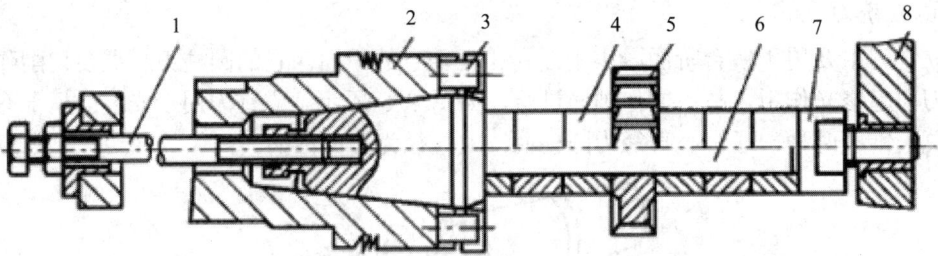

(a) 安装示意图

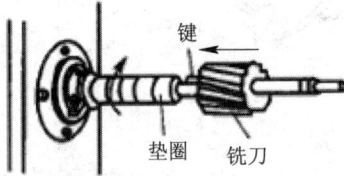

(b) 刀杆上先套上几个垫
圈，装上键再套上铣刀

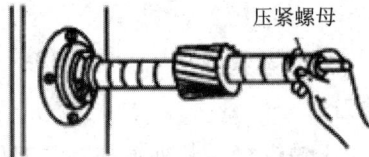

(c) 在铣刀外边的刀杆上装上键，
再套上垫圈后，拧上压紧螺母

(d) 装上挂架，拧紧挂架紧固
螺钉，轴承孔内加润滑油

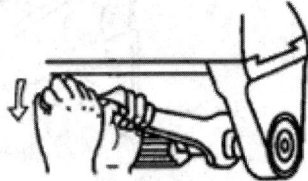

(e) 初步拧紧螺母，开机观察铣刀
是否装正，装正后用力拧紧螺母

1—拉杆；2—主轴；3—端面键；4—垫圈；5—铣刀；6—刀杆；7—螺母；8—挂架

图 3-10　带孔铣刀的安装

2. 锥柄铣刀的安装

当刀柄锥度与机床主轴锥孔相同时，可直接将铣刀装入主轴孔中，用拉杆拉紧即可，如图 3-11(a)所示。如刀柄锥度与主轴锥孔的大小不同，则应借助过渡锥套装夹，如图 3-11(b)所示。

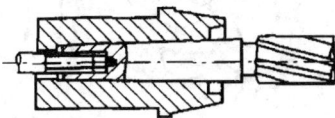

(a) 直接安装

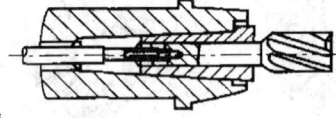

(b) 借助过渡锥套安装

图 3-11　锥柄铣刀的安装

3. 直柄铣刀的安装

对直柄铣刀，可用弹簧夹头和专用铣刀柄装夹，并通过锥柄与铣床主轴连接，如图 3-12所示。

4. 套式端铣刀的安装

安装前，应先将套式端铣刀装入短刀杆，然后再将其整体装入主轴锥孔，最后用拉杆拉紧，如图 3-13 所示。

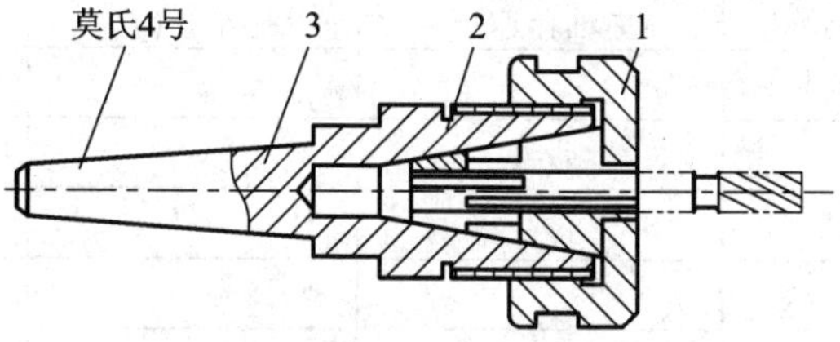

1—螺母；2—弹簧套；3—夹头体

图 3-12　直柄铣刀的安装

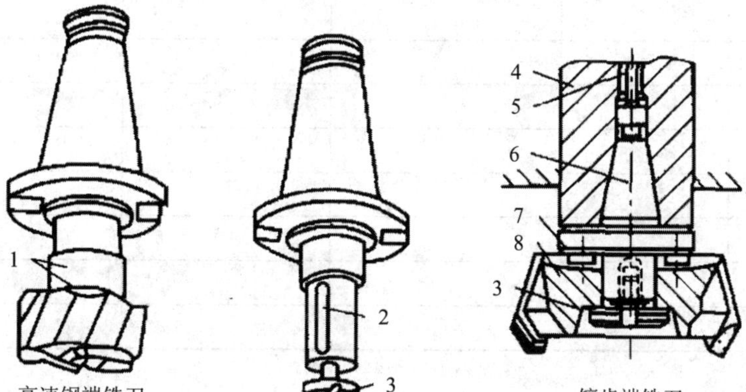

高速钢端铣刀　　　　　　　　　　镶齿端铣刀

1—固定环；2—键；3—螺钉；4—主轴；5—拉杆；6—短刀杆；7—端键面；8—铣刀

图 3-13　套式端铣刀的安装

课内作业

所需的设备、工具、量具列表

序号	设备(工、量具)	型号或规格	数量	备注

切 削 参 数

序号	设备名称	主轴转速(n)	进给量(f)	背吃刀量(a_p)

课外作业

一、判断题

1．车床工作中主轴要变速时，必须先停机，变换进给箱手柄位置要在低速时进行。（ ）

2．钨钛钴类合金按不同含钛量可分为 YT5、YT15、YT30 等多种牌号。（ ）

3．主偏角等于 90° 的车刀一般称为偏刀。（ ）

4．钻中心孔时不宜选择较高的主轴转速。（ ）

5．滚花前，根据工件材料的性质，须把滚花部分的直径车小(0.2～0.5)P(节径)。（ ）

6．用高速钢车刀低速车削三角形螺纹，能获得较高的螺纹精度和生产率。（ ）

7．当圆锥面的锥角较大(在 3° 以上)时，可传递很大的转矩。（ ）

8．用双手控制法车圆球前，两端用 45° 车刀先倒角，主要是减少车圆球时的车削余量。（ ）

二、选择题

1．确定铣削主运动的基础数据是( )。

    A．铣床主轴转速   B．主切削刃上确定点的线速度

    C．铣刀直径   D．铣刀齿数

2．选择铣削用量时，首先选择( )。

    A．吃刀量   B．进给量   C．主轴转速   D．铣削宽度

3．用于切断加工的铣刀是( )。

　　A. 锯片铣刀　　　　B. 立铣刀　　　　　C. 三面刃铣刀　　D. 键槽铣刀

4. 用于铣削封闭键槽(立弧式)的铣刀是(　　)。

　　A. 窄槽铣刀　　　　B. 立铣刀　　　　　C. 三面刃铣刀　　D. 键槽铣刀

5. 刀具上切屑流过的主要表面是(　　)。

　　A. 前刀面　　　　　B. 副后刀面　　　　C. 后刀面　　　　D. 装夹面

6. 在确定铣刀几何角度时，需要有两个作为角度测量基准的坐标平面，即(　　)。

　　A. 基面和切削平面　　　　　　　　B. 前刀面和后刀面

　　C. XOY 平面和 XOZ 平面　　　　　D. XOY 平面和 YOZ 平面

7. 铣刀几何角度中的刀尖角是(　　)之间的夹角。

　　A. 刀面　　　B. 刀面与坐标平面　　　C. 切削刃　　　　D. 坐标平面

任务二 滑板加工

滑板图纸如图 3-14 所示。

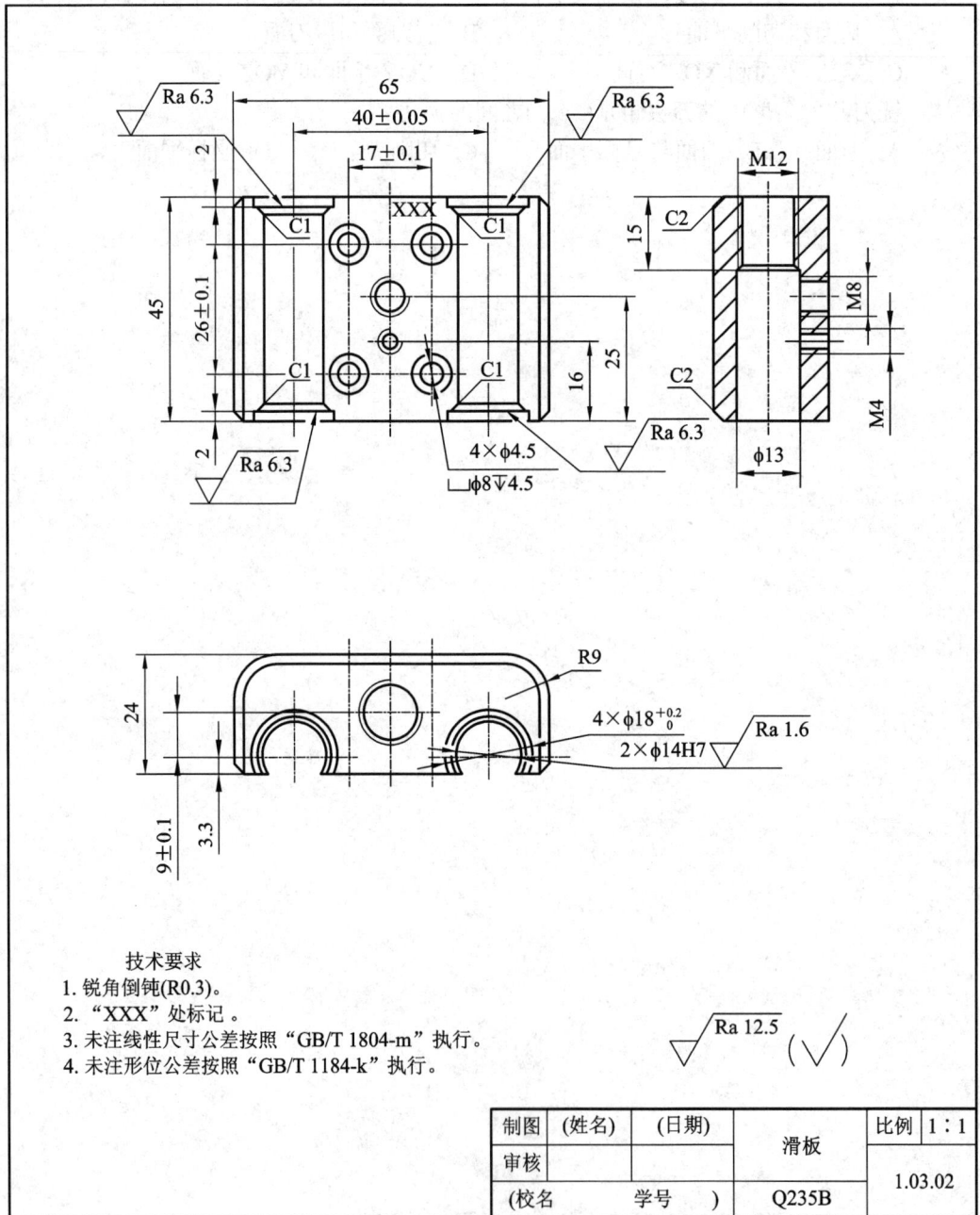

技术要求
1. 锐角倒钝(R0.3)。
2. "XXX"处标记。
3. 未注线性尺寸公差按照"GB/T 1804-m"执行。
4. 未注形位公差按照"GB/T 1184-k"执行。

制图	(姓名)	(日期)	滑板	比例	1:1
审核					1.03.02
(校名	学号	)	Q235B		

图 3-14 滑板图纸

滑板

锉削外圆弧面分解动作

曲面轮廓检测

R规及使用

相关专业知识

在铣削运动中，铣刀的旋转为主运动，工件或铣刀的移动为进给运动。铣削时切削用量包括铣削速度 v_c、进给量 f、铣削深度 a_p 和铣削宽度 a_e，用不同铣刀铣削时的切削用量如图 3-15 所示。

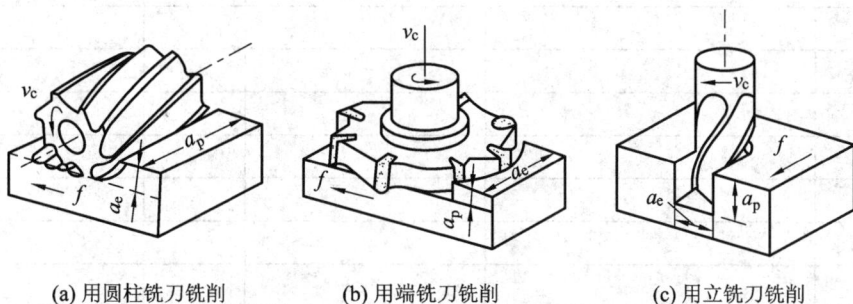

(a) 用圆柱铣刀铣削　　(b) 用端铣刀铣削　　(c) 用立铣刀铣削

图 3-15　切削用量

一、铣削速度

铣刀切削刃上最大的线速度为铣削速度，用 v_c 表示，单位为 m/s。

其计算公式

$$v_c = \frac{\pi D n}{1000 \times 60}$$

式中，D——铣刀切削刃上最大直径，单位为 mm；

　　　n——铣刀转速，单位为 r/min。

二、进给量的表示形式

铣削时，进给量有以下 3 种表示形式：

(1) 每齿进给量。铣刀每转过一个刀齿时工件的位移量(mm/z)。

(2) 每转进给量。铣刀每转一转时工件的位移量(mm/r)。

(3) 每分钟进给量。每分钟工件相对于铣刀的位移量(mm/min)。铣床进给铭牌上标示的值即为每分钟进给量。

三、铣削深度

铣削深度 a_p 是在平行于铣刀轴线方向测得的被切削层尺寸，对于周铣，铣削深度为被加工表面宽度。

四、铣削宽度

铣削宽度 a_e 指铣削时垂直于铣刀轴线方向测得的被切削层尺寸，在周铣中就是被切金属层的深度。

课内作业

所需的设备、工具、量具列表

序号	设备(工、量具)	型号或规格	数量	备注

切 削 参 数

序号	设备名称	主轴转速(n)	进给量(f)	背吃刀量(a_p)

课外作业

一、判断题

1. 车床露在外面的滑动表面，擦干净后用油壶浇油润滑。(　　)

2. 陶瓷材料的主要成分是 AL2O3，它的耐磨性好，脆性大，强度较低。(　　)

3. 麻花钻可以在实心材料上加工内孔，不能用来扩孔。(　　)

4. 中心孔钻得过深时，顶尖和中心孔不能用锥面结合，否则定心不准。(　　)

5. 在两顶尖上用指示表测量同轴度。(　　)

6. 左右切削法所选的切削用量应比直进法的小。(　　)

7. 圆锥面作为两个相互配合的精密配合面，虽经多次装卸，仍能保证精确的定心作用。
(　　)

8. 用双手控制法车圆球是由两边向中心车削，先粗车成形后再精车，逐步将圆球面车圆整。(　　)

二、选择题

1. 影响切削刃参加切削长度的是铣刀的(　　)。
   A. 主偏角　　　　B. 副偏角　　　　C. 刀尖角　　　　D. 前角

2. 后刀面与(　　)之间的夹角称为后角。
   A. 基面　　　　　B. 切削平面　　　C. 前刀面　　　　D. 已加工平面

3. 前刀面与(　　)之间的夹角称为前角。
   A. 基面　　　　　B. 切削平面　　　C. 后刀面　　　　D. 已加工平面

4. 影响切屑变形的主要是铣刀的(　　)。
   A. 偏角　　　　　B. 后角　　　　　C. 刃倾角　　　　D. 前角

5. 各种通用铣刀切削部分材料大多采用(　　)。
   A. 结构钢　　　　B. 高速钢　　　　C. 硬质合金　　　D. 碳素工具钢

6. K(YG)属于(　　)类硬质合金。
   A. 涂层　　　　　B. 钨钴　　　　　C. 钨钴钛　　　　D. 通用

7. 可转位铣刀属于(　　)铣刀。
   A. 整体　　　　　B. 镶齿　　　　　C. 机械夹固式　　D. 焊接式

8. 通常铲齿铣刀的刀齿齿背是(　　)。
   A. 阿基米德螺旋线　　B. 直线　　　　C. 折线　　　　D. 圆弧线

任务三　锁紧压板加工

锁紧压板图纸如图 3-16 所示。

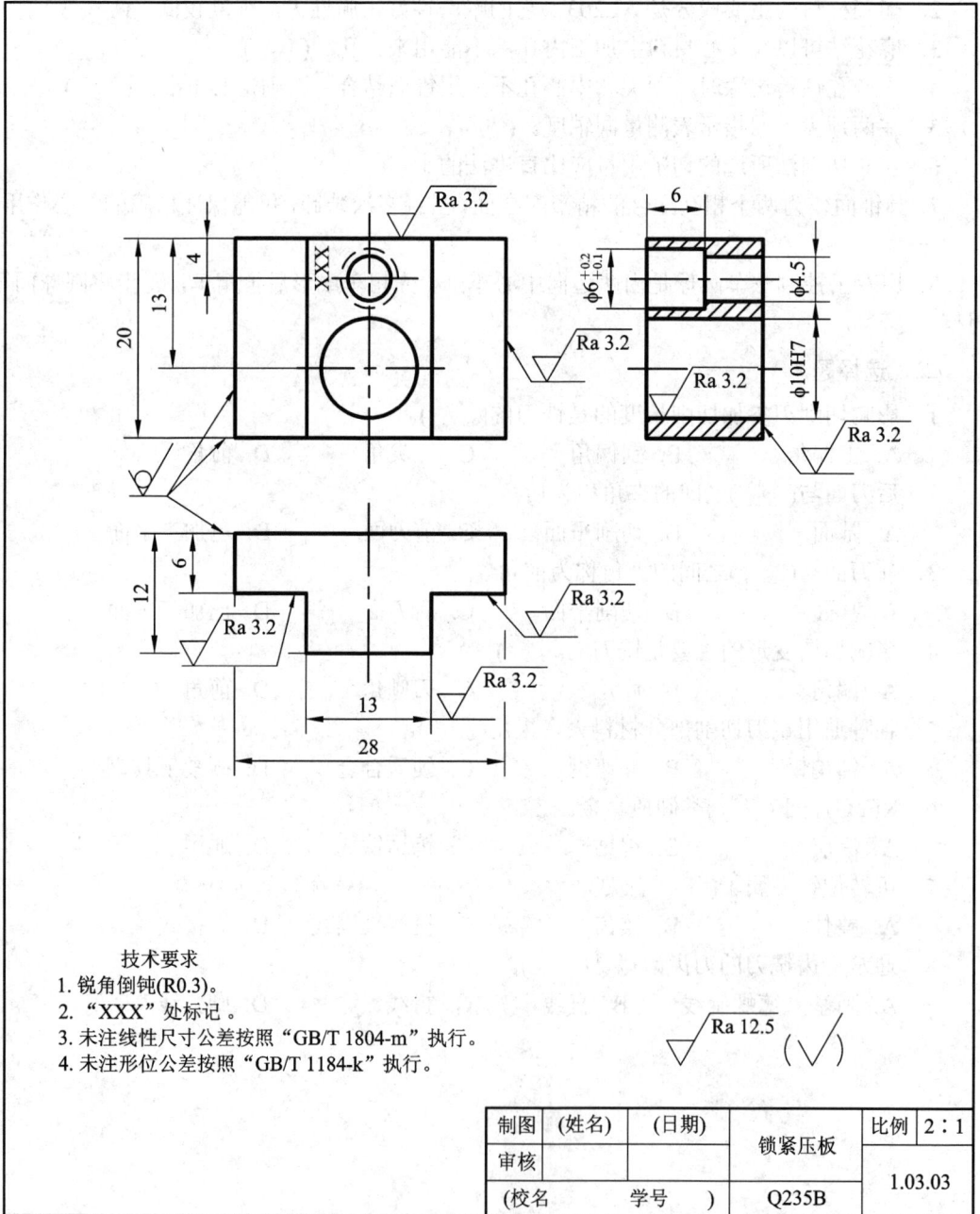

技术要求
1. 锐角倒钝(R0.3)。
2. "XXX"处标记。
3. 未注线性尺寸公差按照"GB/T 1804-m"执行。
4. 未注形位公差按照"GB/T 1184-k"执行。

图 3-16　锁紧压板图纸

锁紧压板　　　　　　　铣刀研磨　　　　　夹紧力三要素的确定

相关专业知识

在切削加工中，刀具直接担负切削金属材料的工作，为保证切削顺利进行，不但要求刀具在材料方面具备一定的性能，还要求刀具具有合适的几何形状。

一、金属切削刀具材料

在切削过程中，刀具的切削性能取决于刀具的几何形状和刀具切削部分材料的性能。切削技术发展的基础是刀具材料的发展。早期使用的碳素工具钢，切削速度只有 10 m/min 左右；20 世纪初出现的高速钢刀具，切削速度提高到每分钟几十米；20 世纪 30 年代出现的硬质合金刀具，切削速度提高到每分钟几百米；陶瓷刀具和超硬材料刀具的出现，使切削速度提高到每分钟一千米以上。新刀具材料的出现，推动了整个切削加工技术和机床设备的发展。

1. 刀具材料应具备的性能

(1) 硬度。刀具切削部分的硬度必须高于工件材料的硬度才能切下切屑。一般其常温硬度要求在 HRC60 以上。

(2) 强度和韧性。在切削力作用下工作的刀具，必须具有足够的抗弯强度。另外，刀具在切削时会承受较大的冲击载荷和振动，因此必须具备足够的韧性。

(3) 耐磨性。为保持刀刃的锋利，刀具材料应具有较好的耐磨性。一般来说，材料的硬度越高，耐磨性越好。

(4) 红硬性。由于切削区的温度较高，因此刀具材料要有在高温下仍能保持高硬度的性能，这种性能称为红硬性或热硬性。

(5) 工艺性。为了便于刀具的制造和刃磨，刀具材料应具有良好的切削加工性和可磨削性，对于工具钢还要求热处理性能好。

2. 常用刀具材料的种类、性能和用途

常用刀具材料的种类、性能和用途如表 3-1 所示。

表 3-1　常用刀具材料的种类、性能和用途

种　类	常用牌号	硬度 HRC (HRA)	抗弯强度 σ_b/GPa	红硬性 /℃	工艺性能	用　途
优质碳素工具钢	T8A～T10A T12A，T13A	60～65 (81～84)	2.16	200	可冷热加工成形、刃磨性能好	手动工具，如锉刀、锯条等
合金工具钢	9SiCr CrWMn	60～65 (81～84)	2.35	250～300	可冷热加工成形、刃磨性能好、热处理变形小	用于低速成形刀具，如丝锥、板牙、铰刀等

种 类	常用牌号	硬度 HRC (HRA)	抗弯强度 σ_b/GPa	红硬性 /℃	工艺性能	用 途
高速钢	W18Cr4V W6Mo5Cr4V2	63～70 (83～86)	1.96～4.41	550～600	可冷热加工成形、刃磨性能好、热处理变形小	中速及形状复杂的刀具，如钻头、铣刀等
硬质合金	YG8，YG6，YT15，YT30	(89～93)	1.08～2.16	800～1000	粉末冶金成形，多镶片使用，性较脆	用于高速切削刀具，如车刀、刨刀、铣刀等
涂层刀具	TiC，TiN，TiN-TiC	3200 HV	1.08～2.16	1000	在硬质合金基体上涂覆一层5～12 μm 厚的 TiC 或 TiN 材料	同上，但切削速度可提高 30% 左右，同等速度下寿命提高 2～5 倍多
陶瓷	SG4，AT6	(93～94)	0.4 0.785	1200	硬度高于硬质合金，脆性略大于硬质合金	精加工优于硬质合金，可加工淬火钢等
立方碳化硼 (CBN)	FD，LBN-Y	7300～9000 HV	—	1300～1500	硬度高于陶瓷，性脆	切削加工陶瓷，可加工淬火钢等
人造金刚石	—	10 000 HV 左右	—	600	硬度高于 CBN，性脆	用于非铁金属精密加工，不宜切削铁类金属

二、刀具切削部分的几何形状

无论哪种刀具都由承担切削功能的切削部分和用于装夹的部分组成。刀具的种类繁多，其中以车刀最为简单常用，其它各种刀具的切削部分，均可看作是车刀的演变和组合。以车刀为例，如图 3-17 所示，车刀的切削部分为刀头，它由 3 面(前刀面，后刀面，副后刀面)、2 刃(主刀刃，副刀刃)、1 尖(刀尖)组成。

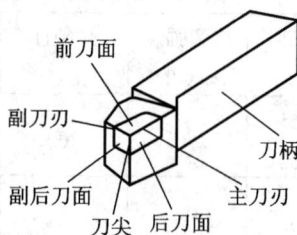

图 3-17　车刀的切削部分组成

各组成部分简介如下:

(1) 前刀面是刀具上切屑流过的表面。

(2) 后刀面是刀具上同前刀面相交形成主刀刃的面。

(3) 副后刀面是刀具上同前刀面相交形成副刀刃的面。

(4) 主刀刃是刀具上主要作切削的刀刃,即前刀面与后刀面的交线。

(5) 副刀刃即前刀面与副后刀面的交线。

(6) 刀尖是指主刀刃与副刀刃的连接处相当小的那部分切削刃。

三、刀具切削部分的几何角度

刀具切削部分的几何角度是刀具设计、制造、刃磨和测量时的基本参数,它是刀具经制造、刃磨后形成的结构参数,也是刀具在静止参考系中的一组角度。

1. 刀具静止参考系

刀具静止参考系是为了正确表述刀具切削部分的几何角度而选取的一组坐标平面,包括基面、主切削平面和正交平面(见图 3-18)。

(1) 基面 P_r。过切削刃上选定点且垂直于主运动方向的平面。

(2) 主切削平面 P_s。过切削刃上选定点且垂直于基面、与主刀刃相切的平面。

(3) 正交平面 P_0。过刀刃上选定点,同时垂直于基面和主切削平面的平面。

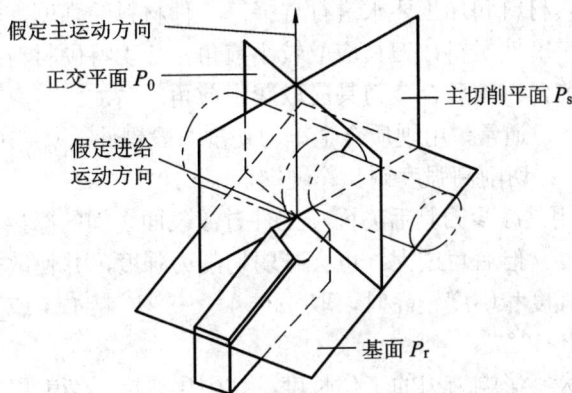

图 3-18 刀具静止参考系

2. 刀具几何角度

刀具切削部分的几何角度主要包括前角、后角、主偏角、副偏角和刃倾角(见图 3-19)。

(1) 前角 γ_0 是刀具前刀面与基面间的夹角,在正交平面中测量。前角有正负之分,当前刀面在基面下方时为正值,反之为负值。

(2) 后角 α_0 是刀具后刀面与主切削平面间的夹角,在正交平面中测量。

(3) 主偏角 κ_r 是主刀刃与进给运动方向之间的夹角,在基面中测量。

(4) 副偏角 κ_r' 是副刀刃与进给运动方向之间的夹角,在基面中测量。

(5) 刃倾角 λ_s 是主刀刃与基面间的夹角,在主切削平面中测量。刃倾角有正负之分,当刀尖处于主刀刃的最低点时,$\lambda_s < 0$;当刀尖处于主刀刃的最高点时,$\lambda_s > 0$;当主刀刃水平时,$\lambda_s = 0$。

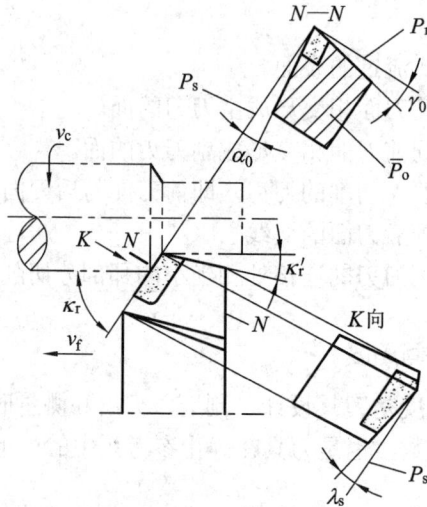

图 3-19　刀具几何角度

3. 刀具几何角度的选择及其对切削加工的影响

(1) 前角(γ_0)大小反映了刀具前刀面倾斜的程度,它影响切屑变形、切削力和刀刃强度。前角大,刀具锋利,切削层的塑性变形和摩擦阻力减小,切削力和切削热降低。但前角过大会使切削刃强度减弱,散热条件变差,刀具寿命下降,甚至会造成崩刃。前角的大小主要根据工件材料、刀具材料和加工要求进行选择。工件材料的强度、硬度低,塑性好,刀具应取较大前角;加工脆性材料,刀具应取较小前角;加工特硬材料,刀具应取负前角。高速钢刀具可取较大前角;硬质合金刀具应取较小前角。精加工应取较大前角;粗加工或断续切削应取较小前角。通常,用硬质合金车刀切削一般钢件,$\gamma_0 = 10° \sim 15°$;切削灰铸铁工件,$\gamma_0 = 5° \sim 10°$;切削高强度钢和淬硬钢,$\gamma_0 = 10° \sim -5°$。

(2) 后角(α_0)的作用是减少刀具后刀面与工件过渡表面之间的摩擦和磨损。增大后角,有利于提高刀具耐用度。但后角过大,也会减弱切削刃强度,并使散热条件变差。通常,粗加工或工件材料的强度和硬度较高时,取 $\alpha_0 = 4° \sim 8°$;精加工或工件材料的强度和硬度较低时,取 $\alpha_0 = 8° \sim 12°$。

(3) 主偏角(κ_r)的大小影响刀刃的工作长度、切削层厚度、切削层宽度、切削力间的比例关系,以及刀尖强度和散热条件等,如图 3-20 所示。

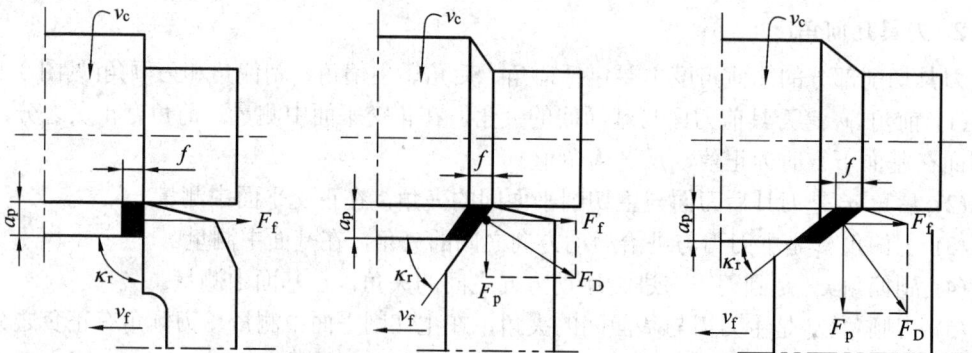

图 3-20　主偏角对切削加工的影响

由图 3-20 可以看出，在相同的背吃刀量和进给量的情况下，主偏角减小，可使主刀刃单位长度上的负载减小，且刀尖散热条件改善，提高刀具耐用度。但主偏角减小，又会使背向力 F_p 增大，容易引起振动和使刚度较差的工件产生弯曲变形。一般使用的车刀主偏角有 45°、60°、75° 和 90° 等几种。加工阶梯轴类工件的台肩时，取 $\kappa_r \geqslant 90°$；加工细长轴时，常使用 90° 偏刀。

(4) 副偏角($\kappa_r{}'$)的作用是减少副刀刃与工件已加工表面间的摩擦，减小切削振动，其大小还影响工件表面粗糙度。副偏角一般为 5°～15°，粗加工取较大值，精加工取较小值。

(5) 刃倾角(λ_s)的作用主要是控制切屑的流向，其大小对刀尖的强度也有一定的影响，如图 3-21 所示，当 $\lambda_s > 0$° 时(见图 3-21(b))，切屑流向工件待加工表面，保护已加工表面免遭切屑划伤，但此时刀尖强度较差，适用于精加工。

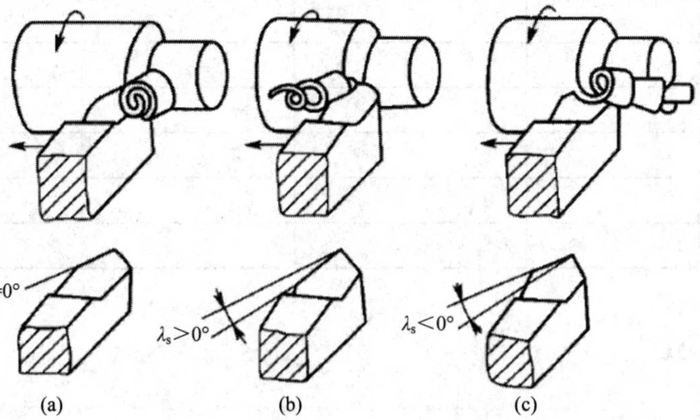

图 3-21　刃倾角对切削加工的影响

课内作业

所需的设备、工具、量具列表

序号	设备(工、量具)	型号或规格	数量	备注

切 削 参 数

序号	设备名称	主轴转速(n)	进给量(f)	背吃刀量(a_p)

课外作业

一、判断题

1. 主轴箱和溜板箱等内部的润滑油一般每半年需要换一次。（　　）

2. 一般情况下，YT5 用于粗加工，YT30 用于精加工。（　　）

3. 麻花钻两主刀刃之间的交角叫顶角。（　　）

4. 中心孔是轴类工件的定位基准。（　　）

5. 涨力心轴装卸工件方便，精度较高，适用于孔径公差较小的套类工件。（　　）

6. 用前角较大的螺纹车刀车削螺纹时，车出的螺纹牙型(轴向剖面)不是直线，而是曲线。（　　）

7. 圆锥半角是两个垂直圆锥轴线截面的圆锥直径差与该两截面间轴向距离之比。（　　）

8. 单件或小批量生产精度要求不高的成形面工件时，可采用双手控制法车削。（　　）

二、选择题

1. X6132 型铣床的主电动机安装在铣床床身的(　　)。

    A. 上部　　　　　　B. 左下侧　　　　　　C. 后面　　　　　　D. 右下侧

2. X6132 型铣床的主体是(　　)，铣床的主要部件都安装在上面。

    A. 底座　　　　　　B. 床身　　　　　　C. 工作台　　　　　　D. 悬梁

3. X6132 型铣床的床身是(　　)结构。

    A. 框架　　　　　　B. 箱体　　　　　　C. 空心　　　　　　D. 实心

4. 卧式万能铣床的工作台可以在水平面内扳转(　　)角度，以适应用盘形铣刀铣削螺旋槽等工件。

    A. ±45º   B. ±15º   C. ±90º   D. ±60º

5. 卧式铣床悬梁的作用是安装支架用以(　　)铣刀杆。

    A. 安装   B. 支持   C. 紧固   D. 找正

6. X6132 型铣床的主轴转速有(　　)种。

    A. 25   B. 20   C. 18   D. 15

7. 卧式铣床的长刀杆是通过(　　)紧固在主轴上的。

    A. 键块连接   B. 锥面配合   C. 支持轴承   D. 拉紧螺杆

任务四　锁紧螺杆加工

锁紧螺杆图纸如图 3-22 所示。

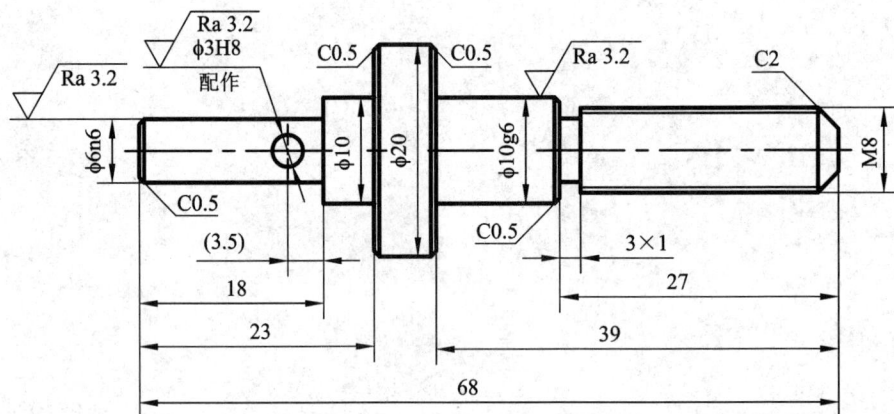

图 3-22　锁紧螺杆图纸

相关专业知识

一、车削加工范围

在车床上用车刀加工零件上的回转表面的切削加工方法称为车削加工。车削加工时，工件作回转运动，车刀作进给运动，刀尖点的运动轨迹在工件回转表面上，切除一定的材料，从而形成所要求的工件的形状。工件的旋转为主运动，而刀具的进给运动可以是直线运动，也可以是曲线运动。不同的进给方式，车削形成不同的工件表面。在原理上，车削所形成的工件表面总是与工件的回转轴线是同轴的。车削能形成的工件型面有内外圆柱面、端面、内外圆锥面、球面、沟槽、内外螺旋面和其他特殊型面，如图 3-23 所示。

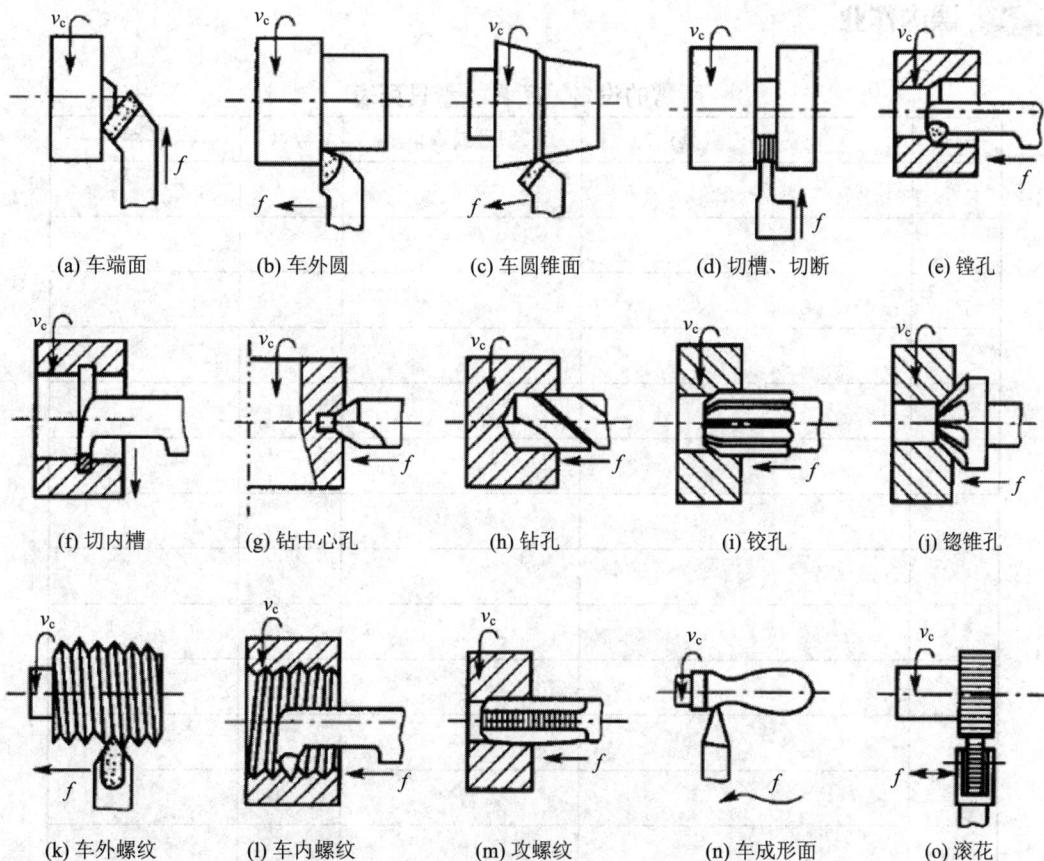

(a) 车端面　　(b) 车外圆　　(c) 车圆锥面　　(d) 切槽、切断　　(e) 镗孔

(f) 切内槽　　(g) 钻中心孔　　(h) 钻孔　　(i) 铰孔　　(j) 锪锥孔

(k) 车外螺纹　　(l) 车内螺纹　　(m) 攻螺纹　　(n) 车成形面　　(o) 滚花

图 3-23　车削能形成的工件型面

二、车削加工的工艺特点

车削加工是应用最为广泛的加工工艺。其主要特点如下。

1. 易于保证各加工面的位置精度

车削时，工件绕某一固定轴回转，各表面具有同一回转轴线。因此，各加工表面的位置精度容易控制和保证。

2. 切削过程比较平稳

一般情况下，车削过程是连续进行的，不像铣削和刨削，在一次走刀过程中刀齿有多次切入和切出，会产生较大冲击。当刀具几何形状以及背吃刀量 a_p 和进给量 f 一定时，切削层的截面尺寸稳定不变，切削面积基本不变，故切削过程比铣削、刨削稳定。又因为车削的主运动为回转运动，避免了惯性力和冲击的影响，所以车削允许采用较大的切削用量，进行高速切削或强力切削，有利于生产率的提高。

3. 车刀结构简单

车刀是机床刀具中较简单的一种，制造、刃磨和安装都比较方便。

📐 课内作业

所需的设备、工具、量具列表

序号	设备(工、量具)	型号或规格	数量	备注

切 削 参 数

序号	设备名称	主轴转速(n)	进给量(f)	背吃刀量(a_p)

课外作业

一、判断题

1. 油脂杯润滑每周加油一次，每班次旋转油杯盖一圈。（　　）

2. 沿车床床身导轨方向的进给称横向进给。（　　）

3. 螺旋角是螺旋槽上最外缘的螺旋线展开成直线后与轴线垂直面之间的交角。（　　）

4. 中心孔根据工件的直径(或工件的质量)，按国家标准来选用。（　　）

5. 不通孔镗刀的主偏角应小于90°。（　　）

6. 具有较大背前角的螺纹车刀，其修正后的刀尖角应小于螺纹牙型角。（　　）

7. 由公式 $\tan\alpha = C$ 可以计算圆锥半角。（　　）

8. 用棱形成形刀车削成形面的精度高，但这种成形刀磨损后，就无法修磨。（　　）

二、选择题

1. X6132 型铣床的主轴最高转速是(　　)r/min。

　　A. 1180　　　　　　B. 1150　　　　　　C. 1500　　　　　　D. 2000

2. X6132 型铣床的垂直导轨是(　　)导轨。

　　A. 平面　　　　　　B. V 形　　　　　　C. 燕尾　　　　　　D. 棱形

3. X6132 型铣床的工作台横向最小自动进给量为(　　)mm/min。

　　A. 23.5　　　　　　B. 37.5　　　　　　C. 8　　　　　　　　D. 47.5

4. 在练习开动铣床前，控制主轴转速和自动进给量的转盘(手柄)应处于( )位置。

    A. 中间值   B. 最小值   C. 最大值   D. 任意

5. 铣床运转( )h 后一定要进行一级保养。

    A. 300   B. 400   C. 500   D. 600

6. 铣床一级保养部位包括外保养、( )、冷却、润滑、附件、电器等。

    A. 机械   B. 传动   C. 工作台   D. 变速箱

7. 采用切削液能将已产生的切削热从切削区域迅速带走，这主要是切削液具有( )作用。

    A. 润滑   B. 清洗   C. 防锈   D. 冷却

任务五　锁紧手轮加工

锁紧手轮图纸如图 3-24 所示。

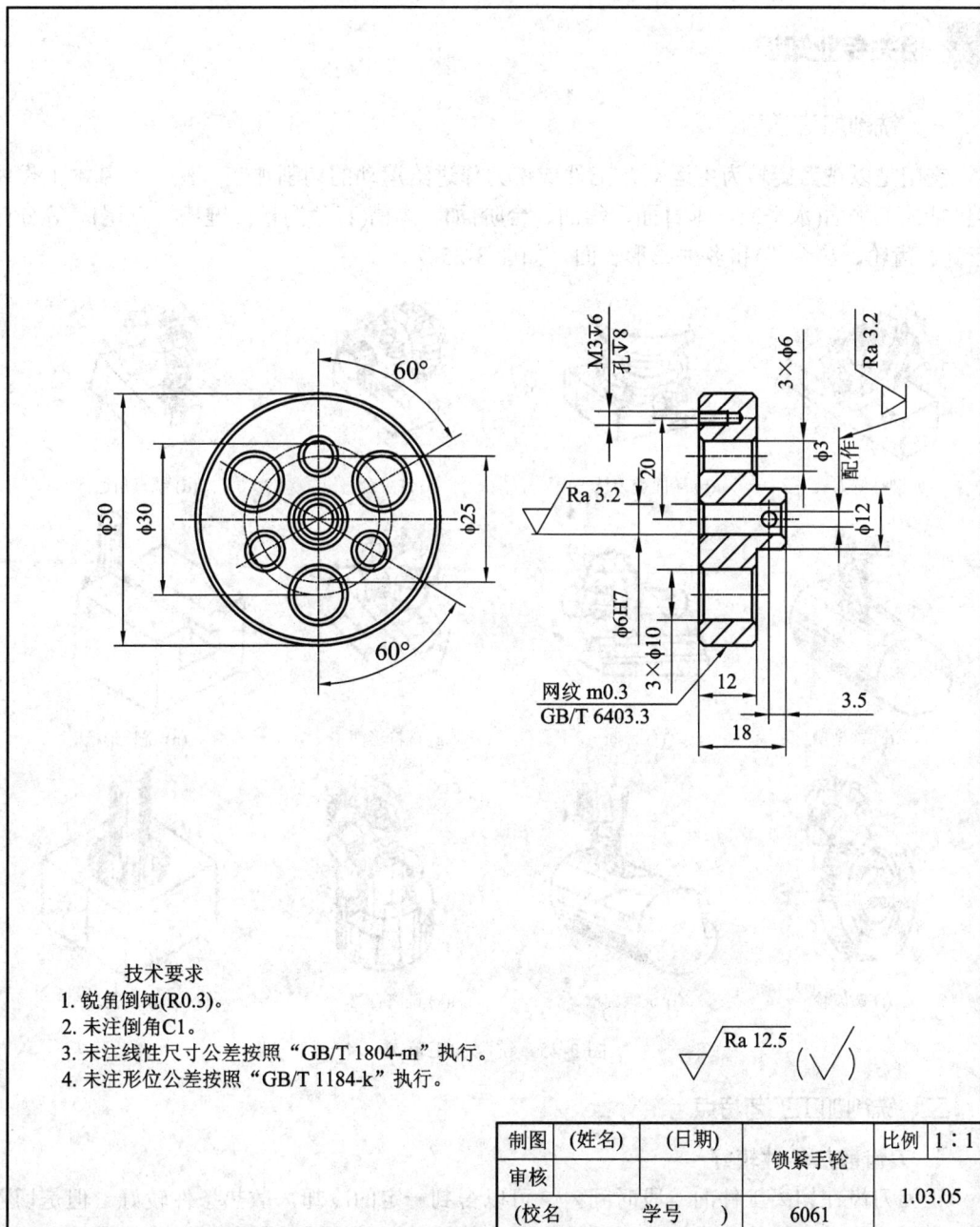

技术要求
1. 锐角倒钝(R0.3)。
2. 未注倒角C1。
3. 未注线性尺寸公差按照"GB/T 1804-m"执行。
4. 未注形位公差按照"GB/T 1184-k"执行。

制图	(姓名)	(日期)	锁紧手轮	比例	1：1
审核					1.03.05
(校名	学号	)	6061		

图 3-24　锁紧手轮图纸

锁紧手轮　　　平口钳的安装及调整　　　积屑瘤

相关专业知识

一、铣削加工范围

铣削是以铣刀旋转为主运动，工件或铣刀作进给运动的切削加工方法。其基本工作内容包括加工平面(水平面、垂直面、斜面、台阶面)、沟槽(直角沟槽、键槽、燕尾)、等分件(花键、齿轮、离合器)和多种成形表面，如图 3-25 所示。

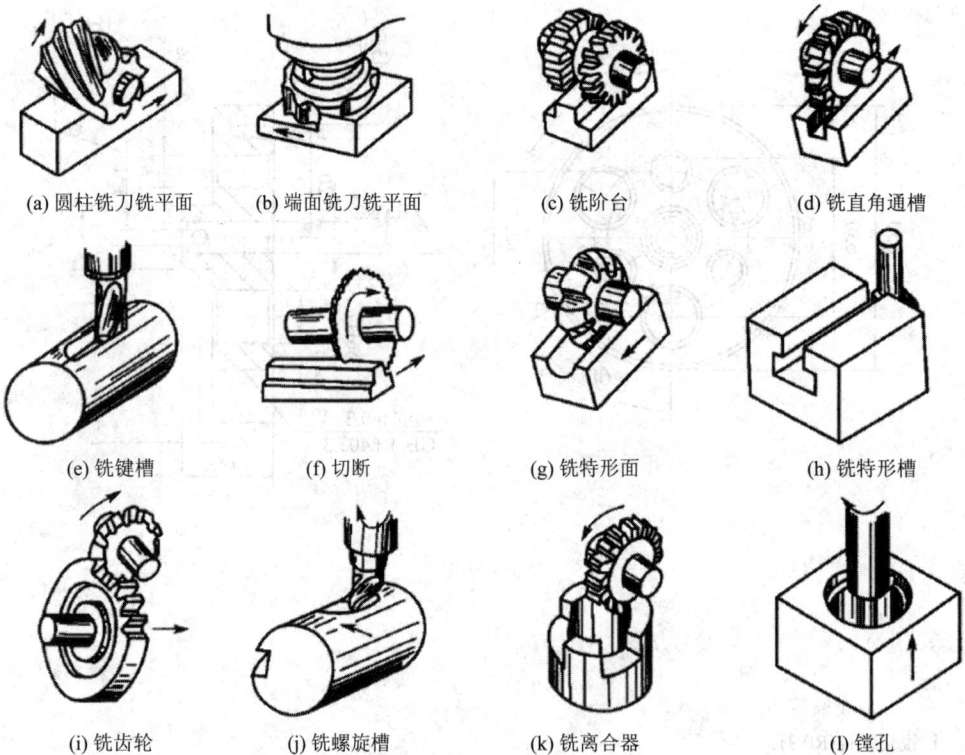

(a) 圆柱铣刀铣平面　　(b) 端面铣刀铣平面　　(c) 铣阶台　　(d) 铣直角通槽

(e) 铣键槽　　(f) 切断　　(g) 铣特形面　　(h) 铣特形槽

(i) 铣齿轮　　(j) 铣螺旋槽　　(k) 铣离合器　　(l) 镗孔

图 3-25　铣削加工范围

二、铣削加工工艺特点

1. 刀齿散热条件较好

铣刀刀齿在切离工件的一段时间内，可以得到一定的冷却，散热条件较好。但是切入和切离时，热和力的冲击将加速刀具的磨损，甚至可能引起硬质合金刀片的碎裂。

2. 加工效率较高

因为铣刀是多齿刀具，铣削时有多个刀齿同时参与切削，且铣削速度较高，所以铣削加工的生产效率较高。

3. 容易产生振动

由于铣削过程中每个刀齿的切削厚度不断变化，因此，铣削过程不平稳，容易产生振动。这也限制了铣削加工质量和生产率的进一步提高。

4. 铣削加工精度

铣削加工的经济精度为 IT9～IT7，表面粗糙度为 6.3～1.6 μm，最低可达 0.8 μm。

三、铣床的型号编制方法

在现代机器制造中，铣床约占金属切削机床总数的 25%左右。铣床的种类较多，主要有升降台式铣床、工具铣床、落地龙门铣床、专用铣床和数控铣床等。其中最常用的是卧式升降台铣床和立式升降台铣床。X5025 型铣床的型号编制方法如图 3-26 所示。

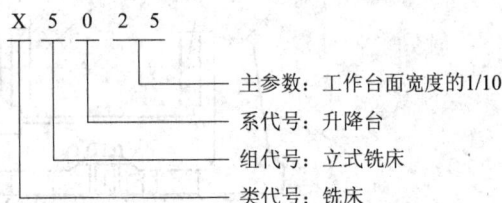

X 5 0 2 5

主参数：工作台面宽度的1/10
系代号：升降台
组代号：立式铣床
类代号：铣床

图 3-26　X5025 型铣床的型号编制方法

四、铣床的组成

下面以 X6132 型卧式万能升降台铣床为例，介绍铣床的主要组成部件，如图 3-27 所示。

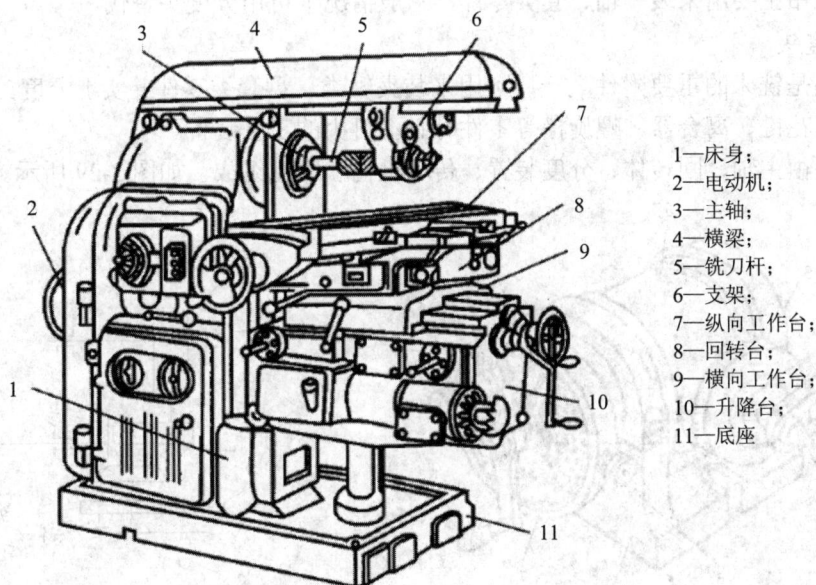

1—床身；
2—电动机；
3—主轴；
4—横梁；
5—铣刀杆；
6—支架；
7—纵向工作台；
8—回转台；
9—横向工作台；
10—升降台；
11—底座

图 3-27　X6132 型卧式万能升降台铣床

如图 3-27 所示，横梁 4 和支架 6 用于安装卧铣加工的铣刀杆 5 的外端，以提高刀杆的刚性。横梁 4 可根据铣刀杆的长度在床身 1 的导轨上移动，调节伸出长度。X6132 铣床通常配有孔径分别为 18 mm、60 mm 的两个支架，以安装不同直径的铣刀杆。

纵向工作台 7、横向工作台 9 和升降台 10 这 3 部分结构可以分别实现纵向、横向和升降 3 个方向的进给运动。松开回转台 8 的锁紧螺母，纵向工作台可作±45°的偏转。升降台上装有进给电机和进给传动机构。

床身 1 是机床的主体，是用优质铸铁做成的箱体结构，刚性较好。其内部装有孔盘式变速机构和传动机构。底座 11 前端的空心部分用来存储冷却液。

五、铣床主要附件

1. 平口钳

平口钳是铣床的基本附件，也是最常见的通用夹具，主要用来装夹中小型零件。平口钳用梯形螺栓固定在铣床工作台上，如图 3-28 所示。

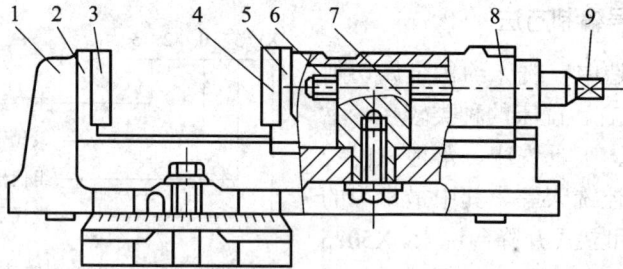

1—虎钳体；2、5—钳口；3、4—钳口铁；6—丝杠；7—螺母；8—活动座；9—方头

图 3-28 平口钳

2. 轴用虎钳

轴用虎钳主要用来装夹轴、套类零件，一般情况下可用分度头替代。

3. 分度头

分度头是铣床的重要附件之一，可用来装夹轴类、盘套类零件并实现分度。它是铣床加工齿轮、花键、离合器、螺旋槽等零件时必不可少的工艺装备。

分度头由主轴、回转体、分度装置、传动机构和底座组成，如图 3-29 所示。

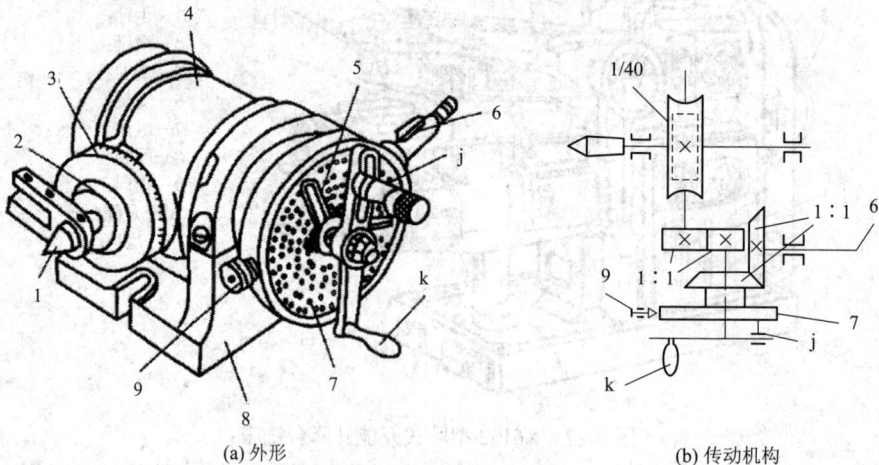

(a) 外形　　　　　　　　　　　(b) 传动机构

1—顶尖；2—主轴；3—刻度盘；4—回转体；5—分度叉；6—挂轮轴；
7—分度盘；8—底座；9—锁紧螺钉；j—插销；k—分度手柄

图 3-29 分度头

4. 回转工作台

回转工作台用来安装工件并铣制回转表面或成形曲面。加工时，工件固定在转台上，转动手轮可使转台转动，实现圆周进给或分度运动，如图 3-30 所示。

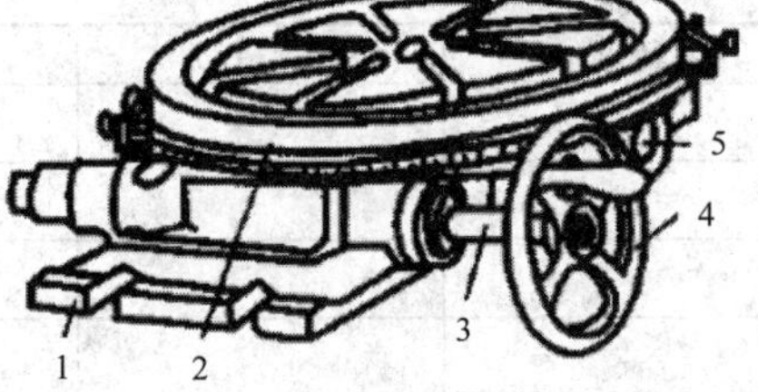

1—底座；
2—转台；
3—蜗杆轴；
4—手轮；
5—紧定螺钉

图 3-30 回转工作台

5. 立铣头

立铣头主要用于卧式升降台铣床装夹立式铣刀、指形铣刀和键槽铣刀，从而扩大其工艺范围。使用时将其固定在卧式铣床的立柱导轨上，主轴锥孔中装上传动齿轮，以便传动立铣头主轴转动来实现主运动，如图 3-31 所示。

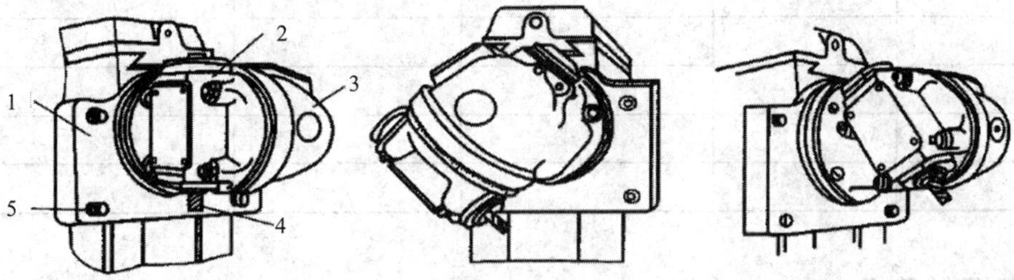

(a)   (b)   (c)

1—底座；2、3—壳体；4—立铣刀；5—固定螺栓

图 3-31 立铣头及其安装

课内作业

所需的设备、工具、量具列表

序号	设备(工、量具)	型号或规格	数量	备注

切 削 参 数

序号	设备名称	主轴转速(n)	进给量(f)	背吃刀量(a_p)

课外作业

一、判断题

1. 卡盘的作用是用来装夹零件，带动零件一起转动的。（　　）

2. 如果要求切削速度保持不变，则当工件直径增大时，转速应相应降低。（　　）

3. 当麻花钻顶角为 118° 时，两主刀刃为曲线。（　　）

4. 中心孔上有形状误差不会直接反映到工件的回转表面。（　　）

5. 靠模法车成形面的生产率高、质量稳定，适合于成批生产。（　　）

6. 安装三角形螺纹车刀时，车刀刀尖角中心线必须与工件轴线严格保持垂直，否则会产生牙型歪斜。（　　）

7. 米制圆锥的号码是指圆锥的大端直径。（　　）

8. 圆形成形刀的主切削刃与圆轮中心等高时，其后角大于零度。（　　）

二、选择题

1. 粗加工钢件时，应选择以（　　）为主的切削液。

   A. 润滑　　　　　B. 防锈　　　　　C. 冷却　　　　　D. 清洗

2. 精加工钢件时，应选择以（　　）为主的切削液。

   A. 润滑　　　　　B. 防锈　　　　　C. 冷却　　　　　D. 清洗

3. 平面铣削的技术要求包括平面度、表面粗糙度和（　　）。

   A. 连接精度要求　　　　　　　B. 微观表面精度

   C. 相关毛坯面的加工余量尺寸　　D. 与基准面的夹角

4. 采用周铣法铣削平面，平面度的好坏主要取决于铣刀的（　　）。

　　A. 锋利程度　　　　B. 圆柱度　　　　　C. 线速度　　　　D. 几何角度

5. 采用端铣法铣削平面，平面度的好坏主要取决于铣刀的(　　)。

　　A. 圆柱度　　　　　　　　　　　B. 刃口锋利程度

　　C. 轴线与工作台进给方向的垂直度　　D. 几何角度

6. 在铣刀与工件已加工面的切点处，铣刀切削刃的旋转方向与工件进给方向相同的铣削称为(　　)。

　　A. 周铣时逆铣　　　　　　　　　B. 周铣时顺铣

　　C. 端铣时对称铣削　　　　　　　D. 端铣时不对称铣削

7. 作用在工件上的垂向切削力始终向下的周铣称为(　　)。

　　A. 顺铣　　　　　B. 逆铣　　　　　C. 对称铣　　　　D. 不对称铣削

任务六　手柄螺栓加工

手柄螺栓图纸如图 3-32 所示。

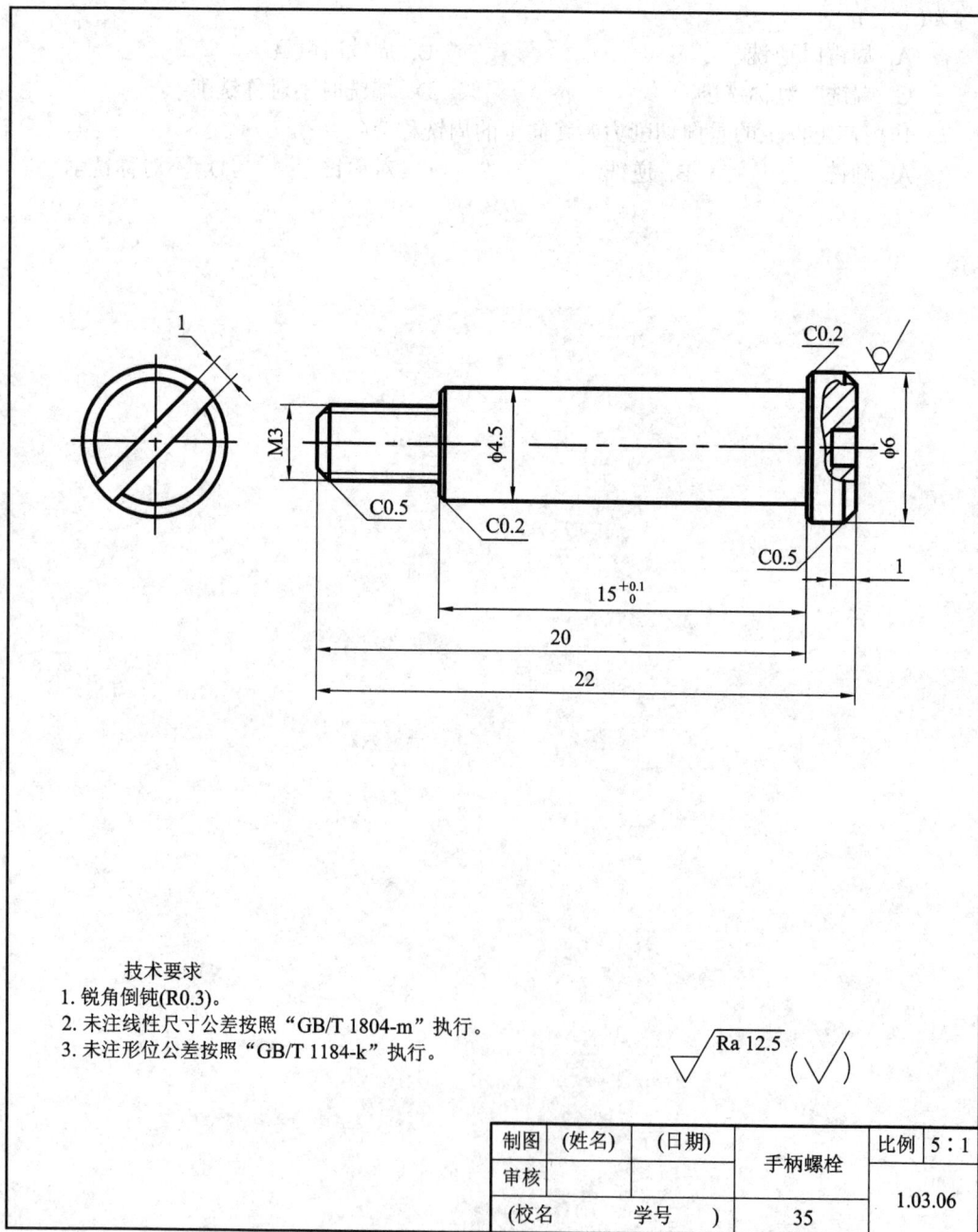

技术要求
1. 锐角倒钝(R0.3)。
2. 未注线性尺寸公差按照 "GB/T 1804-m" 执行。
3. 未注形位公差按照 "GB/T 1184-k" 执行。

制图	(姓名)	(日期)	手柄螺栓	比例	5∶1
审核					1.03.06
(校名	学号　)		35		

图 3-32　手柄螺栓图纸

工序卡制订要求

相关专业知识

在车床上车圆锥主要有转动小滑板法、偏移尾座法、靠模法和宽刀法 4 种方法，如图 3-33 所示。其中转动小滑板法车削圆锥调整方便，操作简单，可以加工斜角为任意大小的内外圆锥，因而应用广泛。

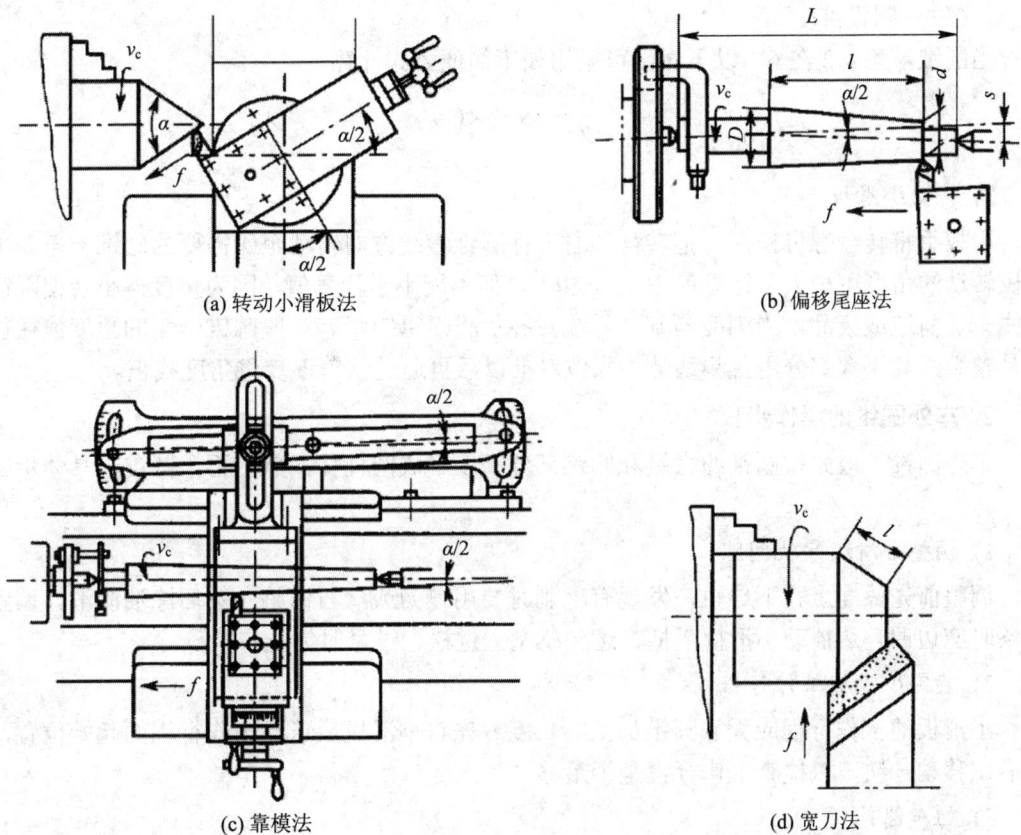

(a) 转动小滑板法

(b) 偏移尾座法

(c) 靠模法

(d) 宽刀法

图 3-33 圆锥面的车削方法

一、转动小滑板法

1. 准备工作

1) 装夹车刀

无论采用何种方法车圆锥，车刀刀尖都必须严格对准工件的旋转中心，中心或高或低都会使圆锥的素线不直。

2) 计算小滑板转动的角度

车削前应先计算出圆锥半角 $\alpha/2$，$\alpha/2$ 也就是小滑板应转过的角度。计算时根据已知条件分别代入下列公式即可算出角度值

$$\tan\frac{\alpha}{2}=\frac{D-d}{2L}=\frac{C}{2}$$

式中，$\dfrac{\alpha}{2}$——圆锥半角；

L——圆锥长度；

D——最大圆锥直径(简称大端直径)；

d——最小圆锥直径(简称小端直径)；

C——圆锥锥度。

当圆锥半角 $\alpha/2$ 在 6°以下时，可采用如下简便公式计算

$$\frac{\alpha}{2}\approx 28.7°\times C$$

3) 转动小滑板

用扳手将转盘螺母松开，把转盘顺着工件圆锥素线方向转动至所需要的圆锥半角。小滑板转动的角度可稍大于计算值 10′～20′，但不能小于计算值，因为角度偏小会使圆锥素线车长而造成废品。当刻度与基准零线对齐后将螺母锁紧。一般圆锥半角的角度值往往不是整数，其小数部分用目测估计，大致对准以后再通过试车逐步将角度找正。

2. 车外圆锥的操作步骤

车外圆锥一般先按圆锥的大端和圆锥部分长度车成圆柱体，然后再车圆锥，具体步骤如下。

1) 调整小滑板导轨间隙

调整前先擦净上、下导轨，发现有毛刺时要用锉刀或磨石修整，然后涂油润滑。调整镶条时应边调整边摇动小滑板手柄，达到感觉无过松、过紧时为止。

2) 确定小滑板工作行程

小滑板的工作行程应大于圆锥加工的长度。先将小滑板后退至工作行程的起始位置，然后试移动一次，以检查工作行程是否足够。

3) 粗车圆锥

车圆锥与外圆一样，也要分粗、精车。粗车圆锥时，应找正圆锥的角度，留精车余量 0.5～1 mm。车圆锥的操作步骤如下。

(1) 移动中、小滑板，使刀尖与工件轴端外圆轻轻接触后，小滑板向后退出，中滑板刻度调零位，作为粗车圆锥的起始位置。

(2) 中滑板刻度向前进给，调整好背吃刀量后，开动机床，双手交替摇动小滑板手柄。要求手动进给的速度保持均匀而不间断。

车圆锥时，背吃刀量会逐渐减小，当背吃刀量接近零时，记下中滑板刻度值后将车刀

退出，小滑板则快速后退复位。

(3) 在原刻度的基础上调整背吃刀量，粗车至圆锥小端直径留 1.5～2 mm 余量。

4) 粗车后检验圆锥角度

粗车时应找正圆锥角度。用锥形套规检验前，要求将圆锥车平整，表面粗糙度应小于 Ra3.2 μm。检验时用锥形套规轻轻套在工件圆锥上，使套规在左、右端分别作上下摆动。如发现其中一端有间隙，则表明工件的圆锥角度不正确。如大端有间隙，说明工件圆锥角度太小。反之，如小端有间隙则说明工件圆锥角度太大。

注意： 在使用锥形套规时，套规与工件表面都应擦干净，否则不仅会影响测量的准确性，而且还会使套规表面拉毛损坏。

5) 找正角度的方法及操作步骤

(1) 松开转盘螺母。先旋松靠近工件的螺母后再旋松靠近操作者身边的螺母，以防止扳手碰转盘，使角度变动。

(2) 微量调整角度的操作方法。按角度调整方向轻轻敲动小滑板，使角度朝着正确的方向作极微小的转动，如工件圆锥角小，小滑板应作逆时针转动，如工件圆锥角大，小滑板则作顺时针转动。

(3) 锁紧转盘螺母。应先锁紧操作者身边的螺母。

(4) 再次用套规检验，如左、右两端都不能摆动，说明圆锥角度基本正确，可采用涂色法进行精确检验。

6) 用涂色法精确检验圆锥的锥度

涂色检验时，圆锥表面粗糙度 Ra 要小于 3.2 μm，并应无毛刺。

(1) 涂色方法。用显示剂(印油或红丹粉)在工件表面顺着圆锥素线均匀地涂上 3 条线(可按 3 爪的位置等分)，涂色要求薄而均匀，如图 3-34 所示。

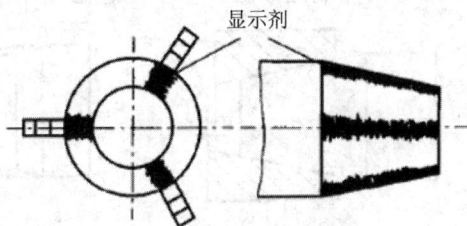

图 3-34　涂色的方法

(2) 检验圆锥的方法。手握套规轻轻套在圆锥工件上，稍加轴向推力，并将套规转动约半周，如图 3-35 所示。然后取下套规，观察显示剂擦去的情况，如果 3 条显示剂全长上擦去均匀，说明圆锥接触良好，锥度正确，如图 3-36 所示。如果显示剂仅被局部擦去，说明圆锥的角度不正确或圆锥素线不直。

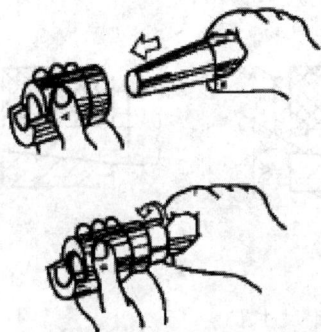

图 3-35　用套规检验圆锥的方法

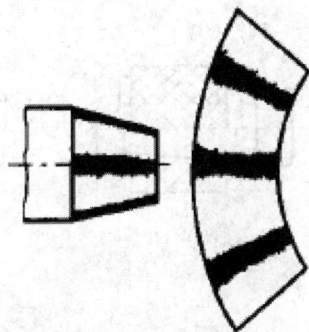

图 3-36　圆锥接触良好且锥度正确

(3) 确定角度调整的方向。根据接触面积判断角度大小，并确定小滑板应调整的方向和调整量，一般用百分表调整后再试车，直到圆锥半角找正为止。

7) 精车控制圆锥尺寸的方法

(1) 计算法。用钢直尺或游标卡尺量出工件端面至套规界限面的长度 a，如图 3-37 所示。

用下列公式计算背吃刀量 a_p

$$a_p = a \tan \frac{\alpha}{2}$$

其中，a_p——当界限套规刻线或台阶中心面离开工件端面长度为 a 时的背吃刀量。

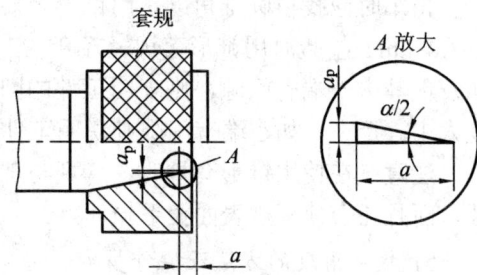

图 3-37　计算法控制圆锥尺寸

控制圆锥尺寸的方法为移动中、小滑板，使刀尖在圆锥工件小端处轻轻接触后退出，中滑板刻度按所计算的 a_p 值调整，背吃刀量 a_p 确定后，手动进给小滑板精车圆锥至规定尺寸。

(2) 移动床鞍法。当量出工件端面至套规界限面的数值为 a 时(见图 3-38(a))，可分别移动中、小滑板，将刀尖在圆锥小端处对刀后退出小滑板，中滑板仍保持原刻度不变，使车刀退至与工件端面的距离为 a(见图 3-38(b))，再将床鞍向左移动一个 a 的距离(见图 3-38(c))，使车刀与工件端面接触，再手动进给精车圆锥，可保证圆锥尺寸合格。

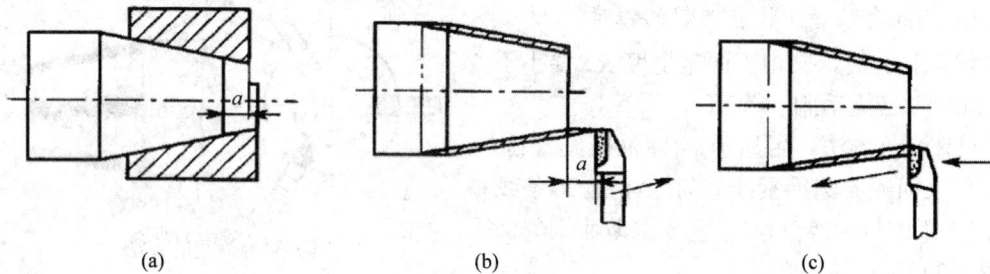

| (a) | (b) | (c) |

图 3-38　移动床鞍法控制圆锥尺寸

8) 检验圆锥尺寸

如图 3-39 所示，圆锥尺寸在套规的界限之内为合格，在套规的界限以外为不合格。

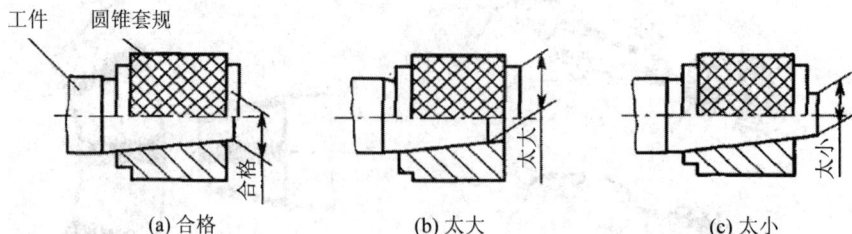

| (a) 合格 | (b) 太大 | (c) 太小 |

图 3-39　检验圆锥尺寸

二、偏移尾座法

偏移尾座法如图 3-33(b)所示，把尾座偏移一个距离 s，因前后顶尖不在与车床导轨的同一直线上，加工时刀具仍随床鞍作纵向自动进给，这时即可加工出锥体。尾座偏移量为 s，这种方法可以车削较长的锥面，并可手动或自动进给，但不能车内圆锥面。尾座的偏移量受到限制，故只适用于车削锥度不大的锥面($\alpha < 8°$)，表面粗糙度 Ra 为 6.3～1.6 μm。

三、靠模法

靠模法如图 3-33(c)所示。在车床床身后面装上有刻度线的托架，托架上有靠模尺，可以转动调整角度。车锥度时，将中滑板的横向进给丝杠螺母松开，中滑板前端拉杆上装滑块，滑块嵌入靠模的尺槽内。当床鞍纵向进给时，滑块沿尺槽的斜面移动，车刀刀尖也随着作斜线移动，即可车出锥度。这时将小滑板扳转 90°，用以控制背吃刀量。如将靠模尺槽换成曲线槽，即可车出成形面。这种方法用以加工精度要求较高的内外锥面，生产率高，适宜于成批生产。但受靠模尺角度的限制，只能用来车削锥角不大的中等长度锥面，表面粗糙度 Ra 为 3.2～1.6 μm。

四、宽刀法

宽刀法如图 3-33(d)所示，主要用于成批生产中车削短圆锥体。刀刃应平直，前后刀面应用油石打磨使 Ra 值达 0.1 μm，安装时，应使刀刃与工件回转轴线成斜角 $\alpha/2$。用宽刀法加工的工件表面粗糙度 Ra 可达 3.2～1.6 μm。

课内作业

所需的设备、工具、量具列表

序号	设备(工、量具)	型号或规格	数量	备注

切 削 参 数

序号	设备名称	主轴转速(n)	进给量(f)	背吃刀量(a_p)

课外作业

一、判断题

1．开机前，在手柄位置正确情况下，需低速运转约 2 min 后，才能进行车削加工。（   ）

2．切削用量包括背吃刀量、进给量和工件转速。（   ）

3．钻孔时，切削速度与钻头直径成正比。（   ）

4．顶尖的作用是定中心、承受工件的重力和切削力。（   ）

5．使用塞规测量圆柱孔时，孔的表面粗糙度值要求在 $Ra3.2$ μm 以上。（   ）

6．低速车三角形螺纹时，只利用中滑板进给车好螺纹的方法叫直进法。（   ）

7．米制圆锥的锥度是固定不变的，即 $C = 1 : 16$。（   ）

8．使用成形刀车削成形面时，切削刃与工件接触面积大，容易引起振动，为防止振动，应选用较小的进给量和切削速度。（   ）

二、选择题

1．可以采用顺铣的主要措施是（   ）。

    A. 增加工件重量　　　　　　　　　　B. 减小自动进给量

    C. 调整工作台轴向传动间隙　　　　　D. 调整主轴间隙

2．端铣时，当进刀部分大于出刀部分时的铣削称为（   ）。

    A. 不对称顺铣　　　B. 顺铣　　　　　C. 对称铣　　　　D. 不对称逆铣

3．镶齿面铣刀的刀体是（   ）制造的。

    A. 高速钢　　　　　B. 结构钢　　　　C. 硬质合金　　　D. 碳素工具钢

4．平面阶梯铣刀通常是（   ）刀具。

A. 整体　　　　　B. 镶齿　　　　　C. 体外刃磨　　　　　D. 可转位

5. 用压板压紧工件时，垫块的高度应(　　)工件。

A. 稍低于　　　　B. 稍高于　　　　C. 尽量多高于　　　　D. 尽量多低于

6. 在铣床上用压板夹紧工件时，为增大夹紧力，可将螺栓(　　)。

A. 远离工件　　　B. 靠近工件　　　C. 在压板中间　　　　D. 处于任意位置

7. 铣刀杆装入锥孔时，将凸缘上的缺口对准主轴端面键块的目的是(　　)。

A. 传递转矩　　　B. 刀杆定位　　　C. 紧固刀杆　　　　D. 支持刀杆

8. 安装锥柄铣刀的过渡套内锥通常是(　　)锥度。

A. 莫氏　　　　　B. 7∶24　　　　C. 1∶20　　　　　D. 1∶10

任务七　手 柄 加 工

手柄图纸如图 3-40 所示。

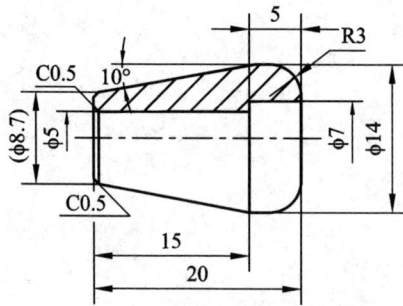

技术要求
1. 锐角倒钝(R0.3)。
2. 未注线性尺寸公差按照"GB/T 1804-m"执行。
3. 未注形位公差按照"GB/T 1184-k"执行。

$\sqrt{}$ Ra 12.5

制图	(姓名)	(日期)	手柄	比例	2:1
审核					
(校名	学号	)	PA6	1.03.07	

图 3-40　手柄图纸

手柄　　　　　　几何技术规范之绪论

◆ 相关专业知识

一、切断

1. 切断刀的种类及选用

常用的切断刀有高速钢切断刀、硬质合金切断刀、弹性切断刀，如图 3-41 所示。切断直径较小的工件一般选用高速钢切断刀或弹性切断刀，硬质合金切断刀适用于直径较大的工件或进行高速切割。

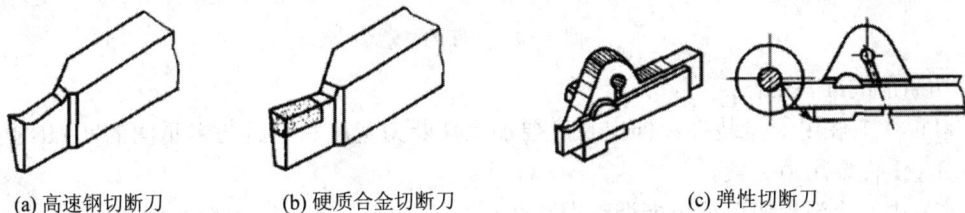

(a) 高速钢切断刀　　　(b) 硬质合金切断刀　　　　　　(c) 弹性切断刀

图 3-41　切断刀的种类

2. 切断刀的装夹与切断方法

1) 切断刀伸出长度

切断刀不宜伸出过长，主刀刃要对准工件中心，高或低于中心都不能切到工件中心，如图 3-42 所示。如用硬质合金切断刀，高或低于中心都易使刀片崩裂。

2) 装刀时检查两侧副偏角

检查切断刀两侧副偏角的方法有两种：一种是将 90°角尺靠在工件已知加工外圆上检查，如图 3-43(a)所示。另一种方法是当外圆为毛坯时，可将副刀刃紧靠在已加工端面上，刀尖与端面接触，副刀刃与端面间有倾斜间隙，要求间隙最大处约 0.5 mm，如图 3-43(b)所示。两副偏角基本相等后，可将车刀紧固。

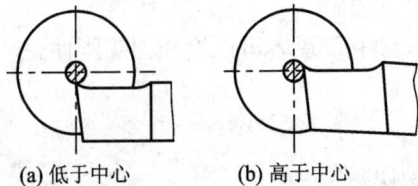

(a) 低于中心　　　(b) 高于中心　　　　　　(a)　　　　　　(b)

图 3-42　切断刀高或低于工件中心　　　图 3-43　检查切断刀副偏角

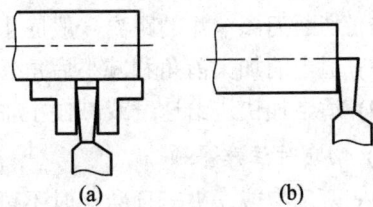

3) 切断方法

切断的方法有直进法、左右借刀法和反切法，如图 3-44 所示。

用直进法切断时，车刀横向连续进给，一次将工件切下，如图 3-44(a)所示，操作十分简单，工件材料也比较节省，因此应用最广泛。用左右借刀法切断时，如图 3-44(b)所示，车刀横向和纵向须轮番进给，因费工费料，一般用于机床、工件刚性不足的情况。用反切法切断时，车床主轴反转，车刀反装进行切断，如图 3-44(c)所示，这种方法切削比较平稳，排屑也比较顺利，但卡盘必须有保险装置，小滑板转盘上两边的压紧螺母也应锁紧，否则机床容易损坏。

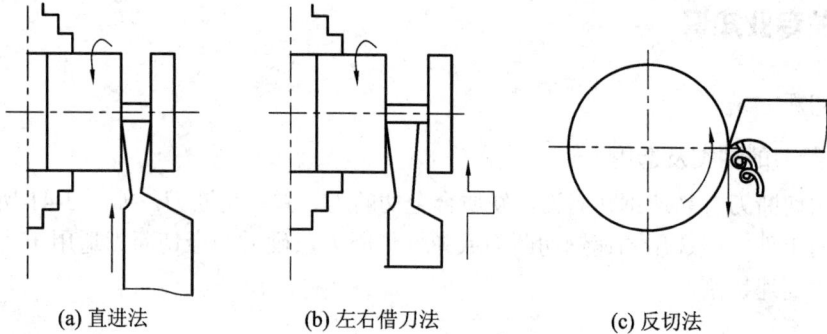

| (a) 直进法 | (b) 左右借刀法 | (c) 反切法 |

图 3-44　切断的方法

切断前的准备工作：

(1) 将工件用卡盘装夹，伸出长度要加上切断刀宽度和刀具与卡爪间的间隙(约 5～6 mm)，工件要用力夹紧。

(2) 中、小滑板镶条尽可能调整得紧些。

(3) 选择并调整主轴转速。用高速钢刀切断铸铁材料时，控制切削速度为 15～25 m/min；切断碳钢材料，控制切削速度为 20～25 m/mim；用硬质合金刀切断，控制切削速度为 45～60 m/mim。

(4) 确定切断位置。将钢直尺一端靠在切断刀的对面，移动床鞍，直到钢直尺上要求的长度刻线与工件端面对齐，然后将床鞍固定。

切断时开动机床，加切削液，移动中滑板，进给的速度要均匀而不间断，直至将工件切下。如工件的直径较大或长度较长，一般不切到中心，约留 2～3 mm，将车刀退出，停车后用手将工件扳断。

切断工件时往往会引起振动，振动严重会导致切断刀折断。采取下列措施能减小振动：

(1) 机床各部分间隙尽可能小。例如，床鞍，中、小滑板导轨的间隙和机床主轴轴承间隙等尽可能小。

(2) 切断刀离卡盘的距离一般应小于被切工件的直径。

(3) 适当的加大前角和减小后角。前者使排屑顺利，后者可以增强刀头刚性。

(4) 适当加快进给速度或减慢主轴转速。

4) 切断时注意事项

(1) 两顶尖或一夹一顶装夹时不可将工件全部切断。

(2) 切断时应连续、均匀地进给，如发现车刀产生切不进现象，应立即退出，检查车刀刀尖是否对准工件中心，是否磨损和崩刃，不可强制进给，以防车刀折断。

(3) 若发现切断表面凹凸不平或有明显扎刀痕迹，应检查切断刀的刃磨和装夹是否正确，查出原因，纠正后再继续车削，否则容易造成切断刀刀头折断。

二、车外沟槽

图 3-45 为 3 种常见的外沟槽。

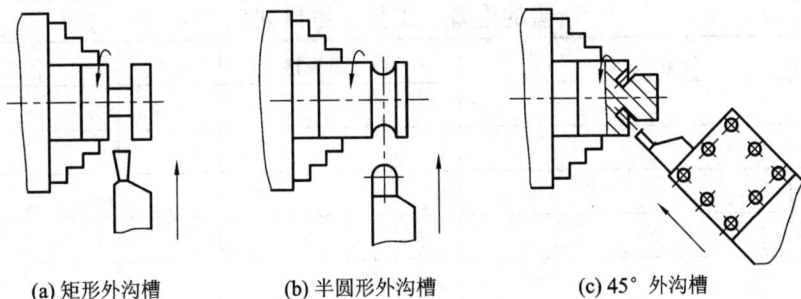

| (a) 矩形外沟槽 | (b) 半圆形外沟槽 | (c) 45° 外沟槽 |

图 3-45　常见的外沟槽

车槽刀与切断刀的几何角度基本相同，但车槽刀的主刀刃形状和尺寸是根据所车沟槽的尺寸和要求刃磨的。

1. 车外沟槽的准备工作

1) 装夹车槽刀

装夹车槽刀要求主刀刃与工件外圆素线保持平行，否则会使槽底部不平。装刀时要将主刀刃与工件外圆素线保持平行，如图 3-46(b)所示。先用手拧紧刀架螺钉，将车刀大致固定，然后车刀退出后再将车刀紧固。

2) 调整主轴转速

车槽的切削速度应略低于切断的切削速度。车槽时加切削液能延长车刀的使用寿命，并能使沟槽表面光洁。

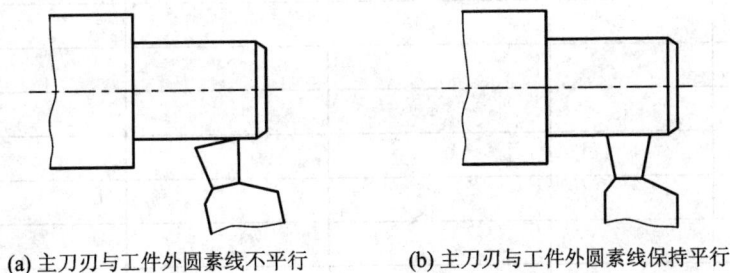

| (a) 主刀刃与工件外圆素线不平行 | (b) 主刀刃与工件外圆素线保持平行 |

图 3-46　装夹车槽刀

2. 矩形沟槽的车削步骤

(1) 开机，移动床鞍和中滑板，使车刀靠近沟槽位置。

(2) 车刀横向进给，当主刀刃与工件外圆接触后，记下中滑板刻度或将刻度调至零位。

(3) 摇动控制中滑板的横刀架移动手柄，手动进给车外沟槽，当刻度进到槽深尺度时，停止进给，退出车刀。

(4) 精度要求低的沟槽可用钢直尺和卡钳测量。精度要求高的沟槽通常用千分尺、样板和游标卡尺测量。

课内作业

所需的设备、工具、量具列表

序号	设备(工、量具)	型号或规格	数量	备注

切 削 参 数

序号	设备名称	主轴转速(n)	进给量(f)	背吃刀量(a_p)

课外作业

一、判断题

1. 装夹较重较大工件时，必须在机床导轨面上垫上木块，防止工件突然坠下砸坏导轨。（　　）

2. 切削速度是切削加工时，刀具切削刃选定点相对于工件的主运动的瞬时速度。（　　）

3. 麻花钻的横刃是两个主切削刃的交线。（　　）

4. 一夹一顶装夹适用于工序较多、精度较高的工件。（　　）

5. 当工件旋转轴线与尾座套筒锥孔轴线不同轴时，铰出的孔会产生孔口扩大或整个孔扩大现象。（　　）

6. 用左右切削法车螺纹时，容易产生"扎刀"现象。（　　）

7. 莫氏圆锥分成 7 个号码，最大的是 6 号，最小的是 0 号。（　　）

8. 圆筒形球面精车刀内孔直径 D 与工件圆球直径 d_1 以及球柄直径 d_2 间有一定的几何关系。（　　）

二、选择题

1. 拆卸刀杆时，松开拉紧螺杆螺母后，用锤子敲击螺杆端部的作用是（　　）。
   A. 取下刀杆　　　　　　　　　B. 松开螺纹
   C. 使内外锥面脱开　　　　　　D. 使键槽与键块脱开

2. 卧式铣床常用的刀杆规格有（　　）、40 mm 和 50 mm。
   A. 22 mm、27 mm、32 mm　　　B. 20 mm、25 mm、30 mm
   C. 10 mm、20 mm、30 mm　　　D. 25 mm、30 mm、35 mm

3. 用机用虎钳装夹工件铣削平行面，基准面应与（　　）贴合或平行。
   A. 固定钳口　　B. 虎钳导轨顶面　　C. 活动钳口　　D. 虎钳导轨侧面

4. 卧式铣床支架支持轴承间隙调整不合理通常会影响矩形工件加工的（　　）。
   A. 平行度　　　B. 垂直度　　　C. 平面度　　　　D. 表面粗糙度

5. 在立铣上安装机用虎钳时，底部定位键的作用是使定钳口与（　　）平行或垂直。
   A. 工作台面　　B. 铣刀　　　C. 纵、横进给方向　　D. 垂向进给方向

6. 安装套式面铣刀时，联结圈的主要作用是（　　）。
   A. 铣刀夹紧　　　B. 传递转矩　　　C. 垫高刀具　　　D. 铣刀定位

任务八　手动压力机夹紧机构装配

手动压力机夹紧机构图纸如图 3-47 所示。

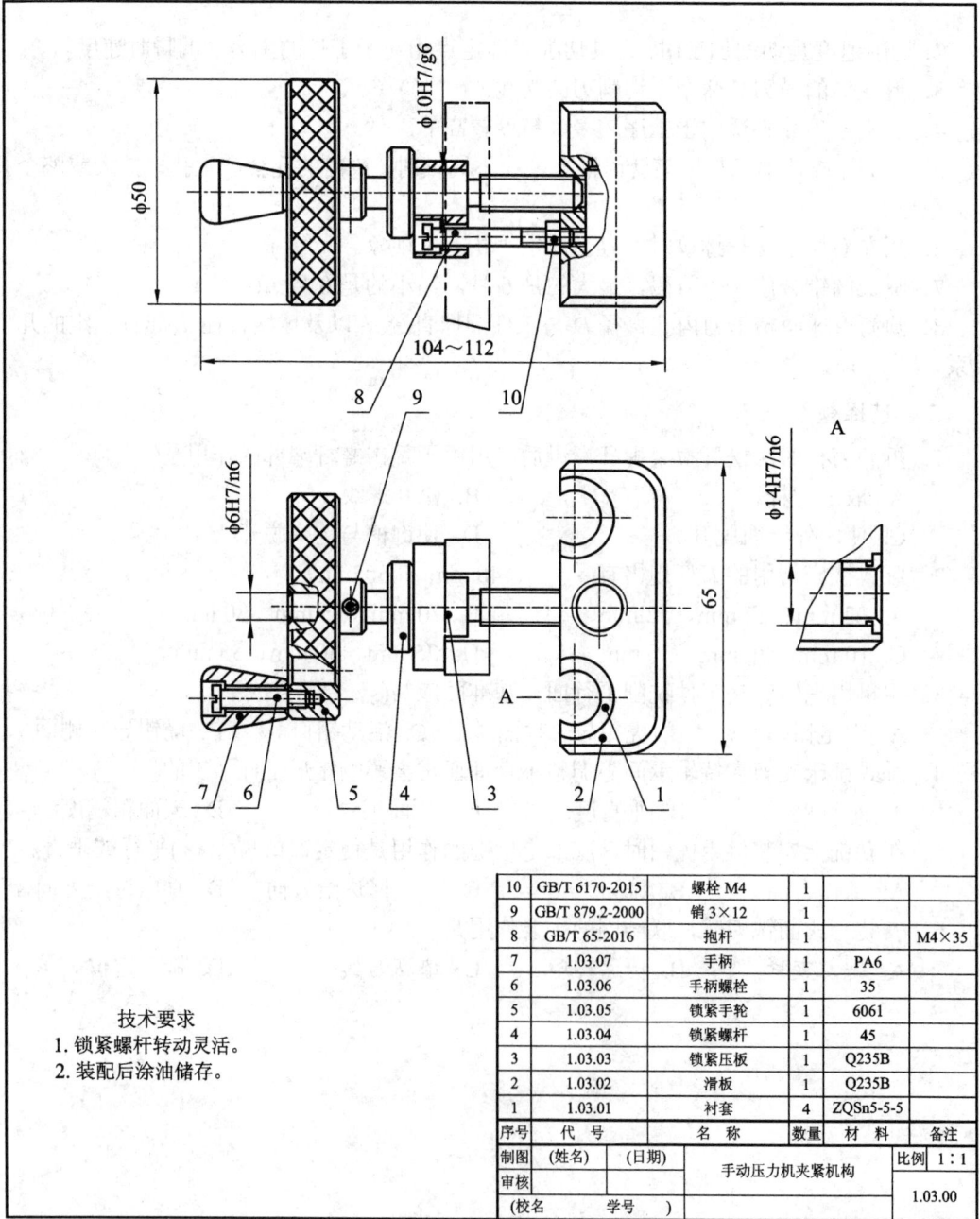

技术要求
1. 锁紧螺杆转动灵活。
2. 装配后涂油储存。

10	GB/T 6170-2015	螺栓 M4	1		
9	GB/T 879.2-2000	销 3×12	1		
8	GB/T 65-2016	抱杆	1		M4×35
7	1.03.07	手柄	1	PA6	
6	1.03.06	手柄螺栓	1	35	
5	1.03.05	锁紧手轮	1	6061	
4	1.03.04	锁紧螺杆	1	45	
3	1.03.03	锁紧压板	1	Q235B	
2	1.03.02	滑板	1	Q235B	
1	1.03.01	衬套	4	ZQSn5-5-5	
序号	代　号	名　称	数量	材　料	备注
制图	(姓名)	(日期)		手动压力机夹紧机构	比例　1:1
审核					1.03.00
(校名　　　学号　　)					

图 3-47　手动压力机夹紧机构图纸

手动压力机夹紧机构装配　　　　三坐标测量仪简介　　　　普通螺纹联结的公差与配合

相关专业知识

一、铣削方式的选择

1. 周铣法

用铣刀圆周上的切削刃进行铣削的方法称为周铣法，简称周铣。如用立铣刀、圆柱铣刀铣削各种不同的表面。根据铣刀旋转方向与工件进给方向的关系不同，可将周铣法分为顺铣和逆铣两种方式，如图 3-48 所示。

在切削部位，铣刀的旋转方向与工作进给方向相同的铣削方式称为顺铣。在切削部位，铣刀的旋转方向与工件进给方向相反的铣削方式称为逆铣。顺铣与逆铣的特点分析如下：

(1) 由于工作台进给丝杠与螺母间存在间隙，顺铣时水平铣削力 F_h 与进给方向一致，会使工作台在进给方向上产生间歇性窜动，使切削不平稳，以致引起打刀、工件报废等危害；而逆铣时水平铣削力 F_h 的方向正好与进给方向相反，可避免因丝杠与螺母间的间隙而引起的工作台窜动。

(2) 顺铣时，作用在工件上的垂直铣削分力 F_y 始终向下，有压紧工件的作用，故铣削平稳，对不易夹紧的工件及狭长、薄板形工件较适合。逆铣时，垂直分力的方向向上，有把工件从台上挑起的趋势，影响工件的夹紧。

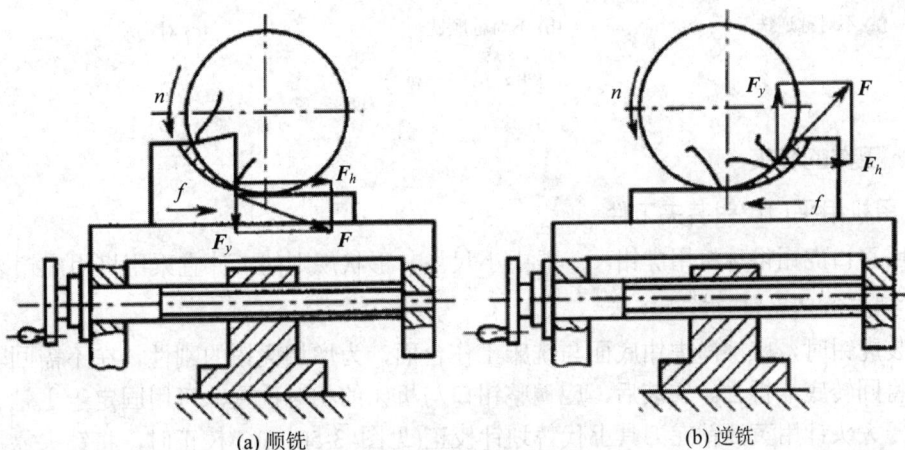

(a) 顺铣　　　　　　　　　　(b) 逆铣

图 3-48　周铣法

(3) 顺铣时，刀刃始终从工件的外表切入，因此铣削表面有硬皮的毛坯时，顺铣易使刀具磨损；逆铣时，刀刃不是从毛坯的表面切入，表面硬皮对刀具的磨损影响较小，但开始铣削时刀齿不能立刻切入工件，而是一面挤压加工表面，一面滑行，使加工表面产生硬化，不仅使刀具磨损加剧，并且使加工表面粗糙度增大。

综上所述，周铣时一般都采用逆铣，特别是粗铣；精铣时，为提高工件表面质量，可采用顺铣；如果工作台丝杠与螺母间有间隙补偿或调整机构，顺铣更具有优势。

2. 端铣法

用分布在铣刀端面上的切削刃进行铣削的方法称为端铣法，简称端铣。根据铣刀在工件上的铣削位置不同，端铣可分为对称端铣与不对称端铣两种方式，如图 3-49 所示。

1) 不对称端铣(见图 3-49(a)、(b))

在切削部位，铣刀中心偏向工件铣削宽度一边的端铣方式，称为不对称端铣。

不对称端铣时，按铣刀偏向工件的位置，在工件上可分为进刀部分与出刀部分。图 3-50(a)中 AB 为进刀部分，BC 为出刀部分。按顺铣与逆铣的定义，显然，进刀部分为逆铣，出刀部分为顺铣。不对称端铣时，进刀部分大于出刀部分时，称为不对称逆铣，如图 3-49(a)所示；反之称为不对称顺铣，如图 3-49(b)所示。不对称端铣时，通常应采用如图 3-49(a)所示的不对称逆铣方式。

2) 对称端铣(见图 3-49(c))

在切削部位，铣刀中心处于工件铣削宽度中心的端铣方式称为对称端铣。用端铣刀进行对称端铣时，只适用于加工短而宽或厚的工件，不宜铣削狭长型的较薄工件。

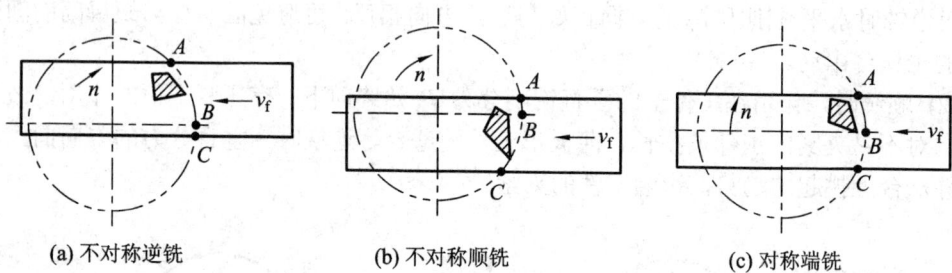

(a) 不对称逆铣　　　　　　(b) 不对称顺铣　　　　　　(c) 对称端铣

图 3-49　端铣法

二、工件的装夹

1. 用机用平口虎钳装夹工件

机用平口虎钳俗称机用虎钳。一般中小尺寸、形状规则的工件宜采用机用虎钳装夹。

1) 机用平口虎钳的校正方法

安装虎钳时，应擦净虎钳底面与铣床工作台面，为增加虎钳的刚性，在不需回转角度时，可将回转底盘拆去。安装后，应调整钳口与机床的相对位置，可用固定于主轴上的划针或将一大头针用黄油粘在刀具上代替划针校正(见图 3-50(b))。校正时，将针尖靠近固定钳口，移动工作台，观察针尖与钳口的距离在钳口全长上是否相等，若不等则应调整。也可用百分表代替划针(见图 3-50(a))或者用宽度角尺校正虎钳(见图 3-50(c))。

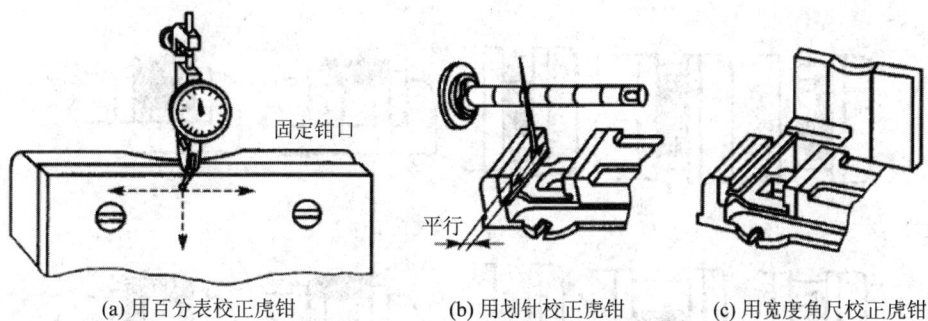

(a) 用百分表校正虎钳　　(b) 用划针校正虎钳　　(c) 用宽度角尺校正虎钳

图 3-50　校正机用平口虎钳

2) 工件的安装要领

(1) 安装工件时，应将工件的基准面紧贴固定钳口或钳体的导轨面上，并使固定钳口承受铣削力(见图 3-51)。

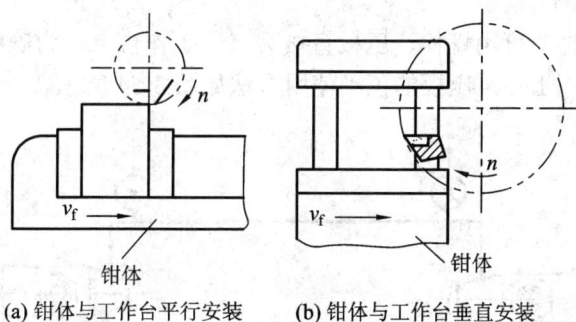

(a) 钳体与工作台平行安装　　(b) 钳体与工作台垂直安装

图 3-51　使固定钳口承受铣削力

(2) 工件的装夹高度以铣削尺寸高出钳口平面 3～5 mm 为宜，如装夹位置不合适，应在工件下面垫上适当厚度的平行垫铁。垫铁应具有合适的尺寸、表面粗糙度及平行度。

(3) 为使工件基准面紧贴固定钳口，可在活动钳口与工件之间垫 1 个圆棒(见图 3-52)。

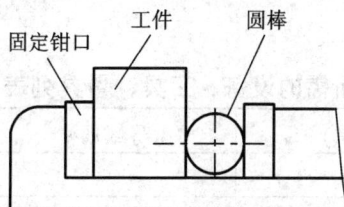

图 3-52　在活动钳口与工件之间垫 1 个圆棒

(4) 为保护钳口与避免夹伤已加工工件表面，应在工件与钳口间垫 1 块钳口铁(如铜皮)。

(5) 夹紧工件时，应将工件向固定钳口方向轻轻推压，工件轻轻夹紧后可用铜锤等轻轻敲击工件，以使工件紧贴于底部垫铁上，最后再将工件夹紧。如图 3-53 所示为使用机用平口虎钳装夹工件的几种情况。

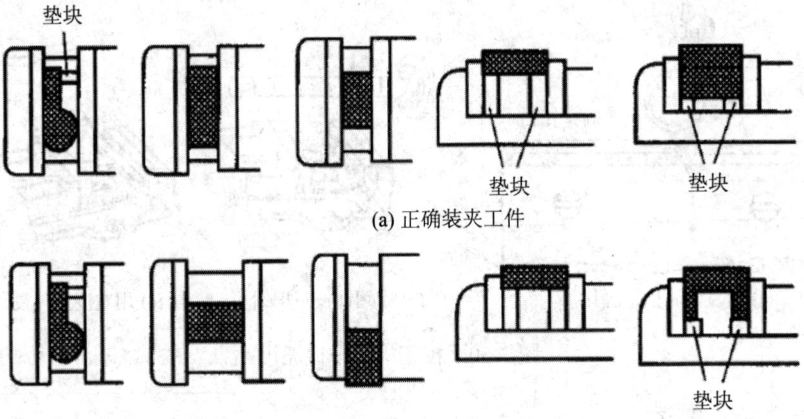

(a) 正确装夹工件

(b) 不正确装夹工件

图 3-55　使用机用平口虎钳装夹工件的几种情况

2. 用压板装夹工件

对尺寸较大的工件，可用螺栓、压板直接装夹于工作台上。为确定加工面与铣刀的相对位置，一般均需找正工件。压板的正确使用方法如图 3-54 所示。

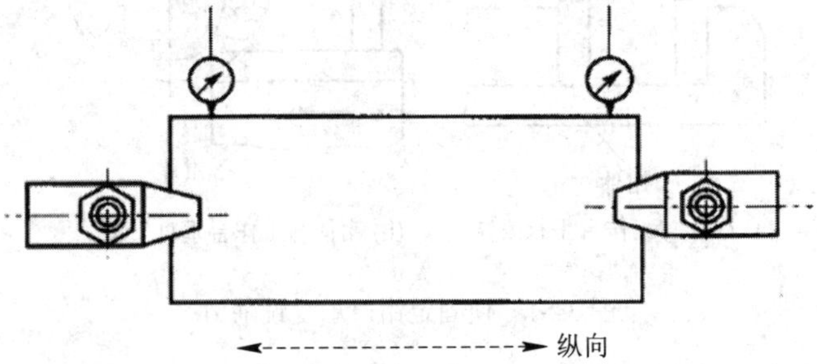

纵向

图 3-54　压板的正确使用方法

课内作业

所需的设备、工具、量具列表

序号	设备(工、量具)	型号或规格	数量	备注

序号	设备(工、量具)	型号或规格	数量	备注

课外作业

一、判断题

1. 车工在操作中严禁戴手套。（ ）

2. 进给量是工件每转一分钟，车刀沿进给运动方向上的相对位移。（ ）

3. 麻花钻有直柄和锥柄两种。（ ）

4. 两顶尖装夹适用于装夹重型轴类工件。（ ）

5. 铰孔时，切削速度越高，工件表面粗糙度值越小。（ ）

6. 低速车螺纹时，车刀最好用弹性刀杆安装，可避免"扎刀"现象。（ ）

7. 莫氏圆锥各个号码的圆锥半角和尺寸都不同。

8. 球面的直径圆度误差可使用样板测量。（ ）

二、选择题

1. 铣削矩形工件时，铣好第一面后，按通常顺序应先加工（ ）。
   A. 两端垂直面
   B. 对应平行面
   C. 两侧垂直面
   D. 一个端面及平行面

2. 立式铣床主轴与工作台面不垂直，用纵向进给铣削会铣出（ ）。
   A. 斜面
   B. 凸面
   C. 凹面
   D. 波形面

3. 铣削矩形工件垂直面时，若铣出的垂直面与基准面之间的夹角<90°，应在（ ）垫入纸片和铜片。
   A. 固定钳口上部
   B. 固定钳口中部
   C. 固定钳口下部
   D. 活动钳口与圆棒之间

4. 用机用虎钳装夹工件粗铣平面，应使切削分力指向（ ）。
   A. 底座
   B. 活动钳口
   C. 固定钳口
   D. 与钳口平行方向

5. 在万能卧式铣床上用端铣法纵向进给铣削矩形工件端面，若工作台回转盘的零位未对准，会铣出（ ）。
   A. 斜面
   B. 凹面
   C. 凸面
   D. 波形面

6. 转动工件铣削斜面，进给方向（ ）。
   A. 必须使用纵向进给
   B. 必须使用横向进给
   C. 不受限制
   D. 必须使用垂向进给

7. 转动立铣头铣削斜面，必须使用（ ）。
   A. 不受限制
   B. 纵向进给
   C. 垂向进给
   D. 横向进给

项目四 手动压力机冲压机构加工与装配

任务一 左立板加工

左立板图纸如图 4-1 所示。

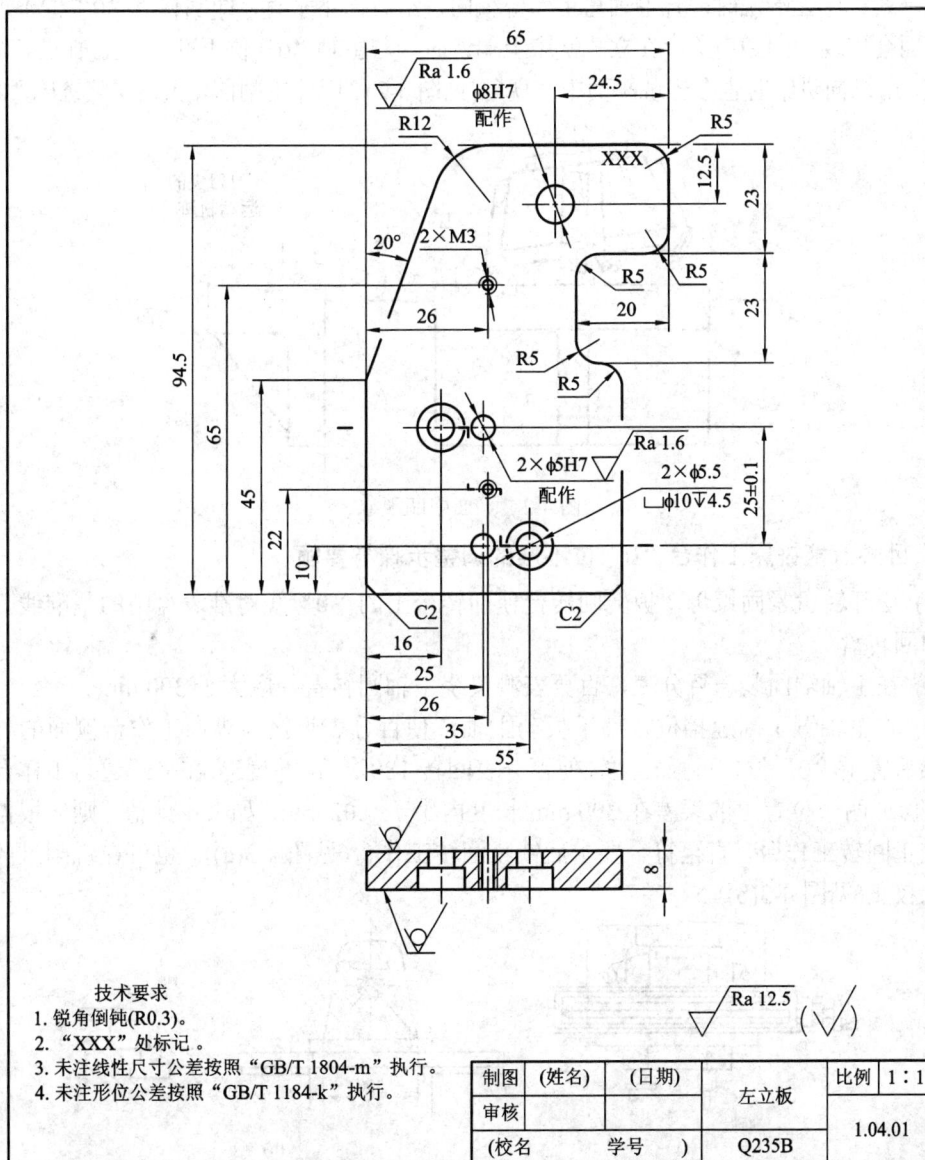

技术要求
1. 锐角倒钝(R0.3)。
2. "XXX"处标记。
3. 未注线性尺寸公差按照 "GB/T 1804-m" 执行。
4. 未注形位公差按照 "GB/T 1184-k" 执行。

制图	(姓名)	(日期)	左立板	比例	1:1
审核					1.04.01
(校名	学号	)	Q235B		

图 4-1 左立板图纸

左立板　　　　　　球头铣刀研磨

相关专业知识

一、机床的调整

在卧式铣床上端铣时,若主轴与工作台纵向进给方向不垂直,即回转盘"0"位不准,铣出的平面会出现中间凹现象;在立式铣床上端铣时,若主轴"0"位不准,即主轴与工作台面不垂直,用纵向进给时也会出现平面中凹现象(见图4-2)。因此铣削前,应先调整铣床"0"位。

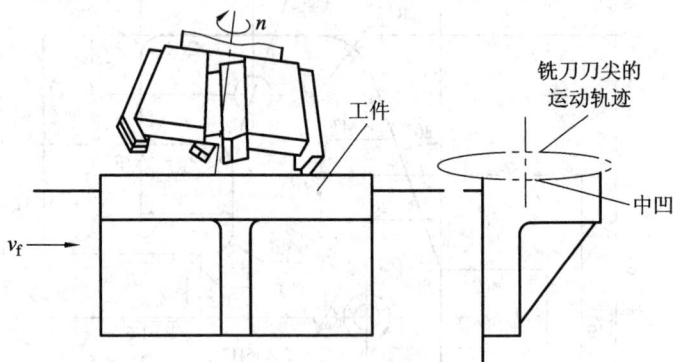

图 4-2　平面中凹现象

1. 卧式万能铣床工作台"0"位不准的调整步骤与要领

(1) 松开转盘紧固螺母,扳转回转台使回转台上的"0"线对准表盘中的基准线,再轻轻紧固回转盘。

(2) 在主轴端面装一百分表,百分表测头绕主轴回转直径应大于300 mm。

(3) 将主轴置于高速挡位,用手扳动主轴,使百分表直接与纵向工作台侧面的一边轻轻接触后置于"0"位,再扳转主轴使百分表回转180°后,使表头在另一边与工作台侧面接触,保证两个位置上的误差在300 mm长度内小于0.02 mm;如大于此值,则应根据实测数值校正回转工作台,直至符合要求后锁紧回转工作台(见图4-3(a))。也可在铣削过的工件表面上校正(见图4-3(b))。

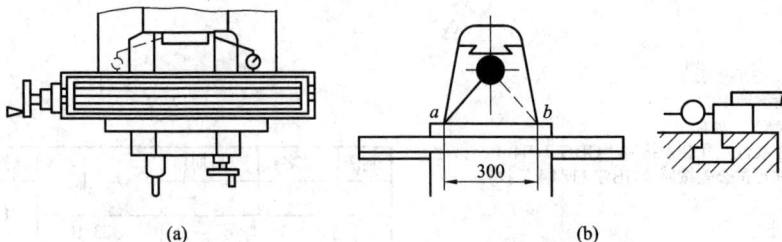

(a)　　　　　　　　　　　(b)

图 4-3　卧式万能铣床工作台"0"位不准的调整

2. 立式铣床主轴"0"位不准的调整步骤与要领

(1) 松开立铣头回转盘紧固螺钉，取出定位圆锥销，扳转立铣头，使回转盘"0"线对准转座上的基准线，再轻轻紧固回转盘。

(2) 在主轴上装一百分表，使其能绕主轴旋转，然后扳转主轴，使表头与纵向工作台面的一边轻轻接触后置表于"0"位，再扳转主轴，将百分表回转180°，使表头在另一边与工作台面接触(见图4-4)。保证两个位置上的误差在300 mm长度内不大于0.02 mm；如大于此值，则应根据表的数值校正主轴，直至符合要求，最后锁紧立铣头回转盘。

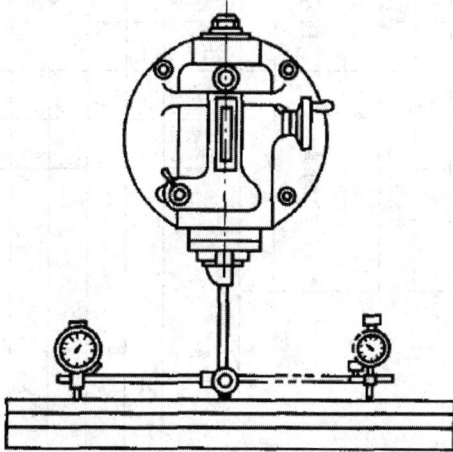

图4-4　立式铣床主轴"0"位不准的调整

二、平面铣削操作要领

(1) 调整主轴转速与进给量。主轴转速的调整是通过选用铣削速度 v_c 来确定的。采用高速钢铣刀铣削时，粗铣取 $v_c = 0.3 \sim 0.5$ mm/s；精铣取 $v_c = 1.5 \sim 2.5$ mm/s。

进给量的调整通常通过选择每齿进给量 f_z 来确定。粗铣取 $f_z = 0.10 \sim 0.25$ mm/z；精铣取 $f_z = 0.05 \sim 0.12$ mm/z。

(2) 对刀。启动铣床，转动工作台手轮，使工作台慢慢靠近铣刀，当铣刀与工件表面轻轻接触后记下工作台刻度，作为进刀起始点，再退出铣刀，以便进刀。注意，通常不允许直接在工件表面进刀。

(3) 试切、调整铣削深度。根据工件加工余量，选择合适的铣削深度 a_p。一般地，粗铣取 $a_p = 2.5 \sim 5$ mm；精铣取 $a_p = 0.3 \sim 1.0$ mm。试切时，先调整铣削深度，再手动进给试切 $2 \sim 3$ mm，然后退出铣刀，停车测量工件尺寸，如尺寸符合要求，即可进行铣削；如尺寸过大或过小，则应重新调整铣削深度，再进行铣削。

(4) 铣削时，注意加注合适的切削液。为保证铣削质量，进给时应待铣刀全部脱离工件表面后方可停止进给。退刀时，应先使铣刀退出铣削表面，再退回工作台至起始位置，以免加工表面被铣刀拉毛。

(5) 检测平面。平面尺寸可用游标卡尺或千分尺测量。平面度可用刀口形直尺检测，或用百分表检测；平面的垂直度可用角尺检测；平行度可用千分尺或百分表检测。

课内作业

根据本任务图纸和内容填写"机械加工工序卡片"。

浙江机电职业技术学院	机械加工工序卡片	产品型号	1.00.00	零件图号			总 页 共 页	第 页 第 页
		产品名称	手动压力机	零件名称				

车间	工序号	工序名称	材料编号
毛坯种类	毛坯外形尺寸		每台件数
设备名称	设备型号	设备编号	同时加工件数
夹具编号		夹具名称	切削液
工位器具编号		工位器具名称	工序工时 准终 / 单件

工步号	工步内容	工艺设备	主轴转速 r/min	切削速度 m/min	进给量 mm/r	切削深度 mm	进给次数	工步工时 机动 / 辅助

			设计(日期)	审核(日期)	标准化(日期)	会签(日期)
描图						
描校						
底图号						
装订号	标记 处数 更改文件号 签字 日期		标记 处数 更改文件号 签字 日期			

课外作业

一、判断题

1. 切削液的主要作用是降低温度和减少摩擦。(　　)

2. 背吃刀量是工件上已加工表面和待加工表面间的垂直距离。(　　)

3. 麻花钻主切削刃上的前角、后角都是变化的。外缘处的前角和后角均最大。(　　)

4. 用两顶尖装夹车光轴，经测量，尾座端直径尺寸比主轴端大，这时应将尾座向操作者方向调整一定的距离。(　　)

5. 铰孔不能修正孔的直线度误差，所以铰孔前一般都经过镗孔。(　　)

6. 高速车削三角形螺纹时，因工件材料受车刀挤压使螺纹大径变小，所以车削螺纹大径时应比公称尺寸大 0.2～0.4 mm。(　　)

7. 标准工具圆锥已在国际上通用。(　　)

二、选择题

1. 转动立铣头铣削斜面时，平面度差的原因之一是立铣头与(　　)不垂直。
   A. 纵向进给方向　　　　　　　　B. 横向进给方向
   C. 垂向进给方向　　　　　　　　D. 工作台面

2. 铣削斜面时的余量分配应(　　)。
   A. 由多至少　　　B. 由少至多　　　C. 基本一致　　　D. 不受限制

3. 采用角度铣刀铣削斜面时切削用量选择应(　　)三面刃铣刀。
   A. 略高于　　　　B. 略低于　　　　C. 基本相同　　　D. 大大高于

4. 安装角度铣刀和选择主轴转向时，应注意铣刀的(　　)。
   A. 直径参数　　　B. 几何角度　　　C. 切削刃方向　　　D. 廓形角

5. 轴类零件和套类零件最常见的槽是(　　)。
   A. 键槽　　　　　B. 燕尾槽　　　　C. V 形槽　　　　D. T 形槽

6. 键槽的主要技术要求是(　　)。
   A. 长度和深度　　　　　　　　　B. 表面粗糙度
   C. 与基准的位置尺寸　　　　　　D. 对称度和宽度

7. 键槽的对称度要求属于(　　)。
   A. 尺寸精度　　　B. 形状精度　　　C. 位置精度　　　D. 表面精度要求

8. 铣圆弧的半封闭直角槽，应选用(　　)铣削加工。
   A. 盘形槽铣刀　　　B. 立铣刀　　　C. 键槽铣刀　　　D. 套式面铣刀

任务二 右立板加工

右立板图纸如图 4-5 所示。

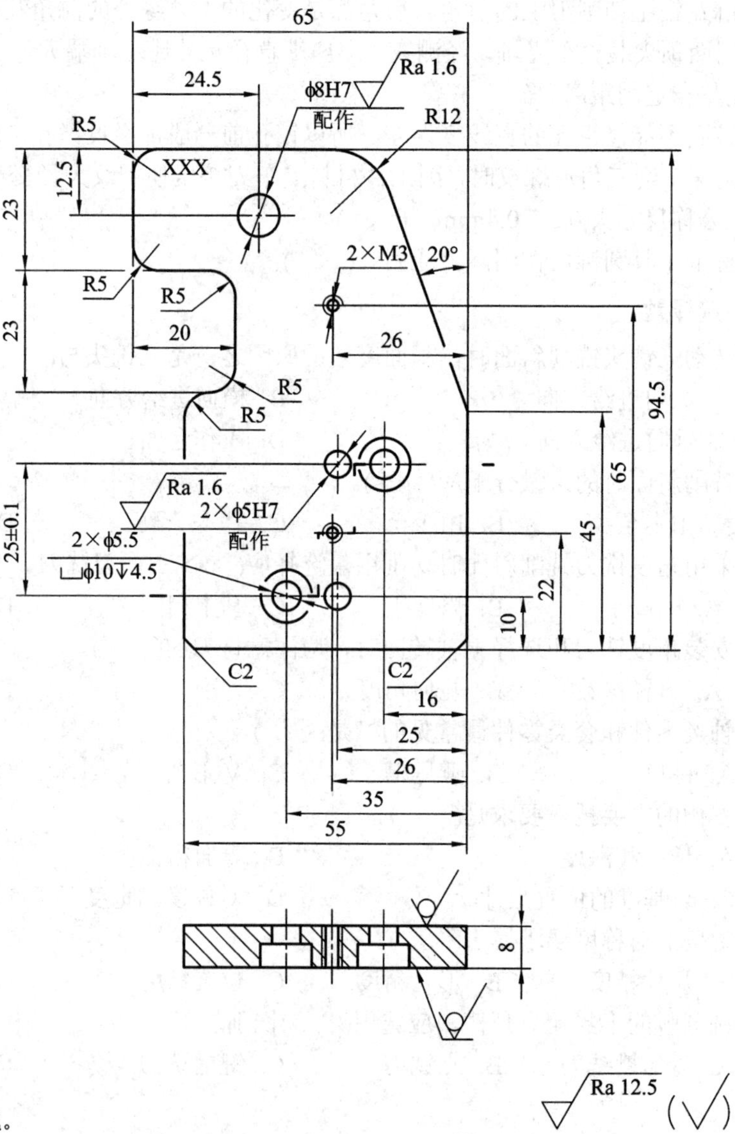

技术要求

1. 锐角倒钝(R0.3)。
2. “XXX”处标记。
3. 未注线性尺寸公差按照“GB/T 1804-m”执行。
4. 未注形位公差按照“GB/T 1184-k”执行。

制图	(姓名)	(日期)	右立板	比例	1∶1
审核				1.04.02	
(校名 学号)			Q235B		

图 4-5 右立板图纸

右立板　　　　　　　投影仪测试位置度

相关专业知识

一、螺旋槽的铣削加工

在铣削加工中，经常会遇到铣削有螺旋形沟槽的工件，如圆柱斜齿轮的齿槽、螺旋形刀具的沟槽等。一条曲线(或直线)围绕一圆柱作螺旋运动所形成的表面叫做螺旋面，而该曲线上任一点的运动轨迹称为螺旋线。根据螺旋线相对轴线的分布不同，螺旋线可分为两种类型，圆柱螺旋线(如圆柱斜齿轮及蜗杆的齿槽、等速圆柱凸轮的工作表面等)和平面螺旋线(如等速盘形凸轮的工作表面及三爪卡盘内平面螺纹的沟槽等)。

二、圆柱螺旋线的形成及其特点

在圆柱体作等速旋转运动的同时，又使动点 A 在圆柱体上作等速直线运动，则在这两种运动的配合下，A 点在圆柱表面的轨迹就是一条圆柱螺旋线，如图 4-6 所示。

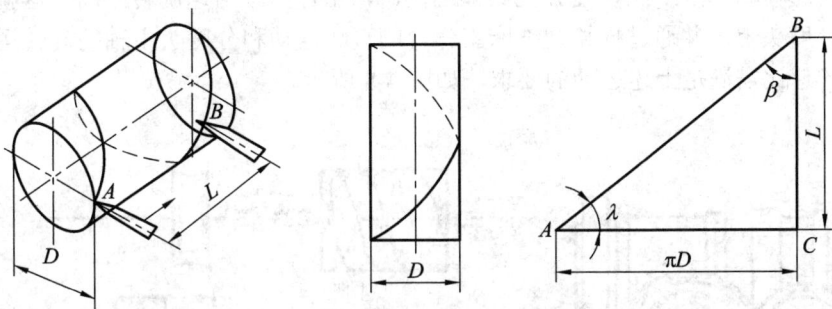

图 4-6　圆柱螺旋线的形成

螺旋线要素可以用直角三角形 ABC 来加以分析。

导程 L——圆柱体每转一转，动点 A 沿其母线移动的距离叫做螺旋线的导程，即三角形中的 BC。

螺旋角 β——螺旋线与圆柱体轴线之间的夹角叫做螺旋角。

螺旋升角 λ——螺旋线与圆柱体端面之间的夹角叫做螺旋升角，即三角形中的 $\angle BAC$。

由三角形 ABC 中可看出导程 L 与螺旋角 β 间有以下关系：

$$L = \pi D \tan\beta$$

式中，D——圆柱体的直径，单位为 mm。

上式是计算螺旋槽的基本公式。一般螺旋形刀具的螺旋角都规定在外圆柱面，D 应该是刀具的外径；而圆柱斜齿轮的螺旋角规定在分度圆上，因此，D 应该是分度圆直径。

有时候，在一个圆柱体上的螺旋槽不止一条，而是两条或更多，则称为多头螺旋线，在习惯上常把螺旋线的线数叫做"头数"。平时常见的圆柱斜齿轮、多头蜗杆及螺旋形刀具都是具有多头螺旋线的实例。

多头螺旋线的要素与计算和单线螺旋线基本相同，有导程 L、螺旋角 β 和螺旋升角 λ。

此外，还用螺距 P 来表示相邻两螺旋线的轴向距离，并以 n 表示螺旋线的头数。螺距 P 和导程 L 之间的关系为

$$L = n \times P(\text{mm})$$

螺旋线有右旋和左旋之分。一般可用左、右手来判断其旋向。若以手的 4 指表示螺旋线的旋向，以大拇指表示螺旋线圆柱轴线的方向，则所判断的螺旋线方向与右手 4 指方向相符的为右旋；反之，与左手 4 指方向相符的为左旋，如图 4-7 所示。

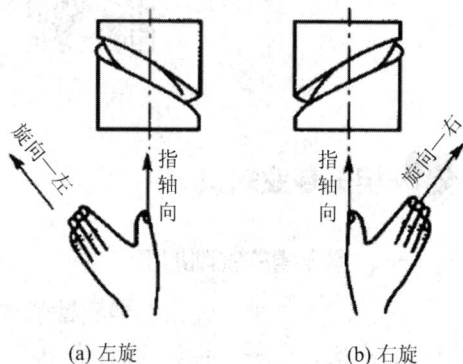

(a) 左旋 (b) 右旋

图 4-7　判断螺旋线旋向

三、配换挂轮速比的计算

根据螺旋线的形成原理，在铣床上铣削螺旋槽时，除了铣刀作旋转运动外，在工作台带动工件作纵向进给运动的同时，还要使工件匀速转动，这两者之间的运动关系必须保证：工作台每匀速移动一个工件导程 L 的距离的同时，工件必须匀速旋转一周。这就需要将工件装夹在分度头上，并通过挂轮把铣床工作台的直线运动和分度头主轴的旋转运动联系起来。挂轮的速比需满足上述运动的要求，如图 4-8 所示。

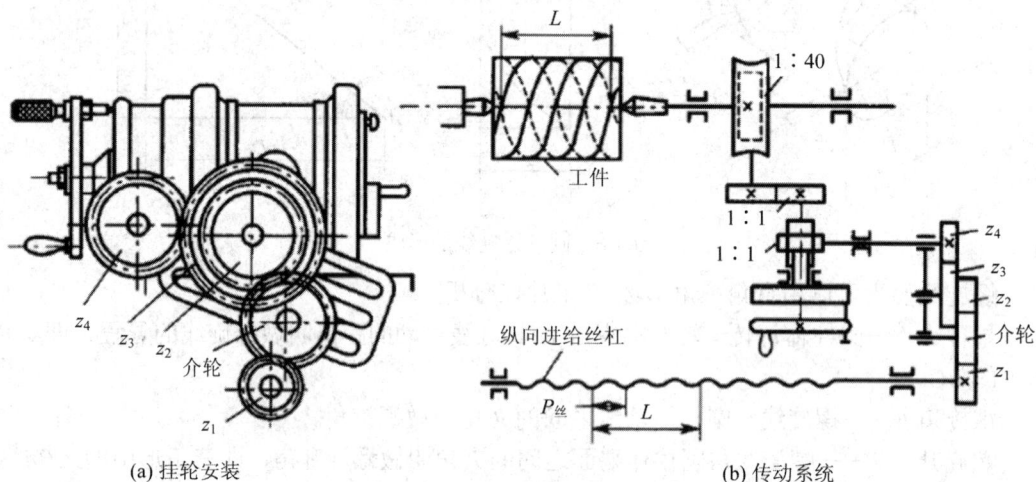

(a) 挂轮安装 (b) 传动系统

图 4-8　挂轮的速比

由图 4-8(b)传动系统图可知，当工作台每移动一个导程 L 时，分度头主轴必须转一转，则挂轮的速比计算如下，移项整理后得

$$\frac{z_1 \times z_3}{z_2 \times z_4} = \frac{40P_{丝}}{L}$$

式中，z_1、z_3——主动挂轮齿数；

　　　　z_2、z_4——被动挂轮齿数；

　　　　40——分度头定数；

　　　　L——工件的导程，单位为 mm；

　　　　$P_{丝}$——纵向传动丝杠螺距，单位为 mm。

目前国产铣床的纵向传动丝杠螺距多数为 6 mm，所以可将上式简化为

$$\frac{z_1 \times z_3}{z_2 \times z_4} = \frac{240}{L}$$

用上述方法确定挂轮速比时，计算较繁琐，而且有时算得的挂轮速比往往无法分解成因子，故在实际工作中，为了方便起见，可根据挂轮的速比或工件的导程 L，直接从金属切削手册的相应表中查取挂轮的齿数。

当挂轮齿数确定后，在安装挂轮时应注意以下几点：

(1) 主动挂轮和被动挂轮的位置切不可颠倒，但有时为了便于搭配，主动挂轮 z_1 和 z_3 的位置可以互换，同理，被动挂轮 z_2 和 z_4 的位置也可以互换。

(2) 挂轮之间应保持一定的啮合间隙，切勿过紧或过松。

(3) 由于工件螺旋槽有左旋和右旋之分，所以安装挂轮时要注意工件的转向，如转向不对，可通过增加或减少中间挂轮来纠正。

(4) 挂轮安装好后，要检查挂轮的计算和搭配是否正确。一般可采用如下的方法检查：在纵向工作台和床鞍之间用粉笔作一标记，然后摇动工作台手轮，使工件旋转 360°，检查工作台是否移动了一个导程。当工件导程较大时，可使工件转 180° 或 90°，然后检查工作台是否移动了二分之一或四分之一的导程。

四、圆柱螺旋槽的铣削

为了准确地加工出螺旋槽，除了铣刀和工件之间的相对运动需满足螺旋线形成的要求外，铣刀的形状和选择也是一个相当重要的问题。

由于具有螺旋槽工件的用途不同，其螺旋槽的截形也是多种多样的，例如各种螺旋形刀具齿槽的端面截形有的是三角形，有的是曲线形。等速圆柱凸轮的螺旋槽的法向截形为矩形，而阿基米德蜗杆的轴向截形是梯形。由此可见，铣削螺旋槽时，铣刀的形状和工件螺旋槽截形的关系是首先要解决的问题之一。

螺旋槽铣削存在干涉现象，下面分析矩形螺旋槽的加工情况。如图 4-9 所示，该螺旋槽的法向截形为 N—N，似乎只要选用直径等于槽宽 W 的立铣刀就能准确地加工出螺旋槽。其实情况并不那么简单，因为根据计算螺旋槽导程 L 的公式可知：在工件导程 L 已确定的情况下，在不同直径的圆柱表面，其螺旋角是不等的，直径越大，螺旋角也越大。如果将工件的外圆柱表面和工件槽底的圆柱表面展开并叠合在一起，就可发现只有外圆柱上螺旋线和立铣刀外圆相切，而槽底圆柱面上的螺旋线，由于其螺旋角小于外圆螺旋线的螺旋角，因此不可能和立铣刀外圆相切，这样立铣刀必然会将外圆柱面以下的螺旋面多切去一部分，使螺旋槽的法向截形发生变化，这就是铣削螺旋槽的干涉现象。

如果改用三面刃铣刀加工上述矩形螺旋槽，则由于铣刀的两侧切削刃的运动轨迹是一平面，无法使工件槽侧螺旋面相贴合，因此，干涉现象较立铣刀铣螺旋槽时更为严重。加

工出来的螺旋面实际上是由三面刃铣刀两侧刀尖的运动轨迹所切成，铣刀的侧面刀刃是不参加切削的。

根据以上分析，可得出如下结论：

(1) 由于干涉现象的存在，用形状和螺旋槽法向截形完全一致的铣刀是不可能铣出形状正确的螺旋槽的。

(2) 从实际出发，为了减小干涉过切量，要求铣刀的直径尽可能地小，一般在加工截形为直线的螺旋槽时，立铣刀的过切量比盘形刀小；而用盘形铣刀切削时，用圆锥面上的刃口切削比用端面上的刃口切削过切量小，这些问题应在选择铣刀时予以考虑。

(3) 在铣螺旋槽时，除了解决挂轮的计算和配置以及工作铣刀的选择以外，当工件装夹好后在具体加工时还应注意以下几点。

① 在铣削螺旋槽时，工件需随着纵向工作台的进给而连续转动，必须将分度头主轴的紧固手柄和分度盘的紧固螺钉松开。

② 当工件的螺旋槽导程小于 80 mm 时，由于挂轮速比较大，最好采用手动进给。在实际工作中，手动进给时可转动分度手柄，使分度盘随着分度手柄一起转动。

③ 加工多头螺旋槽时，由于铣床和分度头的传动系统内存在着一定的传动间隙，因而在每铣好一条螺旋槽后，为了防止铣刀将已加工好的螺旋表面切伤，应在返程前将升降工作台下降一段距离，使工件返程时铣刀不会切伤工件已加工表面。

④ 在确定铣削方向时要注意以下两种情况，一是当工件和芯轴之间无定位键时，要注意芯轴螺母是否会自动松开。工件在切削力的作用下，有相对芯轴作逆时针转动的趋势；由于端面摩擦力的关系，芯轴螺母也会跟着逆时针转动而逐渐松开。

二是当用立铣刀铣螺旋槽时，如果铣刀轴线相对工件中心有一偏距 e，则在确定分度头转向时，应保证已铣好的槽底是逐渐离开铣刀端面的，而不是逐渐顶向铣刀端面的，否则会造成切削振动。

⑤ 在采用专用的成形铣刀铣螺旋槽时，铣刀的切削位置调整必须遵照铣刀设计时的预定数据进行，否则不可能铣出形状正确的螺旋槽。

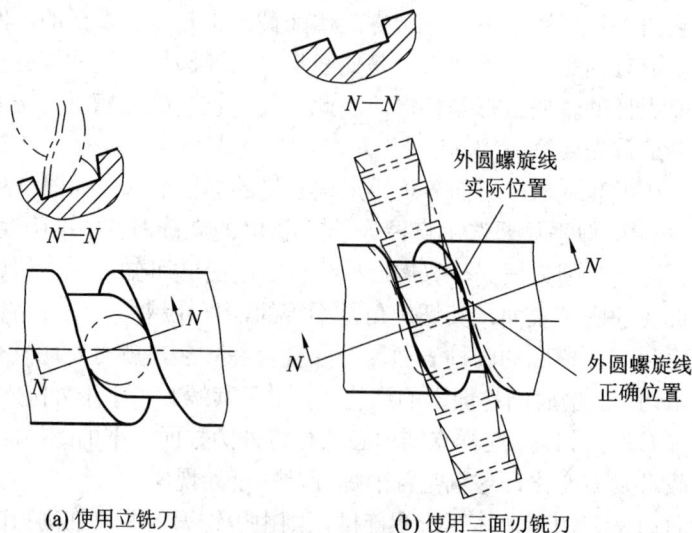

(a) 使用立铣刀   (b) 使用三面刃铣刀

图 4-9　螺旋槽铣削的干涉现象

课内作业

根据本任务图纸和内容填写"机械加工工序卡片"。

浙江机电职业技术学院	机械加工工序卡片	产品型号	1.00.00	零件图号		总 页	第 页
		产品名称	手动压力机	零件名称		共 页	第 页

车间	工序号	工序名称		材料牌号
毛坯种类	毛坯外形尺寸		每台件数	
设备名称	设备型号	设备编号	同时加工件数	
夹具编号	夹具名称		切削液	
工位器具编号	工位器具名称		工序工时 准终 单件	

工步号	工步内容	工艺设备	主轴转速 r/min	切削速度 m/min	进给量 mm/r	切削深度 mm	进给次数	工步工时 机动 辅助

			设计(日期)	审核(日期)	标准化(日期)	会签(日期)
描图						
描校						
底图号						
装订号						
标记	处数	更改文件号	签字	日期	标记 处数 更改文件号 签字 日期	

课外作业

一、判断题

1. 粗加工时，加工余量和切削用量均较大，因而会使刀具磨损加快，所以应选用以润滑为主的切削液。（   ）

2. 车刀在切削工件时，在工件上形成已加工表面、切削面和待加工表面。（   ）

3. 麻花钻靠近中心处的前角为负值。（   ）

4. 用两顶尖装夹圆度要求较高的轴类工件时，如果前顶尖跳动，车出的工件会产生圆度误差。（   ）

5. 铰刀齿数一般取偶数，是为了便于测量铰刀直径和在切削中使切削力对称，使铰出的孔有较高的精度和圆度。（   ）

6. 由于板牙两端都有切削刃，因此正反面都可以套螺纹。（   ）

7. 用转动小滑板法车圆锥时，小滑板转动的角度应等于工件的圆锥角。（   ）

二、选择题

1. 立圆弧的半封闭直角槽，应选用(   )铣削加工。

    A. 三面刃铣刀　　　B. 锯片铣刀　　　C. 立铣刀　　　　　D. 套式面铣刀

2. 键槽铣刀磨损后应修磨(   )。

    A. 刀尖　　　　　　B. 圆周刃　　　　C. 端面刃　　　　　D. 齿槽前面

3. 用机用虎钳装夹轴类工件铣削键槽，适用于(   )的轴类零件。

    A. 精度较低　　　　B. 成批生产　　　C. 精度较高　　　　D. 大量生产

4. 在机用虎钳上装夹轴类零件，当工件直径变化时，后一个工件的轴线位置会沿(   )方向变动。

    A. 45°　　　　　　B. 90°　　　　　C. 60°　　　　　　D. 30°

5. 在立式铣床上用 V 形块装夹轴类零件铣削键槽，当工件直径变化时会影响键槽的(   )。

    A. 长度　　　　　　B. 宽度　　　　　C. 对称度　　　　　D. 深度

6. 在铣削封闭式直角槽时，选用(   )，铣削加工前需预钻落刀孔。

    A. 键槽铣刀　　　　B. 立铣刀　　　　C. 盘形槽铣刀　　　D. 三面刃铣刀

7. 锯片铣刀和刀杆之间依靠(   )联接。

    A. 平键　　　　　　B. 内孔配合　　　C. 平面摩擦　　　　D. 螺纹

任务三　压　板　加　工

压板图纸如图 4-10 所示。

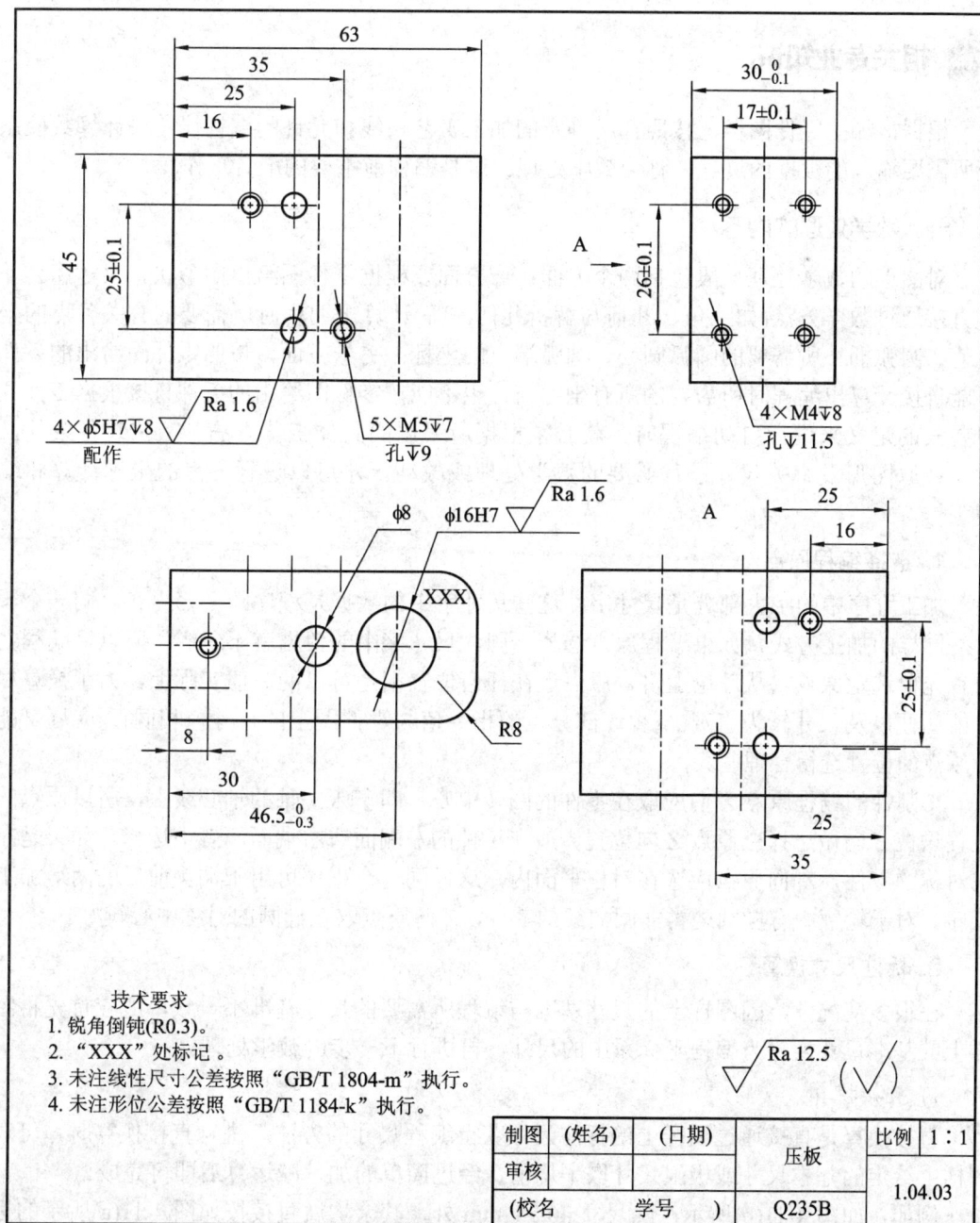

技术要求
1. 锐角倒钝(R0.3)。
2. "XXX"处标记。
3. 未注线性尺寸公差按照"GB/T 1804-m"执行。
4. 未注形位公差按照"GB/T 1184-k"执行。

$\sqrt{Ra\ 12.5}$ ($\sqrt{}$)

制图	(姓名)	(日期)	压板	比例	1:1
审核				1.04.03	
(校名　　学号　)			Q235B		

图 4-10　压板图纸

压板

刀具的材料

相关专业知识

根据被加工零件图样，按照已经确定的加工工艺路线和允许的编程误差，计算数控系统所需要输入的数据的过程，称为数学处理。这是编程前重要的准备工作。

一、数学处理的内容

对图形的数学处理一般包括两个方面：一方面要根据零件图给出的形状、尺寸和公差等直接通过数学方法(如三角、几何与解析几何法等)计算出编程时所需要的有关各点的坐标值、圆弧插补所需要的圆弧圆心、圆弧端点的坐标；另一方面，按照零件图给出的条件不能直接计算出编程时所需要的所有坐标值，也不能按零件图给出的条件直接根据工件几何要素的定义来进行自动编程时，就必须根据所采用的具体工艺方法、工艺装备条件，对零件原图形及有关尺寸进行必要的数学处理或改动，才可以进行各点的坐标计算和编程工作。

1. 选择编程原点

加工程序中的字大部分是尺寸字，这些尺寸字中的数据是程序的主要内容。同一个零件，同样的加工方式，如果编程原点选择不同，尺寸字中的数据就不一样，所以，编程之前首先要选定原点。从理论上讲，原点选在任何位置都是可以的。但实际上，为了换算尽可能简便以及尺寸较为直观(至少让部分点的指令值与零件图上的尺寸值相同)，应尽可能把原点的位置选得合理些。

车削件的编程原点 X 向应取在零件的回转中心，即车床主轴的轴心线上，所以原点的位置只在 Z 向做选择。原点 Z 向位置一般在工件的左端面或右端面两者中选择。如果是左右对称的零件，Z 向原点应选在对称平面内，这样同一个程序可用于调头前后的两道加工工序。对于轮廓中有椭圆之类非圆曲线的零件，Z 向原点取在椭圆的对称中心较好。

2. 标注尺寸换算

在很多情况下，因图样上的尺寸基准与编程所需要的尺寸基准不一致，故应首先将图样上的基准尺寸换算为编程坐标系中的尺寸，再进行下一步的数学处理。

1) 直接换算

直接换算是直接通过图样上的标注尺寸获得编程尺寸的方法。进行直接换算时，可对图样上给定的基本尺寸或极限尺寸取平均值，经过简单的加、减运算后即可完成。

例如，如图 4-11(b)所示，除尺寸 46.55 mm 外，其余均属直接按如图 4-11(a)所示的标注尺寸经换算后得到编程尺寸。其中，ϕ59.94 mm、ϕ20 mm 及 140.08 mm 3 个尺寸分别为取两极限尺寸平均值后得到的编程尺寸。

在取极限尺寸中值时，如果遇到三位小数(或更多位小数)的情况，基准孔按照"四舍五入"的方法处理，基准轴则将第三位进上一位。

2) 间接换算

间接换算是需要通过平面几何、三角函数等计算方法进行必要解算后，才能得到其编程尺寸的方法。

用间接换算方法所换算出来的尺寸，可以是直接编程时所需的基点坐标尺寸，也可以是为计算某些基点坐标值所需要的中间尺寸。

如图 4-11(b)中所示的尺寸 46.55 mm 就是间接换算后得到的编程尺寸。其计算方法如下：

在图 4-11(a)的直角三角形 ABC 中

$$\angle ACB = \frac{30°}{2} = 15°$$

$$AB = \frac{59.95 - 35}{2} = 12.47 \text{ mm}$$

因为

$$\tan \angle ACB = \frac{AB}{BC}$$

所以

$$BC = \frac{AB}{\tan \angle ACB} = \frac{12.47}{\tan 15°} = 46.55 \text{ mm}$$

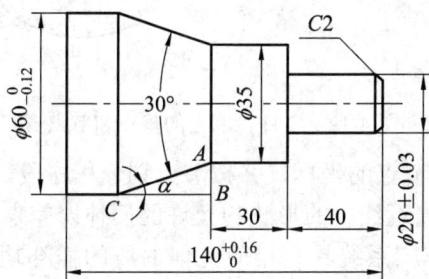

(a) 换算前尺寸

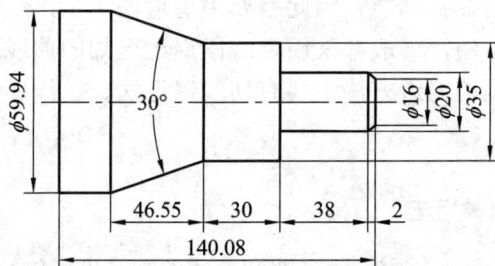

(b) 换算后尺寸

图 4-11 标注尺寸换算

3) 尺寸链解算

如果仅仅是为了得到其编程尺寸，只需按上述方法换算即可。但在数控加工中，除了需要准确地得到其编程尺寸外，还需要掌握控制某些重要尺寸的允许变动量，这就需要通过尺寸链解算才能得到。

3. 基点与节点

1) 基点

一个零件的轮廓曲线可能由许多不同的几何要素所组成，如直线、圆弧、二次曲线等。各几何要素之间的连接点称为基点。例如两条直线的交点、直线与圆弧的交点或切点、圆弧与二次曲线的交点或切点等。基点坐标是编程所需的重要数据，可以直接作为其运动轨迹的起点或终点，如图 4-12(a)所示，其中的 A、B、C、D、E、F 等即为基点。

2) 节点

当被加工零件轮廓形状与车床的插补功能不一致时，如在只有直线和圆弧插补功能的数控车床上加工椭圆、双曲线、抛物线、阿基米德螺旋线或用一系列坐标点表示的列表曲线时，就要用直线或圆弧逼近被加工曲线。这时，逼近线段与被加工曲线的交点就称为节点。如图 4-12(b)所示的曲线，当用直线逼近时，其交点 A、B、C、D 等即为节点。

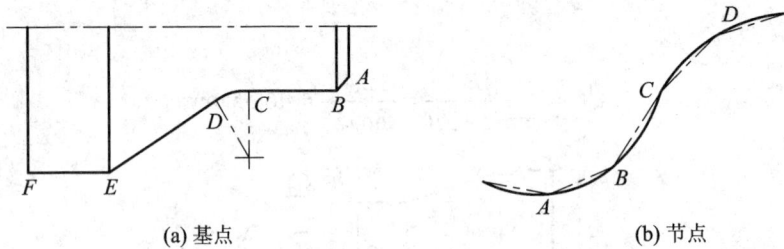

(a) 基点　　　　　　　　　　　　(b) 节点

图 4-12　零件轮廓上的基点和节点

在编程时，要计算出各节点的坐标，并按节点划分程序段。节点数目的多少，由被加工曲线的特性方程(形状)、逼近线段的形状和允许的插补误差来决定。

显然，当选用的数控车床系统具有相应几何曲线的插补功能时，编程中的数值计算是最简单的，只需求出基点坐标，而后按基点划分程序段就行了。但一般数控车床不具备二次曲线与列表曲线的插补功能，因此就要用逼近法加工，这就需要求出节点的数目及其坐标值。为了编程方便，一般都采用直线段逼近已知的曲线，这种方法称为直线逼近，或称线性插补。常用的逼近方法主要有切线逼近法、弦线逼近法、割线逼近法和圆弧逼近法等。

二、坐标值常用的计算方法

在手工编程的数值计算工作中，除了非圆曲线的节点坐标值需要进行较复杂和繁琐的几何计算及其误差的分析计算外，其余各种计算均比较简单，通常借助具有三角函数运算功能的计算器即可进行；所需数学基础知识也仅仅为代数、三角函数、平面几何、平面解析几何中较简单的内容。

课内作业

根据本任务图纸和内容填写"机械加工工序卡片"。

浙江机电职业技术学院	机械加工工序卡片	产品型号	1.00.00	零件图号		总页	第 页	材料牌号	
		产品名称	手动压力机	零件名称		共 页	第 页		
				车间	工序号	工序名称		每台件数	同时加工件数
				毛坯种类	毛坯外形尺寸				
				设备名称	设备型号	设备编号			切削液
				夹具编号	夹具名称				
				工位器具编号	工位器具名称			工序工时：准终／单件	
工步号	工步内容		工艺设备		主轴转速 r/min	切削速度 m/min	进给量 mm/r	切削深度 mm	进给次数
									工步工时：机动／辅助
				设计（日期）	审核（日期）	标准化（日期）	会签（日期）		
描图									
描校									
底图号									
装订号	标记	处数	更改文件号	签字	日期	标记	处数	更改文件号	签字	日期

📐 课外作业

一、判断题

1. 乳化液的比热容小，黏度小，流动性好，主要起润滑作用。（   ）

2. 垂直于基面的平面叫切削平面。（   ）

3. 麻花钻两主切削刃成凸形刃时，说明顶角大于118°。（   ）

4. 车外圆时，若车刀刀杆的中心线与进给量方向不垂直，这时车刀的前角和后角的数值都发生了变化。（   ）

5. 铰孔结束后，铰刀最好从孔的另一端取下，不要从孔中退出来，更不允许工件倒转退出。（   ）

6. 为了套螺纹时省力，工件外径应车到接近螺纹大径的上极限偏差。（   ）

7. 对于长度较长、锥度较小的圆锥孔工件，可采用偏移尾座的切削方法。（   ）

二、选择题

1. 在螺钉头部铣削窄槽，工效最高的装夹设备是（   ）。

    A. 特制螺母　　　　B. 对开螺母　　　　C. 带硬橡胶的V形钳口　　　D. V形钳口

2. 在批量生产中，检验键槽宽度是否合格，通常应选用（   ）检验。

    A. 塞规　　　　　　B. 游标卡尺　　　　C. 内径千分尺　　　　D. 指示表与量块

3. 轴上封闭键槽的深度有多种标注方法，用游标卡尺可直接测量获得的槽深是以（   ）为基准标注的。

    A. 上素线　　　　　B. 轴线　　　　　　C. 下素线　　　　　　D. 其他基准面

4. 在标准平板上用指示表测量键槽对称度时，键槽的侧面应与测量基准平面（   ）。

    A. 垂直　　　　　　B. 倾斜　　　　　　C. 平行　　　　　　D. 对称

5. 燕尾槽的宽度通常用（   ）测量。

    A. 内径千分尺　　　　　　　　　B. 样板比较

    C. 标准圆棒和量具配合　　　　　D. 示表与量块

6. 半圆键槽的深度一般（   ）测量。

    A. 用指示表　　　　B. 借助键块与量具　　　C. 用千分尺　　　D. 用游标卡尺

7. T形槽精度较高的平面是（   ）。

    A. T形底槽两侧面　　　　　　　　B. T形底槽上下平行面

    C. 直角槽两侧面　　　　　　　　D. T形槽角斜面

任务四 压力杆加工

压力杆图纸如图 4-13 所示。

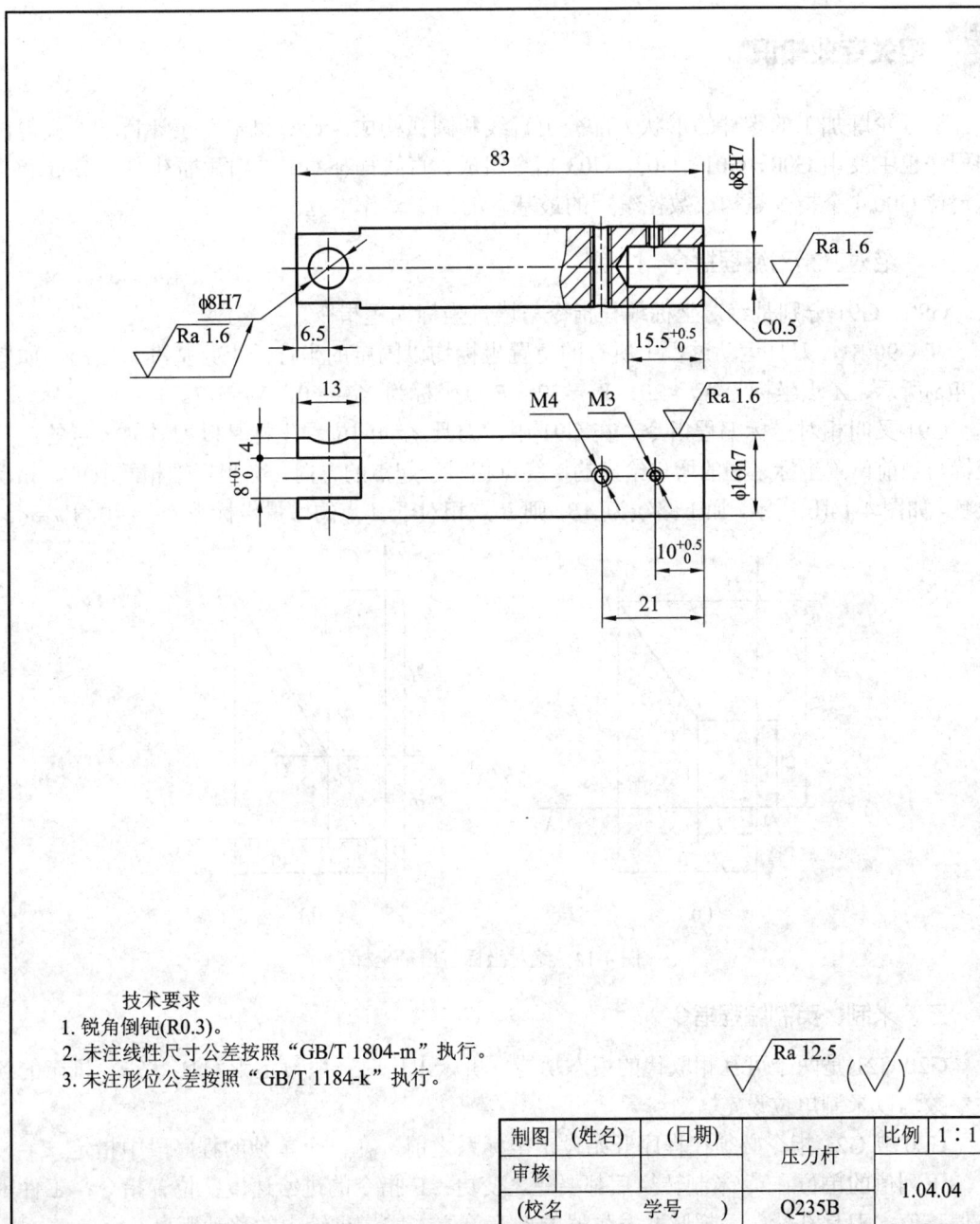

技术要求
1. 锐角倒钝(R0.3)。
2. 未注线性尺寸公差按照"GB/T 1804-m"执行。
3. 未注形位公差按照"GB/T 1184-k"执行。

$\sqrt{Ra\ 12.5}\left(\sqrt{}\right)$

制图	(姓名)	(日期)	压力杆	比例	1:1
审核					1.04.04
(校名	学号	)	Q235B		

图 4-13 压力杆图纸

压力杆

导轨直线度

◆ 相关专业知识

进行轮廓加工的零件的形状大部分由直线和圆弧构成。计算机辅助设计自动编程得出的程序也主要由 G00、G01、G02、G03 指令组成。直线插补 G01、圆弧插补 G02/G03 和快速定位 G00 4 个指令是构成数控编程的最基本的加工动作单元。

一、绝对、相对编程指令

G90、G91 分别是绝对坐标编程指令与增量坐标编程指令。

在 G90 中，刀具运动过程中所有的位置坐标均以固定的坐标原点为基准来给出，如图 4-14(a)所示，A 点坐标为 $X_A = 20$，$Y_A = 32$；B 点坐标为 $X_B = 60$，$Y_B = 77$。

G91 又叫相对坐标编程指令。在 G91 中，刀具运动的位置坐标是以刀具前一点的位置坐标与当前位置坐标之间的增量给出的，终点相对于起点的方向，与坐标轴相同取正，相反取负，如图 4-14(b)所示，加工路线为 AB，则 B 点相对于 A 点的增量坐标为 $U_B = 40$，$V_B = 45$。

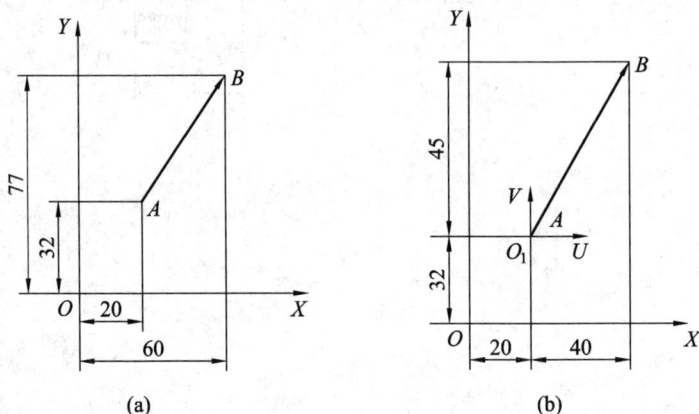

(a)　　　　　　(b)

图 4-14　绝对坐标与增量坐标

二、米制、英制编程指令

G20/G21 是两个可互相取代的模态功能，机床出厂时一般设定为 G21 状态，机床的各项参数均以米制单位设定。

G20 或 G21 指令必须在程序开始设定坐标系之前，在一个单独的程序段中指定。

下列值的单位在英/米制转换后都要随之变更：F 指令的进给速度；位置指令；工件零点偏移值；刀具补偿；手摇脉冲发生器的刻度单位；增量进给中的移动距离。

注意：

(1) 在程序执行时，绝对不能切换 G20 和 G21。

(2) 当英制输入(G20)转换为米制输入(G21)以及相反转换时，刀具补偿值必须根据最小输入增量单位重新设置。

三、快速定位指令

G00 指令是在工件坐标系中以快速移动速度移动刀具到达由绝对或增量指令指定的位置。在绝对指令中，用终点坐标值编程；在增量指令中，用刀具移动的距离编程。

指令格式为

　　　G00　　　X(U)＿＿＿＿＿＿　　Z(W)＿＿＿＿＿＿＿　；

说明：

(1) G00 指令一般用于加工前快速定位或加工后快速退刀。G00 指令可使刀具相对于工件以各轴预先设定的速度，从当前位置快速移动到程序段指令的定位目标点。

(2) G00 指令中的快移速度由机床参数"快移进给速度"对各轴分别设定，所以快速移动速度不能在地址 F 中规定，快移速度可由面板上的快速修调按钮修正。用机床操作面板上的开关选择快速移动速度的倍率，分别为 0%、25%、50%、100%。

(3) 在执行 G00 指令时，由于各轴以各自的速度移动，不能保证各轴同时到达终点，因此联动直线轴的合成轨迹不一定是直线，操作者必须格外小心，以免刀具与工件发生碰撞。常见的 G00 运动轨迹如图 4-15 所示，从 A 点到 B 点有以下两种方式：直线 AB、折线 AEB。折线的起始角是固定的(如 22.5° 或 45°)，它取决于各坐标的脉冲当量。

G00 为模态功能，可由 G01、G02、G03 等功能注销。目标点位置坐标可以用绝对值，也可用相对值，甚至可以混用。如果目标点与起点有一个坐标值没有变化，此坐标值可以省略。例如，如图 4-16 所示，需将刀具从起点 S 快速定位到目标点 P，其编程方法如表 4-1 所示。

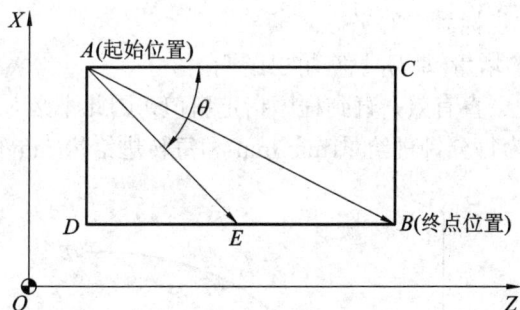

图 4-15　G00 运动轨迹

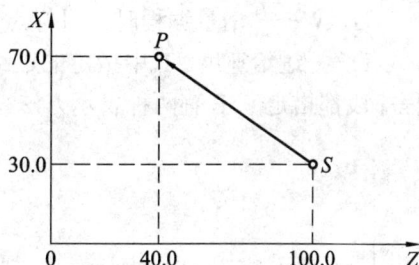

图 4-16　绝对、相对、混合编程实例

表 4-1　绝对、相对、混合编程方法

编程方法	G代码	X值	Y值
绝对编程(G90)	G00	X70	Z40
相对编程(G91)	G00	U40	W－60
混合编程	G00	U40	Z40
	G00	X70	W－60

如图 4-17 所示，刀尖从换刀点(刀具起点)*A* 快进到 *B* 点，准备车外圆，其 G00 的程序段为：

绝对坐标方式程序段：

    G00 X22 Z2；

增量坐标方式程序段：

    G00 U–28 W–23；

四、直线定位指令

在数控车床的运动控制中，工作台(刀具)*X*、*Y*、*Z* 轴的最小移动单位是一个脉冲当量。因此，刀具的运动轨迹是由极小台阶所组成的折线(数据点密化)，如图

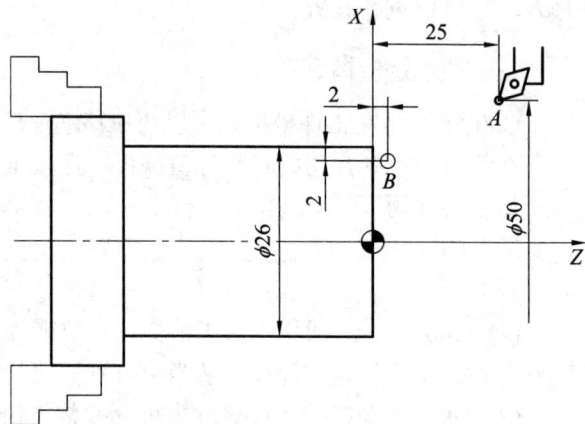

图 4-17　G00 指令编程示例

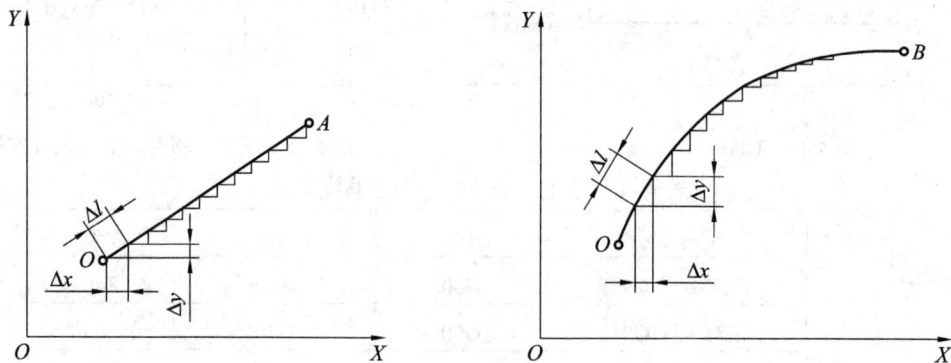

4-18 所示。例如，用数控车床加工直线 *OA*，刀具是沿 *X* 轴移动一步或几步(一个或几个脉冲当量 Δ*x*)，再沿 *Y* 轴方向移动一步或几步(一个或几个脉冲当量 Δ*y*)，直至到达目标点，从而合成所需的运动轨迹(直线或曲线)。数控系统根据给定的直线、圆弧(曲线)函数，在理想的轨迹上的已知点之间进行数据点密化，确定一些中间点的方法称插补。

G01 指令用于刀具直线插补运动。

功能：G01 指令使刀具以一定的进给速度，从所在点出发，直线移动到目标点。

指令格式为

    G01　　X(U)_____Z(W)_____F_____；

式中，X、Z——绝对编程时，目标点在工件坐标系中的坐标；

    U、W——增量编程时，目标点坐标的增量(即刀具移动的距离)；

    F——进给速度。F 中指定的进给速度一直有效，直到程序指定新值，因此不必对每个程序段都指定 F。F 有两种表示方法，分别为每分钟进给量(mm/min)和每转进给量(mm/r)。

图 4-18　插补原理

课内作业

根据本任务图纸和内容填写"机械加工工序卡片"。

浙江机电职业技术学院	机械加工工序卡片	产品型号	1.00.00	零件图号		总页	第　页
		产品名称	手动压力机	零件名称		共页	第　页

车间	工序号	工序名称	材料牌号
毛坯种类	毛坯外形尺寸		每台件数
设备名称	设备型号	设备编号	同时加工件数
夹具编号	夹具名称		切削液
工位器具编号	工位器具名称		工序工时 准终 单件

工步号	工步内容	工艺设备	主轴转速 r/min	切削速度 m/min	进给量 mm/r	切削深度 mm	进给次数	工步工时 机动 辅助

设计(日期)　审核(日期)　标准化(日期)　会签(日期)

描图　描校　底图号　装订号

标记	处数	更改文件号	签字	日期	标记	处数	更改文件号	签字	日期

课外作业

一、判断题

1. 乳化液是将切削油用 15～20 倍的水稀释而成的。（   ）

2. 基面是通过切削刃上某一选定点且垂直于该点切削速度方向的平面。（   ）

3. 麻花钻的后角增大时，横刃斜角减小，钻削时切削力减小。（   ）

4. 为避免产生振动，要求车刀伸出长度要尽量短，一般不应该超过刀杆厚度的 1～1.5 倍。（   ）

5. 螺纹既可用于联接、紧固及调节，又可用于传递动力或改变运动形式。（   ）

6. 套钢件三角形螺纹时，切削速度一般应大于 40 m/min，以提高齿面表面粗糙度值。（   ）

7. 偏移尾座的具体车削方法是把尾座水平偏移一个 s 值，使得装夹在前、后顶尖的工件轴线与车床主轴轴线成一个夹角，即锥体的圆锥半角。（   ）

二、选择题

1. 当台阶的尺寸较大时，为提高生产效率与加工精度，应在(   )铣削加工。
   A. 立铣上用面铣刀   B. 卧铣上用三面刃铣刀
   C. 立铣上用键槽铣刀   D. 卧铣上用盘形槽铣刀

2. 在万能卧式铣床上用盘形铣刀铣削台阶时，台阶两侧面上窄下宽，呈凹圆弧面，这种现象是由(   )引起的。
   A. 铣刀刀尖有圆弧   B. 工件定位不正确
   C. 工作台零位未对准   D. 铣刀直径较大

3. 在立铣上用立铣刀铣削台阶，若兼用纵、横向进给，底面接刀不平整的主要原因是(   )。
   A. 铣刀转速偏高   B. 进给量偏大
   C. 立铣头与工作台面不垂直   D. 铣刀圆柱度较差

4. 在万能卧式铣床上用三面刃铣刀铣削直角沟槽，若工作台零位未对准，铣出的直角沟槽会(   )。
   A. 上宽下窄   B. 上窄下宽
   C. 中间宽两端窄   D. 中间窄两端宽

5. 在万能卧式铣床上用三面刃铣刀铣削直角沟槽时，若铣出的直角沟槽两侧面不平行，主要原因是(   )。
   A. 铣刀转速偏高   B. 进给量偏大
   C. 工作台零位未对准   D. 铣刀刀尖圆弧较大

任务五 推 杆 加 工

推杆图纸如图 4-19 所示。

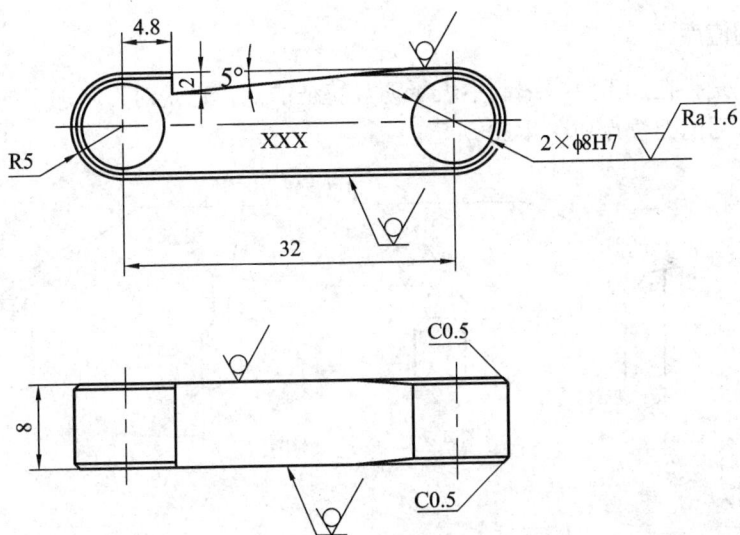

技术要求
1. 锐角倒钝(R0.3)。
2. "XXX"处标记。
3. 未注线性尺寸公差按照"GB/T 1804-m"执行。
4. 未注形位公差按照"GB/T 1184-k"执行。

制图	(姓名)	(日期)	推杆	比例	2∶1
审核					1.04.05
(校名	学号	)	Q235B		

图 4-19 推杆图纸

◆ 相关专业知识

数控车削加工中，应首先确定零件的加工原点，以建立准确的加工坐标系，同时考虑刀具的不同尺寸对加工的影响。这些都需要通过对刀来解决。

对刀是数控加工中比较复杂的工艺准备工作之一。对刀的精度将直接影响到加工程序的编制及零件的尺寸精度。通过对刀或刀具预调，还可同时测定各号刀的刀位偏差，有利于设定刀具补偿量。

推杆

一、刀位点

刀位点是指在加工程序编制中表示刀具特征的点，也是对刀和加工的基准点。对于车刀，各类车刀的刀位点如图 4-20 所示。

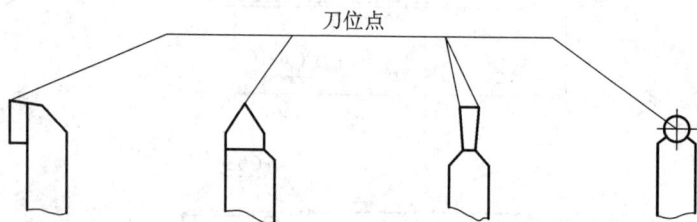

图 4-20   各类车刀的刀位点

二、对刀

对刀是数控加工中的主要操作，在加工程序执行前，调整每把刀的刀位点，使其尽量重合于某一理想基准点，这一过程称为对刀。理想基准点可以设定在刀具上，如基准刀的刀尖上；也可以设定在刀具外，如光学对刀镜内的十字刻线交点上。对刀的方法主要有以下几种。

1. 一般对刀(手动对刀)

一般对刀是指在机床上使用相对位置检测手动对刀。手动对刀是基本对刀方法，但它还是没跳出传统车床的"试切→测量→调整"的对刀模式，占用较多在机床上的时间。目前大多数经济型数控车床采用手动对刀，其基本方法有以下几种。

1) 定位对刀法

定位对刀法的实质是按接触式设定基准重合原理而进行的一种粗定位对刀方法，其定位基准由预设的对刀基准点来体现。该方法简便易行，因而得到较广泛的应用，但其对刀精度受到操作者技术熟练程度的影响，一般情况下其精度都不高，还须在加工或试切中修正。

2) 光学对刀法

光学对刀法是一种按非接触式设定基准重合原理而进行的对刀方法，其定位基准通常由光学显微镜(或投影放大镜)上的十字基准刻线交点来体现。这种对刀方法比定位对刀法的对刀精度高，并且不会损坏刀尖，是一种推广采用的方法。

3) 试切对刀法

在以上两种手动对刀方法中，均可能因受到手动和目测等多种误差的影响而导致对刀精度十分有限，往往还需要通过试切对刀，来得到更加准确和可靠的结果。

2. 精确对刀

1) 机外对刀仪对刀

机外对刀仪对刀的本质是测量出刀具假想刀尖点到刀具台基准之间 X 及 Z 方向的距离。利用机外对刀仪将刀具预先在机床外校对好，以便装上机床后将对刀长度输入相应刀具补偿号即可以使用，如图 4-21 所示。

图 4-21 机外对刀仪对刀

2) 自动对刀

自动对刀是通过刀尖检测系统实现的，刀尖以设定的速度向接触式传感器接近，当刀尖与传感器接触并发出信号时，数控系统立即记下该瞬间的坐标值，并自动修正刀具补偿值。自动对刀过程如图 4-22 所示。

三、对刀点和换刀点的位置确定

1. 对刀点的位置确定

对刀点是指用以确定工件坐标系相对于机床坐标系之间关系，并与对刀基准点相重合的位置。

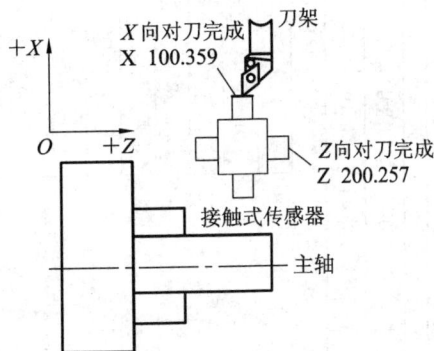

图 4-22 自动对刀过程

在编制加工程序时，其程序原点通常设定在对刀点位置。在一般情况下，对刀点既是加工程序执行的起点，也是加工程序执行后的终点，该点的位置可由 G00、G50 等指令设定。

对刀点位置的选择一般遵循下面的原则。

(1) 尽量使加工程序的编制工作简单、方便。

(2) 便于用常规量具在车床上进行测量，便于工件装夹。

(3) 该点的对刀误差较小，或可能引起的加工误差为最小。

(4) 尽量使加工程序中的引入(或返回)路线短，并便于换(转)刀。

(5) 应选择在与车床约定机械间隙状态(消除或保持最大间隙方向)相适应的位置，避免在执行其自动补偿时造成"反向补偿"。

2. 换刀点的位置确定

换刀点是指在编制数控车床多刀加工的加工程序时，相对于车床固定原点而设置的一个自动换刀的位置。

换刀点的位置可设定在程序原点、车床固定原点或浮动原点上，其具体的位置应根据工序内容而定。为了防止换刀时碰撞到被加工零件或夹具、尾座而发生事故，除特殊情况外，其换刀点几乎都设置在被加工零件的外面，并留有一定的安全区。

课内作业

根据本任务图纸和内容填写"机械加工工序卡片"。

浙江机电职业技术学院	机械加工工序卡片	产品型号	1.00.00	零件图号		总　页	共　页	第　页	第　页
		产品名称	手动压力机	零件名称		材料牌号			
				车间	工序号	工序名称	材料牌号		
				毛坯种类	毛坯外形尺寸		每台件数		
				设备名称	设备型号	设备编号	同时加工件数		
				夹具编号	夹具名称		切削液		
				工位器具编号	工位器具名称		工序工时 准终 单件		
							工步工时 机动 辅助		

工步号	工步内容	工艺设备	主轴转速 r/min	切削速度 m/min	进给量 mm/r	切削深度 mm	进给次数	工步工时 机动 辅助	

		设计(日期)	审核(日期)	标准化(日期)	会签(日期)
标记	处数	更改文件号	签字	日期	标记 处数 更改文件号 签字 日期

描图

描校

底图号

装订号

课外作业

一、判断题

1. 乳化液主要用来减少切削过程中的摩擦并降低切削温度。（　　）

2. 车刀的基本角度有前角、主后角、副后角、主偏角、副偏角和刃倾角。（　　）

3. 刃磨麻花钻时，应随时冷却，以防止钻头刃口发热退火，降低硬度。（　　）

4. 切削热主要由切屑、零件、刀具及周围介质传导出来。（　　）

5. 牙型半角是指在螺纹牙型上，两相邻牙侧间的交角。（　　）

6. 丝锥的工作部分由切削锥与校准部分组成，校准部分有完整齿形，用以控制螺纹尺寸参数。（　　）

7. 采用偏移尾座法车削圆锥时，偏移量 s 的计算公式是 $s = (D - d)/L * L_0$。（　　）

二、选择题

1. 若在立铣上铣出的轴上键槽槽底与工件轴线不平行，原因是（　　）。

　　A. 工件轴线与工作台面不平行　　　　B. 工件端面与进给方向不平行

　　C. 工件侧素线与进给方向不平行　　　D. 工件轴线与机床主轴不平行

2. 在机用虎钳上换装固定钳口为 V 形钳口装夹轴类工件，若工件直径有变化，会影响键槽（　　）。

　　A. 宽度　　　　　　B. 长度　　　　　　C. 对称度　　　　　　D. 轴向位置

3. 用于安装直柄键槽铣刀的弹性套，具有 3 条弹性槽，使弹性套具有类似于（　　）的作用。

　　A. 机用虎钳　　　B. 压板　　　　　　C. 自定心卡盘　　　　D. 过渡套

4. 安装键槽铣刀后，找正铣刀与主轴同轴度的目的是保证键槽（　　）。

　　A. 宽度　　　　　　B. 深度　　　　　　C. 对称度　　　　　　D. 长度

5. 用键槽铣刀在轴类零件上用切痕对刀法对刀，切痕的形状是（　　）。

　　A. 椭圆形　　　　　B. 圆形　　　　　　C. 矩形　　　　　　　D. 月牙形

6. 用键槽铣刀在轴类零件上用切痕对刀法对刀，切痕的形状是矩形，对刀的浅痕是（　　）。

　　A. 椭圆形　　　　　B. 圆形　　　　　　C. 矩形　　　　　　　D. 月牙形

7. 在卧式铣床上切断工件，切断面垂直度超差的原因之一是（　　）。

　　A. 工件微量抬起　　　　　　　　　　B. 对刀尺寸不准

　　C. 铣刀转速偏高　　　　　　　　　　D. 进给量较小

任务六　压力叉加工

压力叉图纸如图 4-23 所示。

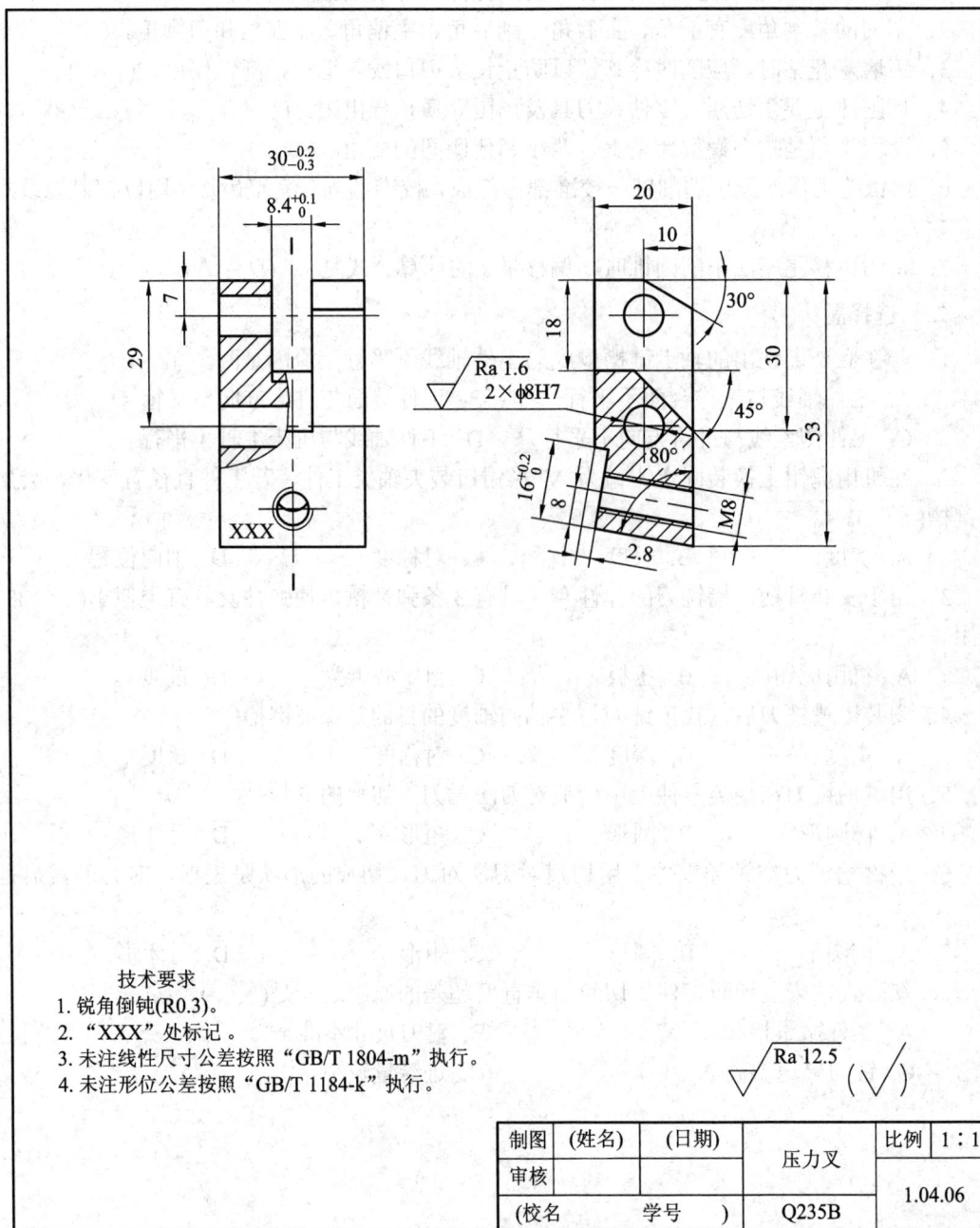

技术要求
1. 锐角倒钝(R0.3)。
2. "XXX"处标记 。
3. 未注线性尺寸公差按照"GB/T 1804-m"执行。
4. 未注形位公差按照"GB/T 1184-k"执行。

制图	(姓名)	(日期)	压力叉	比例	1:1
审核					1.04.06
(校名	学号	)	Q235B		

图 4-23　压力叉图纸

压力叉　　　　　　　　　　　　三远点法测平面度

◆ 相关专业知识

一、Z 轴偏置量的设定

(1) 旋转主轴步骤：按［MDI］键→按［PROG］键→从键盘输入"M03 S300；"→按［循环启动］键，则主轴开始旋转。

(2) 以切削工件右端面为例，用手动方式把刀具移至如图 4-24 所示的位置。

图 4-24　Z 轴偏置量的设定

(3) 仅仅在 X 轴方向上退刀，不要移动 Z 轴，并停止主轴旋转。

(4) 依次按功能键［OFFSET SETING］→软键［刀补］（［OFFSET］)→软键［形状］（［GEOMETRY］），则显示如图 4-25 所示的刀具补偿界面。

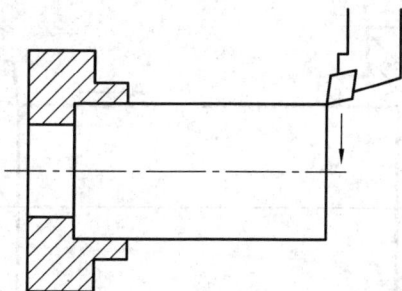

OFFSET/GEOMETRY			O0001 N00000	
NO.	X	Z.	R	T
G 001	0.000	1.000	0.000	0
G 002	1.486	−49.561	0.000	0
G 003	1.486	−49.561	0.000	0
G 004	1.486	0.000	0.000	0
G 005	1.486	−49.561	0.000	0
G 006	1.486	−49.561	0.000	0
G 007	1.486	−49.561	0.000	0
G 008	1.486	−49.561	0.000	0
ACTUAL POSITION (RELATIVE)				
U	101.000		W	202.094

>MZ120._

MDI **** *** *** 16：05：59

[NO.SRH] [MEASUR] [INP.C.] [+INPUT] [INPUT]

图 4-25　刀具补偿界面

(5) 用翻页键和光标键移动光标，将光标移动至欲设定刀号的 Z 偏置号处。

(6) 按地址键 Z 及数字 0。

(7) 按软键［测量］(［MESURE］)，则系统会将当前测量值与编程的坐标值之间的差值作为偏置量设入指定的刀偏号。

(8) 如需直接设定补偿值，可将需要设定的补偿值输入并按下软键［输入］(［INPUT］)，则输入值替换原有值。如需改变已设定的补偿值，将新补偿值与原补偿值之差输入并按下软键［+INPUT］就可实现(若二者之差为负，则需将新补偿值设为负值)。

二、X 轴偏置量的设定

(1) 按与 Z 轴偏置量的设定步骤(1)相同的操作让主轴开始旋转。

(2) 以切削工件外圆表面为例，用手动方式把刀具移至如图 4-26 所示的位置。

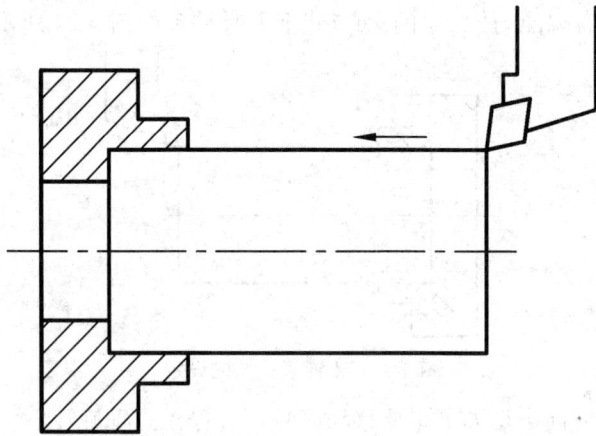

图 4-26　X 轴偏置量的设定

(3) 仅仅在 Z 轴方向上退刀，不要移动 X 轴，并停止主轴旋转。

(4) 测量工件外圆表面的直径。

(5) 依次按功能键［OFFSET SETING］→软键［刀补］(［OFFSET］)→软键［形状］(［GEOMETRY］)，则显示如图 4-25 所示的刀具补偿界面。

(6) 用翻页键和光标键移动光标，将光标移动至欲设定刀号的 X 偏置号处。

(7) 按地址键 X 及步骤(4)所测量的外圆表面的直径数值。

(8) 按软键［测量］(［MESURE］)，则系统会将当前测量值与编程的坐标值之间的差值作为偏置量设入指定的刀偏号。

三、刀具磨损补偿设定

(1) 依次按功能键［OFFSET SETING］→软键［刀补］(［OFFSET］)→软键［磨损］(［WEAR］)，则显示如图 4-27 所示的刀具磨损补偿界面。

(2) 用翻页键和光标键移动光标，将光标移动至欲设定刀具磨损补偿的偏置号处，输入需要设定的补偿值并按下软键［+INPUT］就可实现。

```
OFFSET/WEAR                                    O0001 N00000
      NO.           X            Z.            R          T
  W 001         0.000          1.000        0.000        0
  W 002         1.486        −49.561        0.000        0
  W 003         1.486        −49.561        0.000        0
  W 004         1.486          0.000        0.000        0
  W 005         1.486        −49.561        0.000        0
  W 006         1.486        −49.561        0.000        0
  W 007         1.486        −49.561        0.000        0
  W 008         1.486        −49.561        0.000        0
  ACTUAL POSITION (RELATIVE)
      U      101.000               W      202.094


  >  _

  MDI **** *** ***        16：05：59
  [ WEAR  ] [ GEOM  ] [ WORK  ] [          ] [ (OPRT) ]
```

图 4-27　刀具磨损补偿界面

四、检验对刀的正确性

1. 检验 Z 方向对刀的正确性

(1) 在[手摇]方式下将刀具在 X 方向摇离工件一段距离；

(2) 切换至[MDI]方式，从键盘输入 "T0101；G00 Z0；"；

(3) 按[循环启动]键；

(4) 切换至[手摇]方式，保持 Z 方向不变，在 X 方向摇刀具接近工件，观察刀尖是否在端面。

2. 检验 X 方向对刀的正确性

(1) 在[手摇]方式下将刀具在 Z 方向摇离工件一段距离；

(2) 切换至[MDI]方式，从键盘输入 "T0101；G00 X0；"；

(3) 按[循环启动]键；

(4) 切换至[手摇]方式，保持 X 方向不变，在 Z 方向摇刀具接近工件，观察刀尖是否在工件回转中心。

课内作业

根据本任务图纸和内容填写"机械加工工序卡片"。

浙江机电职业技术学院	机械加工工序卡片	产品型号	1.00.00	零件图号		总 页	共 页	第 页	第 页
		产品名称	手动压力机	零件名称					

车间	工序号	工序名称	材料牌号

毛坯种类	毛坯外形尺寸	每台件数

设备名称	设备型号	设备编号	同时加工件数

夹具编号	夹具名称		切削液

工位器具编号	工位器具名称		工序工时	
			准终	单件

工步号	工步内容	工艺设备	主轴转速 r/min	切削速度 m/min	进给量 mm/r	切削深度 mm	进给次数	工步工时	
								机动	辅助

			设计(日期)	审核(日期)	标准化(日期)	会签(日期)

描图						
描校						
底图号						
装订号						
	标记	处数	更改文件号	签字	日期	
	标记	处数	更改文件号	签字	日期	

课外作业

一、判断题

1. 使用硬质合金刀具切削时，如用切削液，必须一开始就连续充分地浇注，否则硬质合金刀片会因骤冷而产生裂纹。（　　）

2. 用负刃倾角车刀切削时，切屑排向工件待加工表面。（　　）

3. 修磨麻花钻横刃包括修短横刃和改善横刃前角。（　　）

4. 切断刀以横向进给为主，因此主偏角等于180°。（　　）

5. 与外螺纹牙顶或内螺纹牙顶相切的假想圆柱或圆锥的直径称为螺纹大径。（　　）

6. 攻螺纹前的底孔直径大，会引起丝锥折断。（　　）

7. 应用锥度量棒或样件控制尾座偏移量时，所用的量棒或样件的总长度应等于被车削工件的长度。（　　）

二、选择题

1. 采用较大直径锯片铣刀时，安装带孔夹板的目的是增加铣刀（　　）。
   A. 刚度　　　　　　B. 惯性　　　　　　C. 硬度　　　　　　D. 厚度

2. 锯片铣刀切断薄板类零件时，采用顺铣的目的是（　　）。
   A. 降低铣削功率　　　　　　B. 加快加工速度
   C. 减少薄板变形　　　　　　D. 提高尺寸精度

3. 选择半圆键槽铣刀时，其直径应（　　）半圆键的直径。
   A. 略小于　　　　　B. 等于　　　　　　C. 略大于　　　　　D. 约等于

4. 半圆键槽铣削过程中，铣削量（　　）。
   A. 保持不变　　　　B. 逐渐增大　　　　C. 逐渐减小　　　　D. 先减小后增大

5. 半圆键槽的深度借助键块测量，键块的直径与厚度应（　　）铣刀直径，（　　）铣刀厚度。
   A. 小于，小于　　　B. 等于，小于　　　C. 大于，小于　　　D. 大于，大于

6. 铣削 T 形槽时，加工顺序为（　　）。
   A. 直角槽、底槽、倒角　　　　　　B. 底槽、直角槽、倒角
   C. 倒角、底槽、直角槽　　　　　　D. 底槽、倒角、直角槽

任务七　弹簧支架加工

弹簧支架图纸如图 4-28 所示。

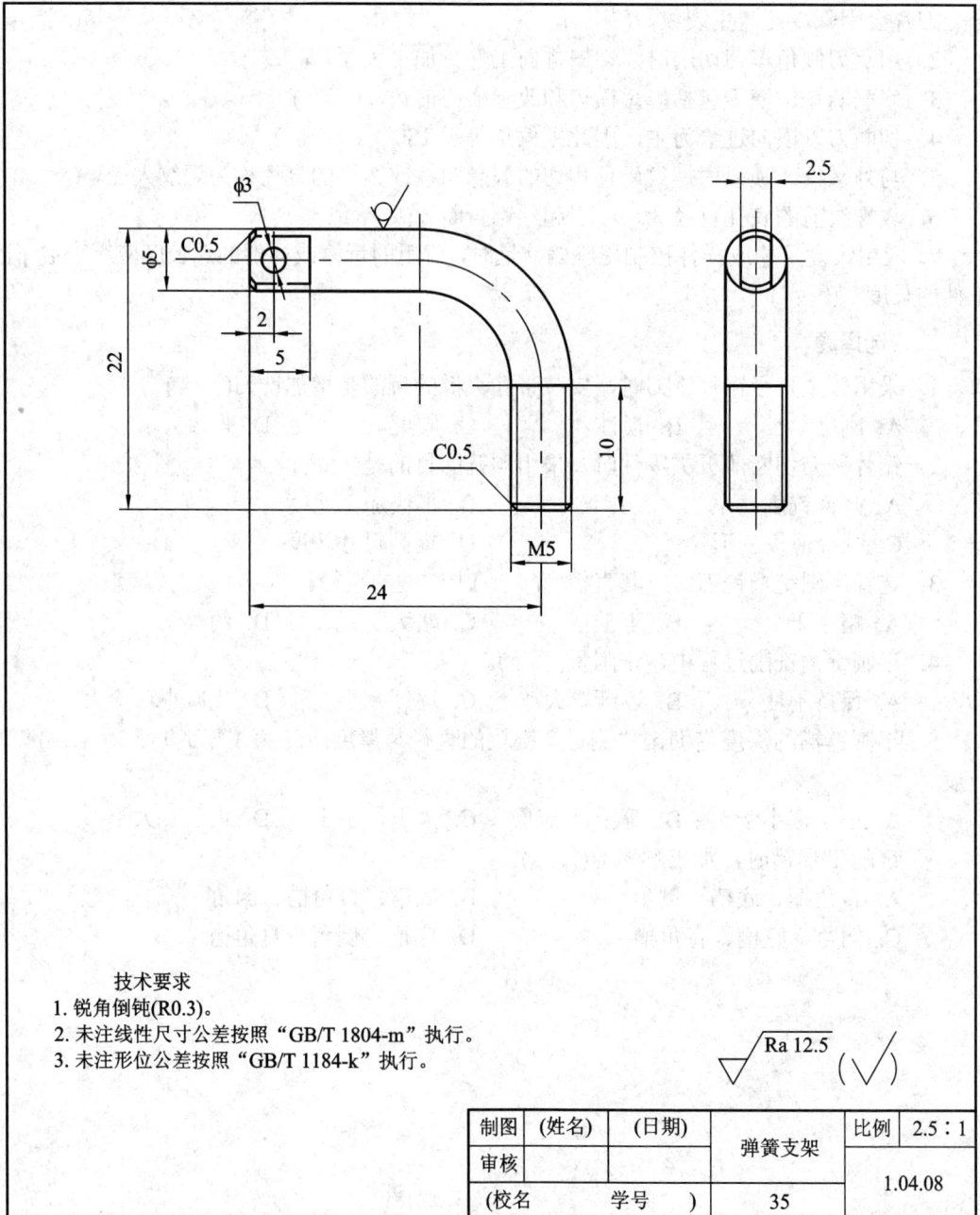

技术要求
1. 锐角倒钝(R0.3)。
2. 未注线性尺寸公差按照"GB/T 1804-m"执行。
3. 未注形位公差按照"GB/T 1184-k"执行。

$\sqrt{Ra\ 12.5}$ $\left(\sqrt{\ }\right)$

制图	(姓名)	(日期)	弹簧支架	比例	2.5：1
审核					1.04.08
(校名	学号)		35		

图 4-28　弹簧支架图纸

弹簧支架　　渐开线齿轮的公差与配合　　公差原则1　　公差原则2

相关专业知识

一、程序的组成

由于每种数控车床的控制系统不同，结合车床的本身特点及编程的需要，都有一定的程序格式。因此，编程人员必须严格按照车床说明书的规定格式进行编程。

一个完整的程序，一般由程序号、程序内容和程序结束3部分组成。例如：

程序号　　　　O0100；

程序内容　　　N10 G00 X100 Z100；

　　　　　　　N20 M03 S500；

　　　　　　　N30 T0101；

　　　　　　　N40 G00 X20 Z2；

　　　　　　　...

　　　　　　　N100 G00 Z100；

程序结束　　　N110 M30；

上面的程序中，O0100表示加工程序号，N10～N100程序段是程序内容，N110程序段表示程序结束。

1. 程序号

程序号是程序的开始部分，每个独立的程序都要有一个自己的程序编号，在编号前采用程序编号地址码。FANUC系列数控系统中，程序编号地址是用英文字母"O"表示；SIEMENS系列数控系统中，程序编号地址是用符号"%"表示。

2. 程序内容

程序内容包含加工前车床状态要求和刀具加工零件时的运动轨迹。

1) 加工前车床状态要求

该部分一般由程序前面几个程序段组成，通过执行该部分的程序，完成指定刀具的安装、刀具参数补偿、旋转方向及进给速度设置，以什么方式、什么位置切入工件等一系列刀具切入工件前的车床状态的切削准备工作。

2) 刀具加工零件时的运动轨迹

该部分用若干程序段描述被加工工件表面的几何轮廓，完成被加工工件表面轮廓的切削加工。

3. 程序结束

该部分的程序内容是当刀具完成对工件的切削加工后，刀具以什么方式退出切削，退出切削后刀具停留在何处，车床处在什么状态等，并以M02或M30结束整个程序。

二、程序段格式

在上面介绍中，每一行程序即为一个程序段。程序段中包含：程序刀具指令、车床状态指令、车床坐标轴运动方向(即刀具运动轨迹)指令等各种信息代码。不同的数控系统往往有不同的程序段格式。数控车床的程序段格式为字地址可变程序段格式。

字地址可变程序段格式如下：

N　　　G　　　<u>X Y Z</u>　　　<u>F S T</u>　　　M
程序段号　准备功能　运动坐标　工艺性指令　辅助功能

可见，每个程序段的开头是程序段的序号，以字母 N 和 4 位(有的数控系统不用 4 位)数字表示；接着是准备功能指令，由 G 和两位数字组成；再接着是运动坐标；在工艺性指令中，F 指令为进给速度，S 指令为主轴转速，T 指令为刀具号；M 为辅助功能指令；还可以有其他的附加指令。

程序段通常具有以下特点：

1. 程序段长度可变

例如：

N1 G17 T1；

N2 G00 Z100；

…

N6 G41 G46 A5 X10 Y5 G00 G61 M60；

上述 N1、N2 程序段中仅由 2 个字构成，而 N6 程序段却由 8 个字组成，即这种格式下的各个程序段长度是可变的。

2. 不同组的代码在同一程序段内可同时使用

例如：上例中 N6 程序段中的 G41、G46、G00、G61 代码，由于其含义不同，可在同一程序段内同时使用。

3. 不需要的或与上一程序段相同功能的字可省略不写

表 4-2 所示是相同程序段的不同表示方法对比，表中所列的两个程序%1 和%2 是等效的，只是表达方式不同而已。由表中可以看出，%1 中的 N5 程序段已经给出 G01 指令，而后面各段也均执行 G01 指令，故在 N6～N8 程序段中可省略 G01，如程序%2 中所示。同样，N2 程序段中的 T0101、N3 程序段中的 S1000 和 N5 程序段中的 F0.2 表示在后面的程序段中使用的都是 T0101 刀具、转速为 1000 r/min、进给量为 0.2 mm/r，故后面程序可省略。

表 4-2　相同程序段的不同表示方法对比

程序号	%1	%2
程序内容	N1 G00 Z100； N2 T0101； N3 M03 S1000； N4 G00 X50 Z2； N5 G01 Z-10 F0.2； N6 G01 X100； N7 G01 X100 Z-40； N8 G01 X0 Z-40；	N1 G00 Z100； N2 T0101； N3 M03 S1000； N4 G00 X50 Z2； N5 G01 Z-10 F0.2； N6 X100； N7 Z-40； N8 X0；

课内作业

根据本任务图纸和内容填写"机械加工工序卡片"。

浙江机电职业技术学院	机械加工工序卡片	产品型号	1.00.00	零件图号			总页 第 页		
		产品名称	手动压力机	零件名称			共页 第 页	材料牌号	
				车间	工序号	工序名称		每台件数	
				毛坯种类	毛坯外形尺寸			同时加工件数	
				设备名称	设备型号	设备编号		切削液	
				夹具编号		夹具名称		工序工时 准终 单件	
				工位器具编号		工位器具名称			
工步号	工步内容	工艺设备			主轴转速 r/min	切削速度 m/min	进给量 mm/r	切削深度 mm	进给次数	工步工时 机动 辅助

描图				设计(日期)	审核(日期)	标准化(日期)	会签(日期)
描校							
底图号							
装订号	标记 处数 更改文件号 签字 日期	标记 处数 更改文件号 签字 日期					

课外作业

一、判断题

1. 在加工一般钢件(中碳钢)时，精车时用乳化液，粗车时用切削油。(　　)
2. 用高速钢车刀精车时，应当选取较高的切削速度和较小的进给量。(　　)
3. 修磨麻花钻的棱边主要是为了磨出后角，以减少棱边与孔壁的摩擦。(　　)
4. 锉削时，在锉齿面上涂上一层粉笔末，以防止切屑塞在锉齿缝里。(　　)
5. 螺纹小径是指与外螺纹或内螺纹牙底相切的假想圆柱或圆锥的直径。(　　)
6. 攻钢等韧性材料普通螺纹前，钻底孔钻头直径可用公式 $d_2 = d - P$ 计算。(　　)
7. 用宽刃刀车削圆锥面时，宽刃刀的切削刃与主轴轴线的夹角应等于工件的圆锥半角。(　　)

二、选择题

1. 燕尾槽借助标准棒测量宽度，当槽形角(　　)时，圆棒之间的测量值(　　)。
   A. 增大，保持不变　　　　　　　　　　B. 减小，增大
   C. 增大，增大　　　　　　　　　　　　D. 增大，减小
2. 铣床上常用的万能分度头是(　　)，其中心高为 125 mm。
   A. F1180　　　　B. F11125　　　　C. F11250　　　　D. F11200
3. Fl1125 型分度头夹持工件的最大直径是(　　)。
   A. 125 mm　　　　B. 250 mm　　　　C. 500 mm　　　　D. 50 mm
4. 在铣床上铣削加工圆柱螺旋槽工件，应选用(　　)。
   A. 等分分度头　　B. 半万能分度头　　C. 万能分度头　　D. 回转工作台
5. F11125 型分度头主轴两端的内锥是(　　)。
   A. 莫氏 3 号　　　B. 米制 7 : 24　　　C. 莫氏 4 号　　　D. 莫氏 2 号
6. 标准万能分度头分度手柄 1 转的分度误差为(　　)。
   A. ±45″　　　　B. ±30″　　　　C. ±1′　　　　D. ±10″
7. 标准万能分度头主轴任意(1/4)转的分度误差为(　　)。
   A. ±45″　　　　B. ±30″　　　　C. ±1′　　　　D. ±10″
8. F11125 型分度头主轴可在(　　)内调整主轴倾斜角。
   A. ±45″　　　　B. -6°～+90°　　　C. 0°～180°　　　D. ±60°
9. 铣成的外花键，若小径两端尺寸有大小，主要原因是(　　)。
   A. 铣刀跳动大　　　　　　　　　　　　B. 铣刀转速高
   C. 工件上素线与工作台面不平行　　　　D. 工件侧素线与进给方向不平行

任务八 弹簧螺栓加工

弹簧螺栓图纸如图 4-29 所示。

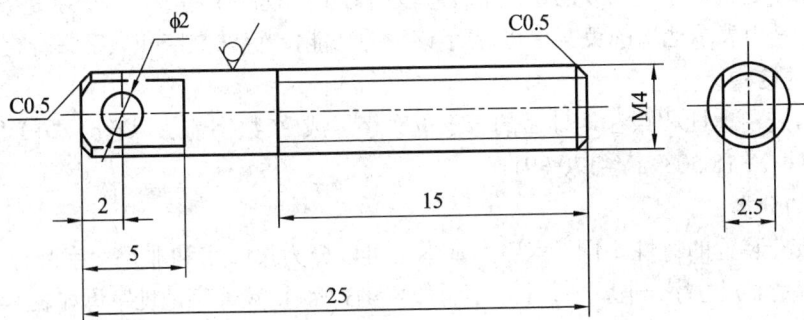

技术要求
1. 锐角倒钝(R0.3)。
2. 未注线性尺寸公差按照"GB/T 1804-m"执行。
3. 未注形位公差按照"GB/T 1184-k"执行。

$\sqrt{Ra\ 12.5}$ $\left(\sqrt{}\right)$

制图	(姓名)	(日期)	弹簧螺栓	比例	4:1
审核					1.04.09
(校名	学号)		35		

图 4-29 弹簧螺栓图纸

弹簧螺栓　　　　　公差原则3　　　　几何误差的检测　　X6132A 万能升降台铣床

◆ 相关专业知识

一、程序字

工件加工程序是由程序段构成的，每个程序段由若干个程序字组成，每个字是数控系统的具体指令，它是由表示地址的英文字母(表示该字的功能)、特殊文字和数字集合组成的。

1. 程序字的结构

程序字通常是由地址和跟在地址后的若干位数字组成(在数字前缀以符号"+""−")。例如，G17、T1、X318.503、Y−170.891。

2. 程序字的分类

根据各种数控装置的特性不同，程序字基本上可以分为尺寸字和非尺寸字两种。例如，上述(G17、T1)就是非尺寸字。非尺寸字地址字母如表 4-3 所示。尺寸字地址字母如表 4-4 所示。

表 4-3　非尺寸字地址字母

机　能	地址	意　义
程序段顺序号	N	顺序地址符字母
准备功能	G	由G后面两位数字决定该程序段意义
进给功能	F	刀具进给功能
主轴转速功能	S	指定主轴转速
刀具功能	T	指定刀具号
辅助功能	M	指定车床上的辅助功能

表 4-4　尺寸字地址字母

地址	意　义
X、Y、Z	坐标值地址指令
U、V、W	附加轴地址指令
A、B、C	附加回转轴地址指令
I、J、K	圆弧起点相对于圆弧中心的坐标指令

3. 部分程序字的编程要点

1) 主轴功能(S 代码)

主轴功能也称主轴转速功能。S 代码后的数值为主轴转速，常为整数，单位为转速单位(r/min)。例如，S500 表示主轴转速为 500 r/min。

2) 刀具功能(T 代码)

T 代码用于选择刀具库中的刀具，其编程格式因数控系统不同而异，主要格式由地址功能码 T 和其后面的若干位数字组成。

例如：T0202 表示选择第 2 号刀，2 号偏置量。T0300 表示选择第 3 号刀，刀具偏置取消。

3) 进给功能(F 代码)

F 代码后面的数值表示刀具的运动速度，单位为 mm/min(直线进给率)或 mm/r(旋转进给率)，数控车床上常用 mm/r，例如，F0.2 表示工件每转一周，刀具向前进给 0.2 mm。

二、典型数控系统的指令代码

根据功能和性能要求，数控车床配置不同的数控系统。系统不同，其指令代码也有差别，世界上典型的数控系统主要有 FANUC(日本)、SIEMENS(德国)、FAGOR(西班牙)等公司的数控系统及相关产品，在数控车床行业占据主导地位；我国数控产品有华中数控、三英数控(教学型)。

典型数控系统 FANUC 0 系统常用 G 指令如表 4-5 所示，常用 M 指令如表 4-6 所示。

表 4-5 FANUC 0 系统常用 G 指令表

代码	功 能	代码	功 能
G00	定位(快速移动)	G56	选择工件坐标系3
G01	直线切削	G57	选择工件坐标系4
G02	圆弧插补(CW，顺时针)	G58	选择工件坐标系5
G03	圆弧插补(CCW，逆时针)	G59	选择工件坐标系6
G04	暂停	G70	精加工循环
G18	ZX平面选择	G71	内外圆粗车循环
G20	英制输入	G72	台阶粗车循环
G21	米制输入	G73	成形重复循环
G27	参考点返回检查	G74	Z向端面钻孔循环
G28	参考点返回	G75	X向外圆/内孔切槽循环
G30	回到第二参考点	G76	螺纹切削复合循环
G32	螺纹切削	G90	内外圆固定切削循环
G40	刀尖半径补偿取消	G92	螺纹固定切削循环
G41	刀尖半径左补偿	G94	端面固定切削循环
G42	刀尖半径右补偿	G96	恒线速度控制
G50	坐标系设定/恒线速最高转速设定	G97	恒线速度控制取消
G54	选择工件坐标系1	G98	每分钟进给
G55	选择工件坐标系2	G99	每转进给

表 4-6 FANUC 0 系统常用 M 指令表

代码	功 能	代码	功 能
M00	程序停止	M09	切削液停
M01	选择性程序停止	M10	液压卡盘放松
M02	程序结束	M11	液压卡盘卡紧
M30	程序结束复位	M40	主轴空挡
M03	主轴正转	M41	主轴1挡
M04	主轴反转	M42	主轴2挡
M05	主轴停	M98	子程序调用
M08	切削液启动	M99	子程序结束

课内作业

根据本任务图纸和内容填写"机械加工工序卡片"。

浙江机电职业技术学院	机械加工工序卡片	产品型号	1.00.00	零件图号				总页	第　页
		产品名称	手动压力机	零件名称				共页	第　页
				车间	工序号	工序名称	材料牌号		
				毛坯种类	毛坯外形尺寸		每台件数		
				设备名称	设备型号	设备编号	同时加工件数		
				夹具编号		夹具名称	切削液		
				工位器具编号		工位器具名称		工序工时 准终　单件	
工步号	工步内容		工艺设备		主轴转速 r/min	切削速度 m/min	进给量 mm/r	切削深度 mm	进给次数	工步工时 机动　辅助
	描图									
	描校									
	底图号									
	装订号			设计(日期)	审核(日期)	标准化(日期)	会签(日期)		
		标记 处数 更改文件号 签字 日期		标记 处数 更改文件号 签字 日期					

课外作业

一、判断题

1. 刀具材料必须具有相应的物理、化学及力学性能。（　　）

2. 车刀后角的主要作用是减少车刀后刀面与切削平面之间的摩擦。（　　）

3. 修磨麻花钻前刀面的原则是，工件材料较硬，应修磨外缘处的前刀面；工件材料较软，应修磨横刃处的前刀面。（　　）

4. 对工件外圆抛光时，可以直接用手捏住砂布进行。（　　）

5. 螺距是指同一条螺旋线上的相邻两牙在中径线上对应两点间的轴向距离。（　　）

6. 乱牙就是螺纹"破牙"，即在车削螺纹时，第二次进刀车削时，车刀刀尖不在第一次切出的螺旋槽内。（　　）

7. 对于长度较长，圆锥半角大于 12°，且精度要求较高的锥体，一般采用靠模法车削。（　　）

二、选择题

1. 万能分度头可将工件作(　　)圆周等分。

　　A. 限定在 10 以内的　　　　　　　　B. 限定孔圈数的

　　C. 任意　　　　　　　　　　　　　　D. 非质数的

2. F11125 型万能分度头的定数是 40，表示(　　)。

　　A. 传动蜗杆的直径　　　　　　　　　B. 主轴上蜗轮的模数

　　C. 传动蜗杆的轴向模数　　　　　　　D. 主轴上蜗轮的齿数

3. 选用鸡心卡头、拨盘和尾座装夹工件的方式适用于(　　)的轴类零件装夹。

　　A. 两端无中心孔　　　　　　　　　　B. 一端有中心孔

　　C. 两端有中心孔　　　　　　　　　　D. 两端无中心孔但有台阶

4. 简单分度时，使用分度盘可以解决分度手柄(　　)的分度操作。

　　A. 奇数整转数　　　　　　　　　　　B. 偶数整转数

　　C. 分母为孔圈数整倍数的分数转数　　D. 分数转数

5. 若分度手柄转数 $n = 44/66r$，使用分度叉时，分度叉之间的孔数为(　　)。

　　A. 45　　　　　　B. 44　　　　　　C. 43　　　　　　D. 66

6. 为了使两顶尖装夹的细长轴在加工时不发生弯曲、颤动，应使用的分度头附件是(　　)。

　　A. 拨盘　　　　　B. 尾座　　　　　C. 千斤顶　　　　D. 前顶

任务九 冲 头 加 工

冲头图纸如图 4-30 所示。

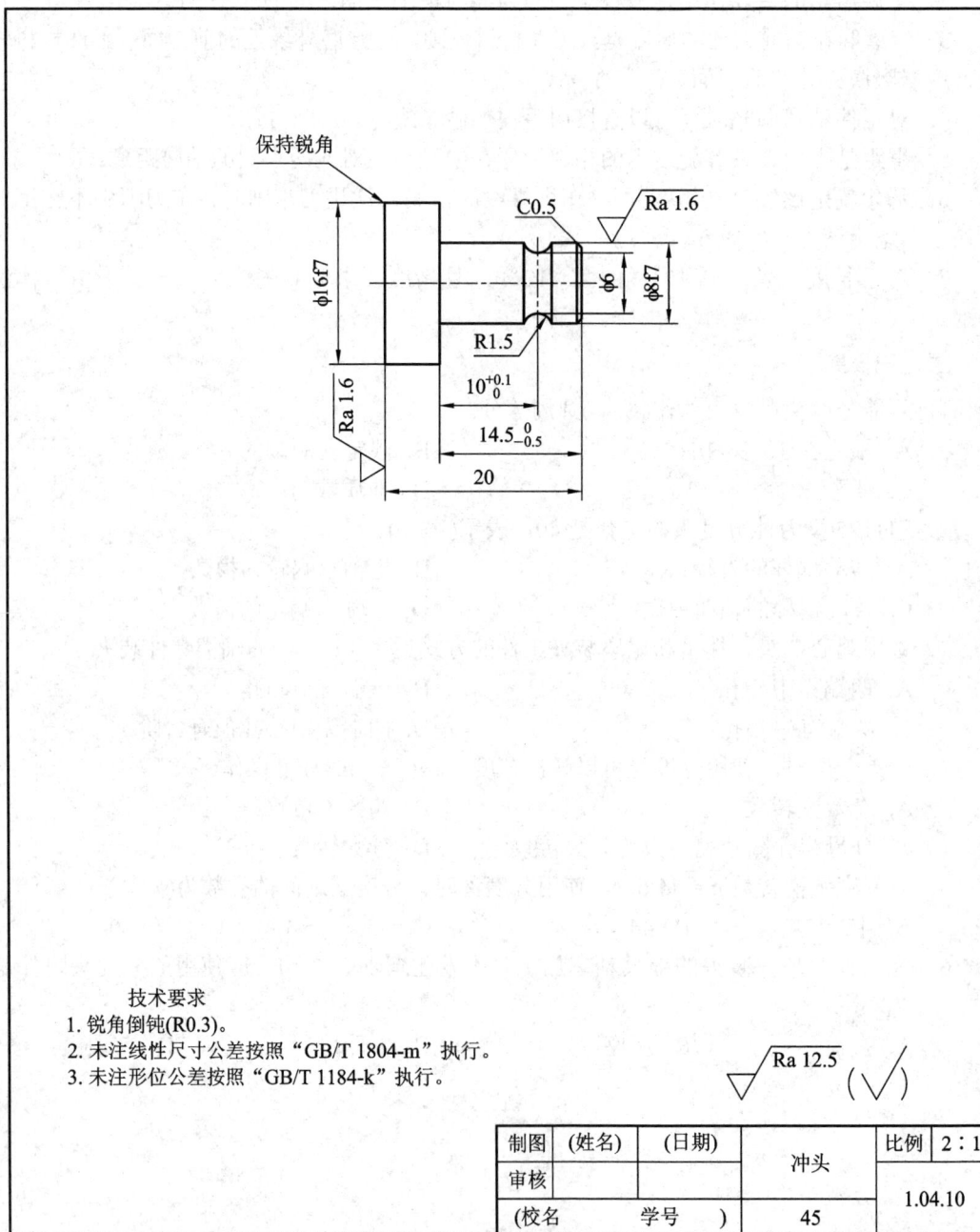

保持锐角

C0.5

Ra 1.6

$\phi16f7$

$\phi6$

$\phi8f7$

R1.5

$10^{+0.1}_{0}$

$14.5^{0}_{-0.5}$

20

Ra 1.6

技术要求
1. 锐角倒钝(R0.3)。
2. 未注线性尺寸公差按照"GB/T 1804-m"执行。
3. 未注形位公差按照"GB/T 1184-k"执行。

$\sqrt{\text{Ra 12.5}}$ ($\sqrt{}$)

制图	(姓名)	(日期)		冲头	比例	2：1
审核						1.04.10
(校名		学号	)	45		

图 4-30 冲头图纸

冲头

机械加工精度

几何公差的选用

◆ 相关专业知识

一、数控编程的内容

程序的编制工作主要包括以下几个方面的内容。

1. 分析零件图纸和确定加工工艺

编程人员首先要根据加工零件的图纸及技术文件，对零件的材料、几何形状、尺寸精度、表面粗糙度、热处理要求等进行分析，从而确定零件加工工艺过程及设备、工装、加工余量、切削用量等。

2. 数值计算

根据零件图中的加工尺寸和确定的工艺路线，建立工件坐标系，计算出零件粗、精加工运动的轨迹。加工形状简单零件的轮廓，要计算出几何元素的起点、终点、圆弧的圆心、两几何元素的交点或切点的坐标值。加工非圆曲线、曲面组成的零件，要计算直线段或圆弧段逼近零件轮廓时的节点坐标。

3. 编写零件加工程序单

根据加工路线、工艺参数、刀具号、辅助动作以及数值计算的结果等，按所使用的机床数控系统规定的功能指令及程序段格式，编写零件加工程序单。此外，还应附上必需的加工示意图、刀具布置图、机床调整卡、工序卡及必需的说明等。

4. 程序输入数控系统

把编制好的程序单上的内容记录通过一定的方法输入数控系统，通常的输入方法有下面几种。

(1) 手动数据输入。按所编程序单的内容，通过操作数控系统的键盘进行逐段输入，同时利用 CRT 显示内容来进行检查。

(2) 利用控制介质输入。控制介质多为穿孔带、磁带、磁盘等，可分别用光电纸带阅读机、磁带收录机、磁盘软驱等装置将程序输入机床的数控系统。

(3) 通过机床通信接口输入。将计算机编制好的程序，通过与机床控制通信接口连接，直接输入机床的数控系统。

5. 程序校对和首件试切

输入的程序必须进行校验，校验的方法有下面几种。

(1) 启动数控机床，按照输入的程序进行空运转，即在机床上用笔代替刀具(主轴转)，坐标纸代替工件，进行空运转画图，检查机床运动轨迹的正确性。

(2) 在具有 CRT 屏幕图形显示功能的数控机床上，进行工件图形的模拟加工，检查工件图形的正确性。

(3) 用易加工材料，如塑料、木材、石蜡等，代替零件材料进行试切削。

当发现问题时，应分析原因，调整刀具或改变装夹方式，或进行尺寸补偿。首件试切之后，方可进行正式切削加工。

二、数控编程的种类

数控编程有两种方法，即手工编程和自动编程，采用哪种编程方法应视零件的加工难易程度而定。

1. 手工编程

手工编程就是指从分析零件图样、确定加工工艺过程、数值计算、编写零件加工程序单、程序输入数控系统到程序校验都由人工完成的过程。对于加工形状简单、计算量小、程序不多的零件(如点位加工或由直线与圆弧组成的轮廓加工)，采用手工编程较容易，而且经济快捷。对于形状复杂的零件，特别是具有非圆曲线、曲面组成的零件，用手工编程就有一定困难，有时甚至无法编出程序，必须采用自动编程的方法编制程序。

2. 自动编程

自动编程是以待加工零件 CAD 模型为基础的一种集加工工艺规划及数控编程为一体的自动编程方法。目前，以 CAD/CAM 一体化集成形式的软件已成为数控加工自动编程系统的主流。这些软件可以采用人机交互方式，进行零件几何建模，对车床与刀具参数进行定义和选择，确定刀具相对于零件的运动方式、切削加工参数，自动生成刀具轨迹和程序代码。最后经过后置处理，按照所使用车床规定的文件格式生成加工程序。通过串行通信的方式，将加工程序传送到数控机床的数控单元。

课内作业

根据本任务图纸和内容填写"机械加工工序卡片"。

机械加工工序卡片

| 浙江机电职业技术学院 | | 产品型号 | 1.00.00 | 零件图号 | | 总页 | 第 页 |
| 产品名称 | 手动压力机 | 零件名称 | | 共 页 | 第 页 |

（机械加工工序卡片表格，含：车间、工序号、工序名称、材料牌号、毛坯种类、毛坯外形尺寸、每台件数、设备名称、设备型号、设备编号、同时加工件数、夹具编号、夹具名称、切削液、工位器具编号、工位器具名称、工序工时、准终、单件、工步号、工步内容、工艺设备、主轴转速 r/min、切削速度 m/min、进给量 mm/r、切削深度 mm、进给次数、工步工时、机动、辅助；底部栏：设计（日期）、审核（日期）、标准化（日期）、会签（日期）、描图、描校、底图号、装订号、标记、处数、更改文件号、签字、日期）

课外作业

一、判断题

1. 刀具材料的耐磨损性能与其硬度无关。（　　）

2. 高速钢车刀不仅用于承受冲击力较大的场合，也常用于高速切削。（　　）

3. 螺旋槽的作用是构成切削刃，排出切屑和通过切削液。（　　）

4. 抛光时选用砂布的号数越大，颗粒越细。（　　）

5. 普通螺纹的牙型角为60°。（　　）

6. 产生乱牙的主要原因是，工件螺距不是车床丝杠螺距的整数倍而造成的。（　　）

7. 用靠模法车削锥度，比较适合于批量生产。（　　）

二、选择题

1. 两端有螺纹，并带有轴套的交换齿轮轴应安装在（　　）。
   A. 分度头主轴前端上　　　　　　　B. 分度头主轴后端上
   C. 交换齿轮架上　　　　　　　　　D. 分度头侧轴上

2. F11125型分度头的交换齿轮有12个（　　）的倍数的交换齿轮。
   A. 4　　　　　　　B. 10　　　　　　C. 2　　　　　　　D. 5

3. 在铣床上最常用的是（　　）。
   A. 可倾回转工作台　　　　　　　　B. 机动回转工作台
   C. 立轴式手动回转工作台　　　　　D. 卧轴式回转工作台

4. 铣床上常用的T12320回转工作台的台面直径是（　　）。
   A. 250 mm　　　　B. 320 mm　　　C. 400 mm　　　　D. 123 mm

5. 铣床上常用的T12320回转工作台的传动比是（　　）。
   A. 1∶60　　　　　B. 1∶40　　　　C. 1∶120　　　　D. 1∶90

6. 回转工作台的传动比为1:120，手轮转过一圈的刻度应为（　　）。
   A. 3°　　　　　　B. 5°　　　　　　C. 4°　　　　　　D. 10°

7. 铣削盘形凸轮时，回转工作台的复合进给运动通常是与铣床的（　　）传动系统丝杠联动的。
   A. 横向　　　　　B. 垂向　　　　　C. 纵向　　　　　D. 任意方向

8. 若工件的等分数为63，用万能分度头精确分度时应采用（　　）分度法。
   A. 简单　　　　　B. 角度　　　　　C. 差动　　　　　D. 近似

任务十　压杆手柄加工

压杆手柄图纸如图 4-31 所示。

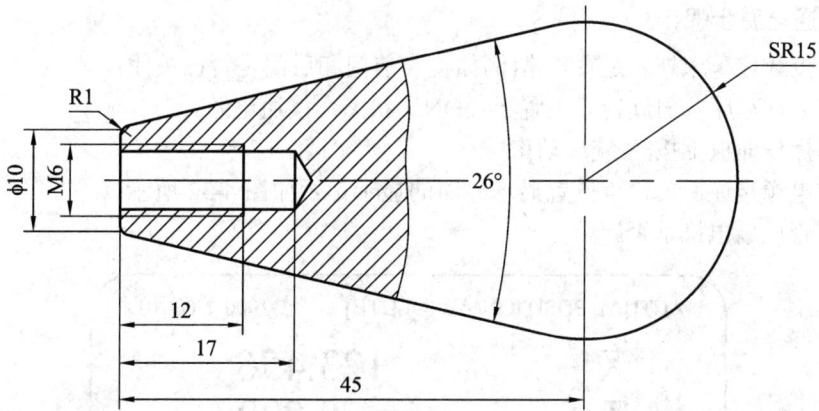

技术要求
1. 锐角倒钝(R0.3)。
2. 未注线性尺寸公差按照"GB/T 1804-m"执行。
3. 未注形位公差按照"GB/T 1184-k"执行。

$\sqrt{\text{Ra 12.5}}$ $\left(\sqrt{} \right)$

制图	(姓名)	(日期)	压杆手柄	比例	2：1
审核					
(校名	学号	)	PA6	1.04.11	

图 4-31　压杆手柄图纸

压杆手柄　　　　　径向跳动和端面跳动的测量　　　箱体孔平行度、垂直度

相关专业知识

FANUC 0i-TC 数控车床的操作方法(一)

一、电源通/断

1. 接通电源步骤

(1) 检查数控车床外表是否正常(例如检查前门和后门是否已关闭)。

(2) 把数控车床背面旋转开关置于"ON"状态,接通电源。

(3) 在操作面板上按[系统启动]键。

(4) 在电源接通后,检查位置显示界面的显示是否如图 4-32 所示。

(5) 检查风扇电机是否旋转。

```
ACTUAL POSITION(ABSOLUTE)        O1000 N00010

X                   123.456
Z                     0.000

                        PART COUNT          5
RUN TIME  0H15M         CYCLE TIME  0H 0M38S
ACT.F  3000 MM/M        S                0 T0000

MEM **** *** ***        09：06：35
[ ABS  ] [ REL  ] [ ALL  ] [ HNDL  ] [ OPRT  ]
```

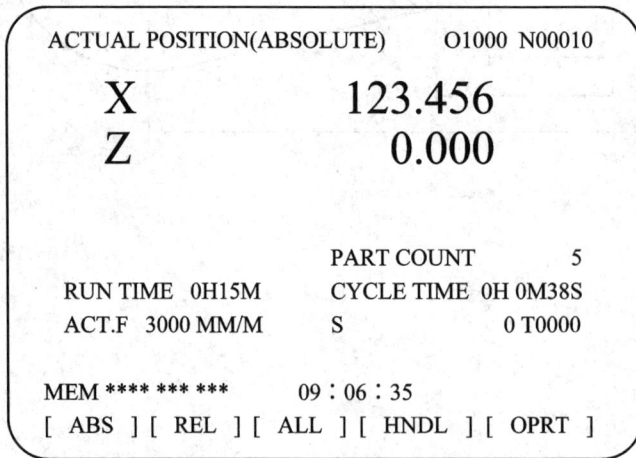

图 4-32　位置显示界面

警告:

电源接通后,在位置显示界面或报警界面出现之前,不要去碰其他任何开关键。某些键是用于维护或是专用的。当它们被按时,可能会发生意想不到的现象。

2. 断开电源步骤

(1) 检查操作面板上循环启动的指示灯(LED)状态,循环起动应在停止状态。

(2) 检查并确定数控车床的所有可移动部件是否都处于停止状态。

(3) 按[系统停止]键。

(4) 切断数控车床背面电源。

二、手动操作

1. 手动进给

在手动移动坐标轴方式下,机床操作面板上的进给轴控制按钮和方向选择开关如图 4-33 所示,机床沿选定轴的选定方向移动。手动连续进给速度可用手动进给速率旋钮调节 (见图 4-36);也可同时按快速移动开关(见图 4-33 中间按钮),以快速移动速度移动机床。手动操作通常一次只能移动一个轴。

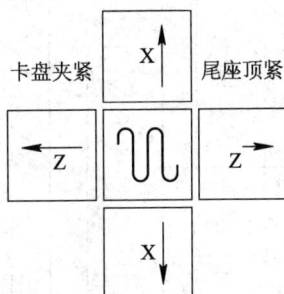

图 4-33 手动进给控制按钮

2. 手动进给步骤

1) 按手动操作方式

按下如图 4-33 所示的手动进给控制的某个按钮,机床沿相应轴的相应方向移动。在开关被按下期间,机床按设定的进给速度移动。释放开关,机床停止移动。

手动连续进给速度可由手动进给速率调整。

若在按下某个手动进给控制按钮期间同时按住中间的快速移动键,则机床按快速移动速度运动。在快速移动期间,快速移动倍率有效。

3. 手摇进给(手轮)

在手摇移动坐标轴方式下,可通过旋转机床操作面板上手摇脉冲发生器来移动坐标轴。用手摇脉冲器上的开关选择移动轴。手摇脉冲发生器每旋转一个刻度,刀具的移动距离由手轮进给倍率开关控制。

4. 手轮进给步骤

(1) 旋转手轮进给轴选择开关 X 或 Z,选择一个机床要移动的轴。

(2) 旋转手轮进给倍率旋钮,设定手摇脉冲发生器转过一个刻度时机床的移动量,如 ×1 为 0.001 mm,×10 为 0.01 mm,×100 为 0.1 mm。

(3) 旋转手轮,机床沿选择轴移动。

课内作业

根据本任务图纸和内容填写"机械加工工序卡片"。

浙江机电职业技术学院	机械加工工序卡片	产品型号	1.00.00	零件图号		总 页	第 页
		产品名称	手动压力机	零件名称		共 页	第 页

工艺设备

工步号	工步内容	工艺装备	主轴转速 r/min	切削速度 m/min	进给量 mm/r	切削深度 mm	进给次数	工步工时 机动 辅助

车间　工序号　工序名称　材料牌号
毛坯种类　毛坯外形尺寸　每台件数
设备名称　设备型号　设备编号　同时加工件数
夹具编号　夹具名称　切削液
工位器具编号　工位器具名称　工序工时 准终 单件

描图		
描校		
底图号		
装订号		

	设计(日期)	审核(日期)	标准化(日期)	会签(日期)
标记 处数 更改文件号 签字 日期	标记 处数 更改文件号 签字 日期			

课外作业

一、判断题

1. 选用刀具的材料应具有良好的工艺性，便于刀具的制造。（　　）

2. 车刀前角增大，能使切削省力，当工件材料硬时，应选择较大的前角。（　　）

3. 孔在钻穿时，由于麻花钻的横刃不参加工作，所以进给量可取大些，以提高生产率。（　　）

4. 用砂布抛光时，工件转速应选得较高，并使砂布在工件表面上慢慢来回移动。（　　）

5. 普通螺纹的中径计算公式是：$d_2 = D_2 = 0.866P$。（　　）

6. 用倒顺车法车螺纹可以防止螺纹乱牙，且不受螺距的限制。（　　）

7. 锥形铰刀一般分粗铰刀和精铰刀，粗铰刀的槽数比精铰刀多，对排屑有利。（　　）

二、选择题

1. 在 F11125 型分度头上对等分数 $z = 61$ 进行差动分度时，选定假定等分数 z =（　　）比较合理。

    A. 40　　　　　　　　B. 60　　　　　　　　C. 70　　　　　　　　D. 63

2. 在 F11125 型分度头上须将工件转过 $18°20'$，应采用（　　）。

    A. 简单分度　　　　B. 角度分度　　　　C. 直线移距分度　　　　D. 差动分度

3. 差动分度时，中间交换齿轮的作用之一是（　　）。

    A. 改变从动轮转向　　　　　　　　B. 改变从动轮转速

    C. 改变速比　　　　　　　　　　　D. 改变主动轮转向

4. 用万能分度头进行差动分度，应在（　　）之间配置差动交换齿轮。

    A. 分度头主轴与工作台丝杠　　　　B. 分度头侧轴与工作台丝杠

    C. 分度头主轴与侧轴　　　　　　　D. 分度头侧轴与分度盘

5. 差动分度是通过差动交换齿轮使（　　）作差动运动来进行分度的。

    A. 分度盘和分度手柄　　　　　　　B. 分度头主轴和工件

    C. 分度头主轴和工作台丝杠　　　　D. 分度盘与工作台丝杠

6. 分度头主轴交换齿轮轴与主轴是通过内外（　　）联接的。

    A. 螺纹　　　　B. 矩形花键　　　　C. 锥面　　　　D. 尖齿花键

任务十一　手柄杆加工

手柄杆图纸如图 4-34 所示。

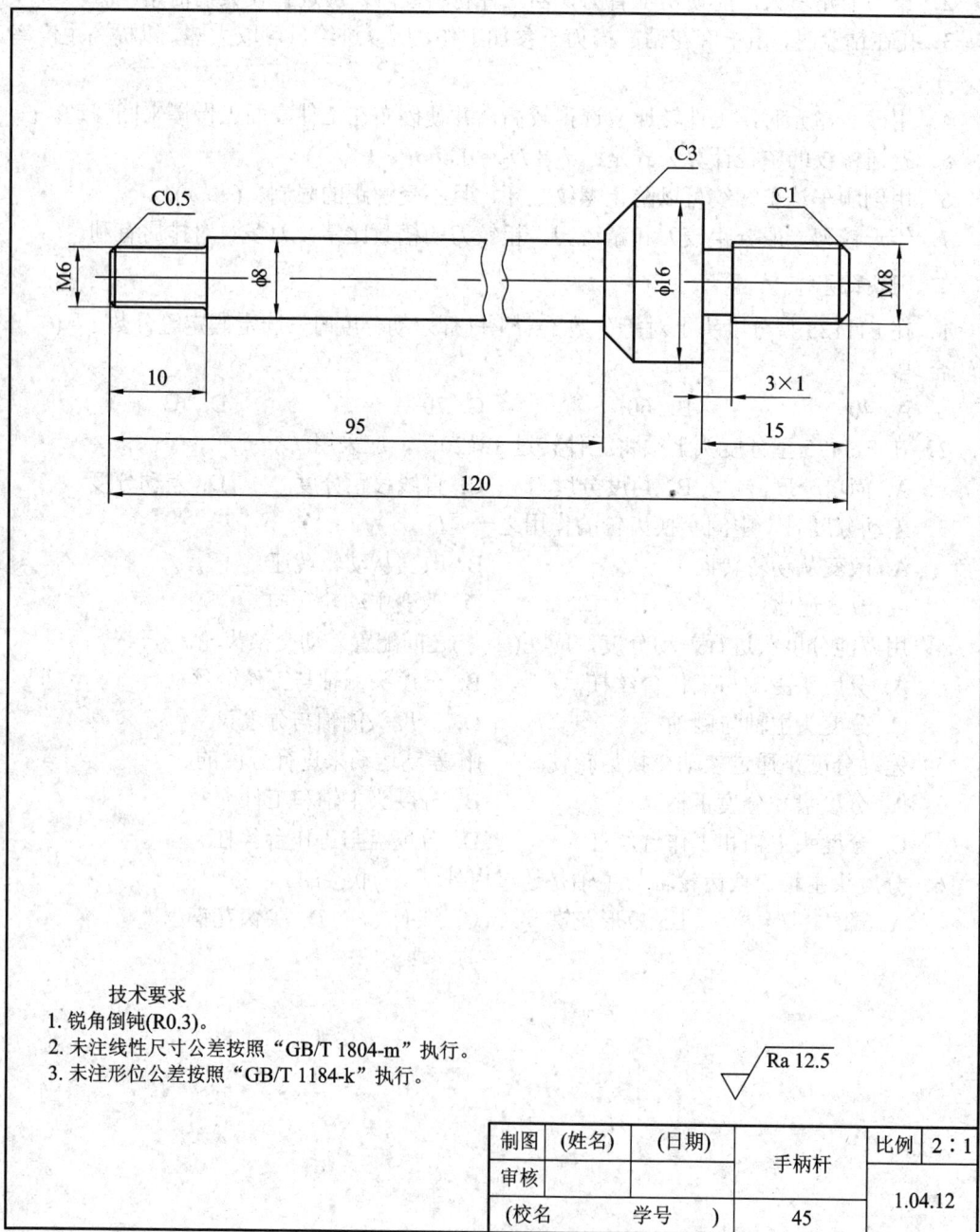

图 4-34　手柄杆图纸

手柄杆　　　　　　　几何要素　　　　　　几何公差的标注

相关专业知识

FANUC 0i-TC 数控车床的操作方法（二）

一、程序编辑方式

1. 程序的创建、选择和删除

1) 新程序的创建

选择[编辑]方式，依次"进入程序编辑模式"→"按下[PROG]键，显示程序界面"→"键入新程序名 O****"→"按下[INSERT]键"，则新程序名被输入。

2) 选择已输入程序

选择[编辑]方式，依次"进入程序编辑模式"→"按下[PROG]键，显示程序界面"→"键入要选择程序名 O****"→"按下[搜索]软键"，则键入程序号的程序被选中。

3) 删除程序

选择[编辑]方式，依次"进入程序编辑模式"→"按下[PROG]键，显示程序界面"→"键入要删除程序名 O****"→"按下[DELETE]键"，则键入程序号的程序被删除。

如需删除指定范围内的多个程序,则上述步骤中,将要删除程序名改为"Oxxxx,Oyyyy"即可。其中 xxxx 为指定范围的起始号，yyyy 为结束号。

如需删除全部程序，则上述步骤中，将要删除程序名改为 0~9999 即可。

2. 程序字的编辑

1) 程序字的插入

选择[编辑]方式，依次"进入程序编辑模式"→"按下[PROG]键，显示程序界面"→"移动光标至需插入程序字的位置"→"键入要插入的程序字，如 G00 X10;"→"按下[INSERT]键"，则在程序中光标位置后插入所键入的程序字。

2) 程序字的修改

选择[编辑]方式，依次"进入程序编辑模式"→"按下[PROG]键，显示程序界面"→"移动光标至需修改字的位置"→"键入要替换的字，如 G00 X10;"→"按下[ALTER]键"，则在程序中光标位置的程序字被所键入的程序字替换。

3) 程序字的删除

选择[编辑]方式，依次"进入程序编辑模式"→"按下[PROG]键，显示程序界面"→"移动光标至需删除程序字的位置"→"按下[DELETE]键"，则在程序中光标位置的程序字被删除。

二、图形模拟

将程序输入数控系统后，可以在界面上显示程序对应的刀具轨迹，通过观察屏显的刀具轨迹可以检查加工过程。显示的图形可以放大/缩小。在显示刀具轨迹前必须设定画图坐标(参数)和绘图参数。

1. 图形模拟步骤

(1) 依次按下功能键[CUSTOM GRAPH]→软键［参数］，则显示绘图参数界面。各参数的含义如表 4-7 所示。

表 4-7　绘图参数界面各参数含义

参数	中文名称	含　义
WORK LENGTH	工件长度	定义工件长度
WORK DIAMETER	工件直径	定义工件直径
PROGRAM STOP	程序停止	当对程序的一部分进行绘图时，须设定结束程序段的顺序号，图形完成后，该参数中设定的值被自动取消(清除为0)
AUTO ERASE	自动清除	如果设定为1，当自动运行从复位状态重新启动时，前面所绘的图被自动清除，然后又重新绘制
LIMIT	软限位	如果该值设为1，存储行程极限1的区域将以双点划线绘制
GRAPHIC CENTER	图形中心(X，Z)	显示界面的中心坐标，通常无须设定
SCALE	图形比例	显示界面的绘图比例，比例的单位为0.001%
GRAPHIC MODE	图形方式	不可用

(2) 将光标移动到所需设定的参数处。

(3) 输入数据，然后按[INPUT]键。

(4) 按下软键［图形］。

(5) 依次按下[自动]键→[空运行]键→[锁住]键→[程序启动]键，启动程序，即在界面上绘出刀具的运动轨迹。

2. 图形放大方法

为了更好地检查所编制程序，图形可整体或局部放大。

图形放大的操作步骤：依次按下功能键［CUSTOM GRAPH］→按下软键［扩大］，显示放大图界面，界面有 2 个放大光标(■)。用 2 个放大光标定义的对角线的矩形区域可被放大到整个界面，方法是用光标键上、下、左、右移动放大光标，按软键［上/下］切换两个放大光标的移动，再按软键［实行］，则重新按循环启动键后显示放大图形。

课内作业

根据本任务图纸和内容填写"机械加工工序卡片"。

浙江机电职业技术学院	机械加工工序卡片	产品型号	1.00.00	零件图号			总页 共页	第页 第页	
		产品名称	手动压力机	零件名称				材料牌号	
				车间	工序号	工序名称		每台件数	
				毛坯种类	毛坯外形尺寸			同时加工件数	
				设备名称	设备型号	设备编号		切削液	
				夹具编号		夹具名称		工序工时 准终 单件	
				工位器具编号		工位器具名称			

工步号	工步内容	工艺设备	主轴转速 r/min	切削速度 m/min	进给量 mm/r	切削深度 mm	进给次数	工步工时 机动 辅助	

			设计(日期)	审核(日期)	标准化(日期)	会签(日期)
描图						
描校						
底图号						
装订号	标记 处数 更改文件号 签字 日期	标记 处数 更改文件号 签字 日期				

课外作业

一、判断题

1. 车刀刀具硬度应与零件材料硬度一致。(   )

2. 用硬质合金车刀精车外圆时，切屑呈蓝色，这说明切削速度选得偏低。(   )

3. 用麻花钻扩孔时，由于横刃不参加工作，轴向切削力减小，因此可加大进给量。(   )

4. 在工件上滚花是为了增加摩擦力和使工件表面美观。(   )

5. 普通内螺纹小径的公称尺寸和外螺纹小径的公称尺寸相等。(   )

6. 车床丝杠螺距为 12 mm、车削工件螺距为 8 mm 时，不会产生乱牙。(   )

7. 当圆锥孔的直径和锥度较小时，钻孔后便可直接用锥形粗铰刀粗铰，然后用锥形精铰刀铰削成形。(   )

二、选择题

1. 用差动分度法分度时，安装在侧轴上的交换齿轮是(   )。
    A. 主动轮　　　　　B. 从动轮　　　　　C. 中间轮　　　　　　　D. 主动轮或从动轮

2. 用主轴交换齿轮法直线移距分度时，从动轮应安装在(   )。
    A. 分度头主轴上　　B. 分度头侧轴上　　C. 工作台丝杠上　　　　D. 铣床主轴上

3. 主轴交换齿轮法直线移距分度精度较高是由于经过分度头(   )。
    A. 蜗轮蜗杆传动　　　　　　　　B. 螺旋齿轮传动
    C. 交换齿轮传动　　　　　　　　D. 分度手柄与孔盘的相对运动

4. 刻线加工的主要技术要求是(   )。
    A. 刻线长度　　　B. 刻线深度　　　C. 刻线等分或间距　　D. 刻线清晰度

5. 刻线的直线度和清晰度要求，实质上是刻线槽侧面的(   )。
    A. 位置要求　　　B. 夹角要求　　　C. 交线要求　　　　　D. 表面粗糙度要求

6. 对单角度面加工，常用的是分度头(   )分度法。
    A. 简单　　　　　B. 差动　　　　　C. 角度　　　　　　　D. 直线移距

7. 铣削正棱锥，常用的是分度头(   )分度法。
    A. 简单　　　　　B. 差动　　　　　C. 角度　　　　　　　D. 直线移距

8. 角度面加工时，通常应按(   )分度。
    A. 角度面之间夹角　　　　　　　B. 相邻角度面之间中心角
    C. 角度面之间夹角的补角　　　　D. 角度面夹角的半角

任务十二　加力杆加工

加力杆图纸如图 4-35 所示。

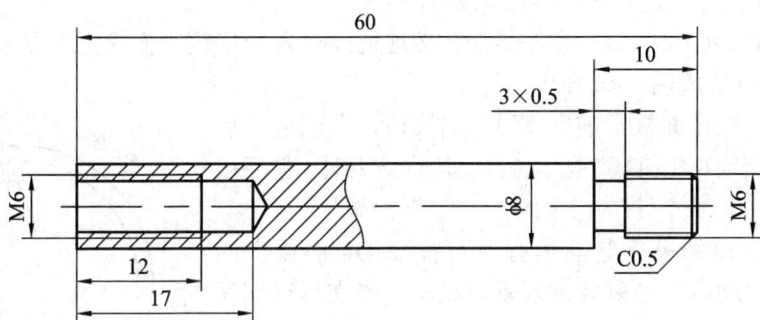

技术要求
1. 锐角倒钝(R0.3)。
2. 未注线性尺寸公差按照"GB/T 1804-m"执行。
3. 未注形位公差按照"GB/T 1184-k"执行。

Ra 12.5

制图	(姓名)	(日期)	加力杆	比例	2:1
审核				1.04.13	
(校名	学号	)	45		

图 4-35　加力杆图纸

相关专业知识

FANUC 0i-TC 数控车床的操作方法(三)

加力杆

跳动公差

一、自动运行

数控车床按程序运行称为自动运行。

1. 存储器运行

存储器运行是指直接执行存储在数控车床存储器中的程序的运行方式。存储器运行的操作步骤为:

(1) 按下工作方式选择区的[自动]按钮。

(2) 按下[PROG]键,显示程序界面;按地址键 O 和数字键,输入所选程序号;按软键[搜索],从存储的程序中选择所需程序。

(3) 按机床操作面板上的[循环启动]按钮,自动运行启动,而且循环启动灯(LED)点亮。当自动运行结束时,循环启动灯灭。

(4) 如需中途结束存储器运行,可按 MDI 面板上的[RESET]键,自动运行结束并进入复位状态。当在运行期间复位时,之前处于运动状态的轴先减速然后停止。

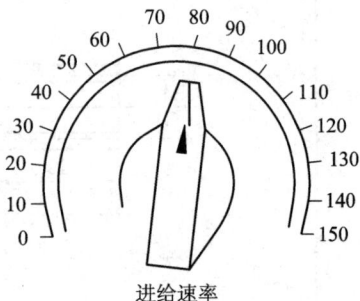

图 4-36　进给速率旋钮

关于存储器运行的几点说明:

(1) 在自动运行时,可通过旋转进给速率旋钮调整所编程序的进给率 F,如图 4-36 所示。

(2) 存储器运行开始后,按表 4-8 所示的步骤运行。

表 4-8　存储器运行步骤

序号	执 行 内 容	序号	执 行 内 容
1	从指定程序中读入一段指令	4	读入下一个程序段指令
2	程序段指令被译码	5	执行缓冲,即对指令进行译码以便执行
3	开始执行指令	6	前一个程序段执行结束之后立即执行下一个程序段

(3) 停止和结束存储器运行的方法有很多,如表 4-9 所示。

表 4-9　存储器运行停止和结束的方法

序号	操作方法	内 容 说 明
1	程序停机指令M00	当程序停止之后,所有的模态信息保持不变,如同单程序段运行一样。可用循环启动按钮恢复存储器运行
2	任选停机指令M01	这一指令代码只有在机床操作面板上的任选停机按钮置于接通时才有效
3	程序结束指令 M02,M30	存储器运行结束并进入复位状态
4	进给暂停键	在存储器运行期间按下操作面板上的进给暂停键,刀具减速停止,可通过程序启动键继续运行
5	复位键	停止自动运行并使系统进入复位状态
6	跳过任选程序段	当机床操作面板上的跳过任选程序段按钮接通时,有斜线(/)符号的程序段被忽略

2. MDI 运行

从 MDI 面板输入程序使机床运行的方式称为 MDI 运行，又称手动数据输入。在 MDI 运行方式中，用 MDI 面板上的键在程序显示界面可最多编制 10 行程序段(与普通程序的格式一样)，然后执行。MDI 运行多用于简单的测试操作。在 MDI 运行方式中建立的程序不能存储。

MDI 运行的步骤：

(1) 按下工作方式选择区的[MDI]按钮。

(2) 按下[PROG]键，显示程序界面，自动输入程序号 O0000。

(3) 与普通程序编辑方法类似，编制要执行的程序，注意最后要加入程序段结束符号(；)。在 MDI 运行方式中编制程序时，其程序字的插入、修改、删除、字检索、地址检索以及程序检索命令都是有效的。

(4) 为了执行程序，须将光标移到程序头(也可以从中间开始)。按操作面板上的循环启动按钮，程序开始执行。当执行到程序结束代码(M02，M30)或 ER(%)时，程序运行结束并且自动删除。如果用 M99 指令，则程序执行结束后返回到程序的开头。

(5) 如需中途停止 MDI 运行，可按机床操作面板上的进给暂停键，进给暂停灯亮而循环启动灯灭。

(6) 为了中途停止 MDI 运行，还可按 MDI 面板上的［RESET］键，则自动运行结束并进入复位状态。在 MDI 运行方式中执行的程序可在表 4-10 所示的情况下删除。

表 4-10　MDI 运行方式中删除程序的方法

序号	方　　　式
1	在MDI运行中，执行了"M02，M30"或ER(%)之后
2	在MEMORY方式下，存储器运行完成时
3	按O和DE键时
4	进行复位时

二、主轴的启动与停止

1. 主轴的启动方式

1) 首次启动主轴步骤

(1) 选择操作方式。

(2) 进入手动数据输入状态，键入"S500 M03；"，按循环启动键。

2) 非首次启动主轴方法

在手动方式下，按下主轴正转或反转按钮。

2. 主轴的停止方式

按下主轴停止键或复位键。

课内作业

根据本任务图纸和内容填写"机械加工工序卡片"。

浙江机电职业技术学院	机械加工工序卡片	产品型号	1.00.00	零件图号			总页	第　页
		产品名称	手动压力机	零件名称			共　页	第　页
				车间	工序号	工序名称		材料牌号
				毛坯种类		毛坯外形尺寸		每台件数
				设备名称	设备型号	设备编号		同时加工件数
				夹具编号		夹具名称		切削液
				工位器具编号		工位器具名称		工序工时 准终 / 单件
	工步号	工步内容	工艺设备	主轴转速 r/min	切削速度 m/min	进给量 mm/r	切削深度 mm	进给次数	工步工时 机动 / 辅助
描图						设计(日期)	审核(日期)	标准化(日期)	会签(日期)
描校									
底图号									
装订号	标记	处数	更改文件号	签字	日期	标记	处数	更改文件号	签字	日期

课外作业

一、判断题

1．车削加工就是在车床上利用工件的旋转运动和刀具的进给运动，加工出各种回转表面、回转体的端面以及螺旋面等。（　　）

2．卧式车床加工范围很广，可以车削圆柱面、圆锥面、螺纹等，但不能车削曲面。（　　）

3．卧式车床主要由主轴箱、交换齿轮箱、溜板箱、尾座、床身等部件组成。（　　）

4．变换主轴箱外手柄的位置，可使主轴得到各种不同转速。（　　）

5．卡盘的作用是用来装夹工件、带动工件一起旋转。（　　）

6．车削不同螺距的螺纹可通过调换进给箱内的齿轮实现。（　　）

7．光杠是用来带动溜板箱，使车刀按要求方向作纵向或横向运动的。（　　）

8．变换进给箱手柄的位置，在光杠或丝杠的传动下，能使车刀按要求方向作进给运动。（　　）

9．床鞍与车床导轨精密配合，纵向进给时可保证径向精度。（　　）

10．调整卧式车床交换齿轮箱的交换齿轮，并与进给箱配合，可以车削各种螺纹和蜗杆。（　　）

二、选择题

1．用分度头装夹工件铣削一棱台，已知棱台侧面与端面的夹角为 $80°$，若采用扳转分度头主轴方法铣削，分度头主轴仰角为（　　）。

　　A．$80°$　　　　　　B．$100°$　　　　　　C．$10°$　　　　　　D．$40°$

2．在铣床上进行刻线加工，刃磨刻线刀时，刀尖角通常选（　　）。

　　A．$30°\sim40°$　　B．$45°\sim60°$　　C．$10°\sim20°$　　D．$60°\sim90°$

3．在铣床上进行刻线加工的刻线刀，通常用（　　）刀具刃磨而成。

　　A．钨钴硬质合金　　B．钨钴钛硬质合金　　C．碳素工具钢　　D．高速钢

4．硬质合金不宜作为刻线刀具材料的主要原因是（　　）。

　　A．硬度不够　　　　B．刚度不够　　　　　C．韧性不够　　　　D．强度不够

5．碳素工具钢不宜作为刻线刀具材料的主要原因是（　　）。

　　A．硬度不够　　　　B．刚度不够　　　　　C．韧性不够　　　　D．强度不够

任务十三　防护罩加工

防护罩图纸如图 4-37 所示。

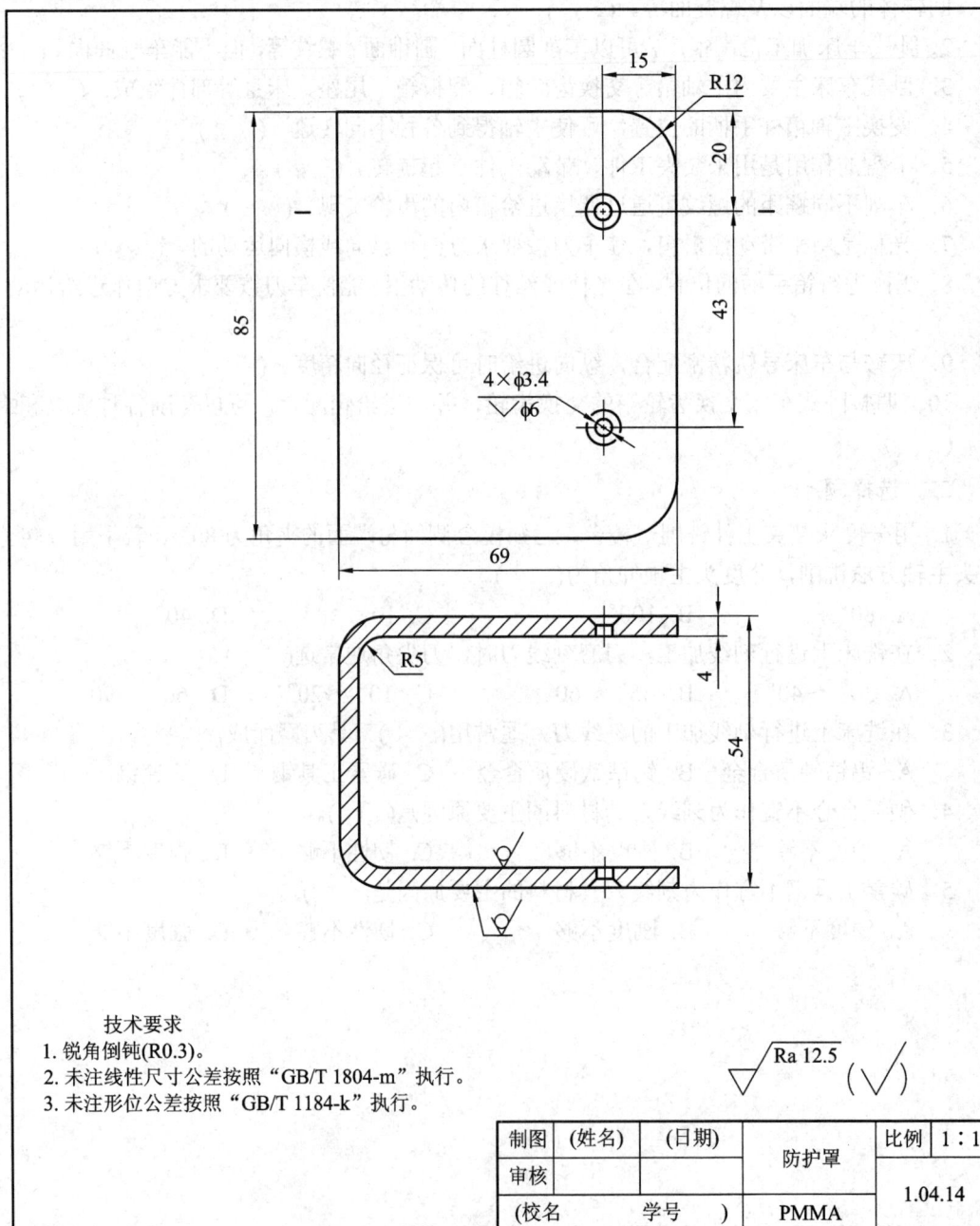

技术要求
1. 锐角倒钝(R0.3)。
2. 未注线性尺寸公差按照"GB/T 1804-m"执行。
3. 未注形位公差按照"GB/T 1184-k"执行。

制图	(姓名)	(日期)	防护罩	比例	1∶1
审核					
(校名	学号	)	PMMA	1.04.14	

图 4-37　防护罩图纸

防护罩 形状公差

相关专业知识

FANUC 0i-TC 数控车床控制面板

FANUC 0i-TC 数控车床控制面板布局如图 4-38 所示。面板上主要包括键盘区和其他按钮区。

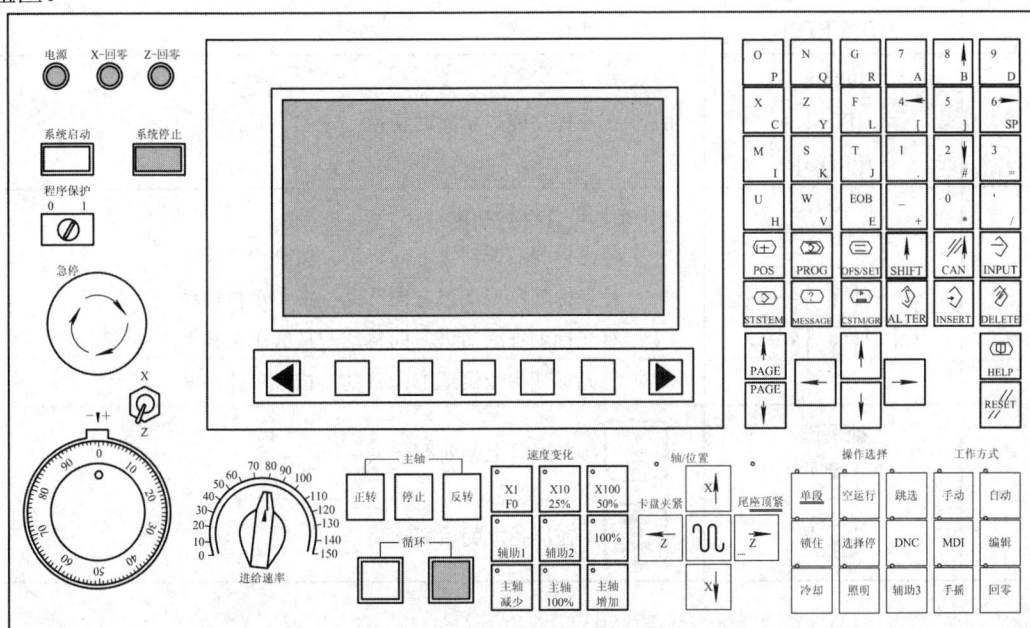

图 4-38 车床控制面板布局

一、数控车床控制面板键盘区简介

FANUC 0i-TC 数控车床控制面板键盘区在面板的右上角部分，是数控车床控制面板主要操作区。车床键盘区各按钮含义说明如表 4-11 所示。

表 4-11 车床键盘区各按钮含义说明

序号	名 称	说 明
1	复位键[RESET]	按此键，可使机床复位，用以消除报警等
2	帮助键[HELP]	按此键，可显示如何操作机床(帮助功能)
3	地址和数字键[N] [1]…	按这些键，可输入字母、数字以及其他字符
4	换挡键[SHIFT]	在有些键上标注了两个字符，可通过按[SHIFT]键来选择，例如，当按下［SHIFT］时，在屏幕上出现一个特殊字符"^"，表示可以输入按钮左上角的字符

序号	名　称	说　明
5	输入键[INPUT]	当按了地址键或数字键后，数据被输入到缓冲器，并在CRT屏幕上显示出来。为了把键入到输入缓冲器中的数据拷贝到寄存器，需按[INPUT]键
6	取消键[CAN]	按此键，可删除已输入到输入缓冲器中的最后一个字符或符号。例如，当显示键入缓冲器的数据为"＞N001×100Z＿＿"时，按[CAN]键，则字符Z被取消，即显示"＞N001×100＿＿"
7	程序编辑键 [ALTER] [INSERT] [DELETE]	在编辑程序时使用。 [ALTER]：替换； [INSERT]：插入； [DELETE]：删除
8	功能键 [POS] [PROG]	用于在各种功能显示界面切换
9	光标移动键	4个不同的光标移动键。 →：将光标朝右或前进方向移动；按小单位移动 ←：将光标朝左或倒退方向移动；按小单位移动 ↓：将光标朝下或前进方向移动；按大单位移动 ↑：将光标朝上或倒退方向移动；按大单位移动
10	翻页键	：在屏幕上朝前翻一页 ：在屏幕上朝后翻一页

二、数控车床控制面板其他按钮区简介

其他按钮区包括显示屏左侧及屏幕下部分区域，下面按从上至下，由左至右的顺序逐一介绍各按钮功能。

"电源、X-回零、Z-回零"显示灯——显示灯亮，分别表示系统通电、X 轴回零、Z 轴回零。

"系统启动"按钮——开启机床。

"系统停止"按钮——关闭机床。

"程序保护"选择开关——开关置于"1"，表示程序可编辑；开关置于"0"，表示程序不可编辑。

"急停"按钮——停止所有的轴运动。

"X—Z"选择开关——开关置于"X"，则可手摇 X 轴；开关置"Z"，则可手摇 Z 轴。

"手轮"旋钮——手动移动数控车床。

"进给速率"旋钮——在程序自动加工时调节进给率 F 的比率。

"主轴正转、停止、反转"按钮——控制车床主轴正转、停止、反转。

"循环启动(白色)"按钮——程序运行开始或继续运行被暂停的程序。

"循环暂停(红色)"按钮——在程序运行过程中，按下此按钮则程序运行暂停。

三、功能键和软键

1. 功能键和软键说明

功能键用于选择显示的屏幕(功能)类型，即显示屏幕内容。各功能键含义如表 4-12 所示。

软键位于显示屏下方，根据 CRT 屏幕最后一行所显示的内容不同，各软键表示的按键内容也不同，按了功能键之后，再按软键，可将与已选功能相对应的内容选中(显示)。

表 4-12　各功能键含义

图　标	含　义
[POS]	显示位置界面
[PROG]	显示程序界面
[OFS/SET]	显示刀偏/设定(SETTING)界面
[SYSTEM]	显示系统界面
[MESSAGE]	显示信息界面
[CSTM/CR]	显示用户宏界面(会话式宏界面)或显示图形界面

为了显示更详细的界面，可在按了功能键之后紧接着按软键。按功能键可进行界面间切换，它们被频繁地使用。根据不同配置，有些软键不显示。

2. 常见显示界面

1) 程序显示界面

显示当前正在执行程序的操作步骤为：按功能键[PROG]，显示程序界面→按章选软键[PRGRM]，则光标定位到当前正在执行的程序段内容；如按章选软键[DIR]，则显示程序列表。

2) 当前位置显示界面

用坐标值显示刀具当前位置的操作步骤为：按功能键[POS]→按软键[绝对]，则显示绝对坐标；如按软键[相对]，则显示相对坐标；如按软键[组合]，则显示所有坐标。

3) 报警信息显示界面

当操作发生故障时，则在 CRT 屏幕上显示出错代码和报警信息。

4) 刀偏/设定(SETTING)显示界面

(1) 显示或设定刀具补偿值的操作步骤为：选择[手动]方式→按下功能键[OFFSET SETING]→按下软键[刀补]，显示刀具补偿界面→按下软键[形状]，显示刀具几何补偿值；按下软键[磨损]显示刀具磨损补偿值。

(2) 显示和输入设定数据。在设定(SETTING)界面，可以设定 TV 校验和穿孔代码等数据。在该界面，操作者可以设定允许/禁止参数的写入、允许/禁止编辑程序时自动插入顺序号、设定顺序号比较和停止功能。

显示和输入设定数据的操作步骤为：按下工作方式键[MDI]→按下功能键[OFFSET SETTING]→按下软键[设置]，显示设置数据界面→按下翻页键，选择所需数据界面。数据界面各参数含义如表 4-13 所示。

表 4-13　数据界面各参数含义

参　　数	中文含义	表　示　内　容	选项	选　项　内　容
PARAMETER WRITE	参数写入开关	设定是允许还是禁止参数写入	0	禁止写入
			1	允许写入
TV CHECK	TV校验	设定是否执行TV校验	0	不进行TV校验
			1	进行TV校验
PUNCH CODE	穿孔代码	设定数据通过阅读机/穿孔机接口输出时的代码	0	输出EIA代码
			1	输出ISO代码
INPUT UNIT	输入单位	设定程序输入单位：英制或米制	0	米制
			1	英制
I/O CHANEL	I/O通道	阅读机/穿孔机接口使用的通道	0	通道0
			1	通道1
			2	通道2
SEQUENCE NO.	顺序号插入	设定在EDIT方式下，程序编辑时是否执行顺序号自动插入	0	不执行顺序号自动插入
			1	执行顺序号自动插入
TAPE FORMAT	纸带格式	设定F10/11纸带格式转换	0	不进行纸带格式转换
			1	进行纸带格式转换
SEQUENCE STOP	顺序号停止	设定顺序号比较和停止功能的操作停止时的顺序号，以及该顺序号所需的程序号		

(3) 显示和设定运行时间、零件数量和时间。

刀偏/设定界面可以显示各种运行时间、所加工工件的总数、所需加工的工件数和已加工的工件数，这些数据可由参数或在此界面下设定(除了加工工件的总数和上电后运行时间，它们只能由参数设定)。该界面也可显示时钟时间，还可在此界面下设定时间。

显示和设定运行时间、零件数量和时间的操作步骤为：选择[MDI]工作方式→按下功能键[OFFSET SETTING]→按下软键[设置]→连续按翻页键直至显示和设定运行时间、零件数量和时间的界面。刀偏/设定界面各参数含义如表 4-14 所示。

表 4-14 刀偏/设定界面各参数含义

参 数	中文含义	设 定 方 法
PARTS TOTAL	工件总数	当执行 02 或 M30 时，该值加 1。该值不能在此界面设定，而是在参数 6712 中设定
PARTS REQUIRED	所需加工的工件数	移动光标至 PARTS REQUIRED 并输入所需加工的工件数量。当此数设为 0 时，对于工件数没有限制
PART COUNT	工件计数	当执行 M02 或 M30 时，该值加 1。通常，当它达到所需的工件数时，该值被清零
POWER ON	通电	显示通电的总时间，该值不能在该界面设定
OPERATING TIME	运行时间	显示自动运行期的总运行时间，不包括停止和进给暂停的时间
CUTTING TIME	切削时间	显示切削所耗费的总时间，该时间包括切削进给时间，如直线插补(G01)和圆弧插补(G02 或 G03)
FREE PURPOSE	非切削时间	该值可用于统计，包含如冷却时间等非切削的总时间
CYCLE TIME	循环时间	显示一次自动运行的时间，不包含停止和进给暂停的时间，在复位状态执行循环启动时，该值自动置为 0，断电时该值也被置为 0
DATE	日期	显示当前的日期。为了设定时间，将光标移至 DATE，输入新的日期，然后按软键[INPUT]
TIME	时间	显示当前的时间。为了设定时间，将光标移至 TIME，输入新的时间，然后按软键[INPUT]

5) 系统显示界面

机床和数控系统连接时，必须设定参数以定义机床的功能和规格，从而充分利用伺服电机的特性。参数的设定取决于机床，参见由机床生产厂家提供的参数表。通常，用户不需改变系统显示界面参数。

显示系统参数的操作步骤为：

(1) 按下功能键[SYSTEM]。

(2) 按软键[PARAM]显示系统参数界面。

(3) 通过翻页键或上下光标键，将光标移动到所需显示的参数处。

6) 图形显示界面

自动运行刀具的移动轨迹可用图形模拟显示，从而指示出切削过程以及刀具位置，以验证所编程序的正确性。进行图形模拟的操作步骤为：选择所要模拟的程序→按[自动]键→按[空运行]键→按[锁住]键→按[程序启动]键，则显示程序加工的图形。

课内作业

根据本任务图纸和内容填写"机械加工工序卡片"。

浙江机电职业技术学院	机械加工工序卡片	产品型号	1.00.00	零件图号		总页 共页	第页 第页			
		产品名称	手动压力机	零件名称						

车间	工序号	工序名称	材料编号
毛坯种类	毛坯外形尺寸		每台件数
设备名称	设备型号	设备编号	同时加工件数
夹具编号	夹具名称		切削液
工位器具编号	工位器具名称		工序工时 准终 单件

工步号	工步内容	工艺设备	主轴转速 r/min	切削速度 m/min	进给量 mm/r	切削深度 mm	进给次数	工步工时 机动 辅助

				设计(日期)	审核(日期)	标准化(日期)	会签(日期)
描图							
描校							
底图号							
装订号							
	标记	处数	更改文件号	签字	日期	标记 处数 更改文件号 签字 日期	

课外作业

一、判断题

1. 车床的进给箱把电动机的旋转运动传递给主轴。（　　）
2. 车床的长丝杠用来车削螺纹，但不能车削蜗杆。（　　）
3. 车床的中滑板用于横向进给车削工件和控制背吃刀量。（　　）
4. 车床的小滑板用于手动进给纵向车削工件或车削圆锥面。（　　）
5. 车床工作中主轴要变速时，必须先停机，变换进给箱手柄位置要在低速时进行。（　　）
6. 机床的类别用汉语拼音字母表示，居型号的首位，其中字母"C"表示车床类。（　　）
7. 对车床来说，如第一位数字是"6"，代表的是落地及卧式车床组。（　　）

二、选择题

1. 在 X6132 型铣床上选用直径为 80 mm、齿数为 18 的铣刀，若转速采用 75 r/min，进给量选用了 $f = 0.06$ mm/z，机床的进给速度应选为（　　）mm/min。

 A. 81   B. 75   C. 108   D. 100

2. 在 X5032 型铣床上选用直径为 100 mm、齿数为 16 的铣刀，转速采用 75 r/min，铣削速度为（　　）mm/min。

 A. 94.24   B. 11.78   C. 7.12   D. 23.56

3. 在 X5032 型铣床上用面铣刀铣削，铣床的转速调整为 75 r/min，铣刀直径为 100 mm，进给速度调整为 95 mm/min，若选用齿数为 10 的铣刀，每齿进给量应为（　　）mm/z。

 A. 0.5028   B. 0.1267   C. 0.2514   D. 0.0624

4. 在 X6132 型铣床上用角度铣刀铣削与工件端面成 30° 夹角的斜面，测得斜面宽度有 2 mm 余量需铣去，若采用横向进给，应移动的距离为（　　）mm。

 A. 1   B. 1.732   C. 1.414   D. 0.866

5. 用 X6132 型铣床在直径为 40 mm 的轴上铣削一敞开式直角槽，槽宽为 12 mm，若采用 12 mm 宽度的盘形槽铣刀加工，用擦边法对刀（若纸厚为 0.10 mm），工作台横向移动的距离应为（　　）mm。

 A. 28   B. 52   C. 26.10   D. 13.05

任务十四　手动压力机冲压机构装配

手动压力机冲压机构图纸如图 4-39 所示。

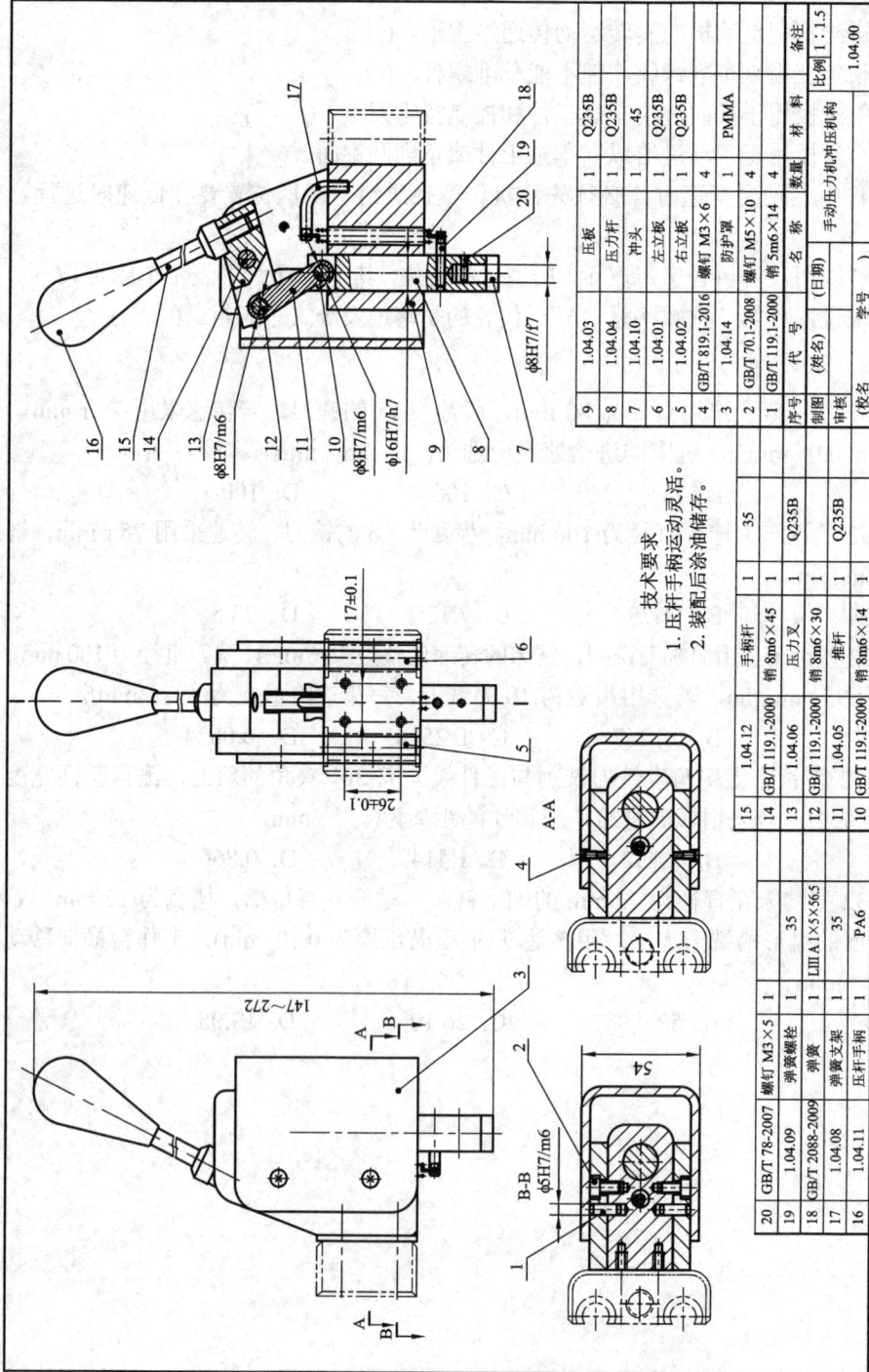

序号	代号	名称	数量	材料	备注
9	1.04.03	压板	1	Q235B	
8	1.04.04	压力杆	1	Q235B	
7	1.04.10	冲头	1	45	
6	1.04.01	左立板	1	Q235B	
5	1.04.02	右立板	1	Q235B	
4	GB/T 819.1-2016	螺钉 M3×6	4		
3	1.04.14	防护罩	1	PMMA	
2	GB/T 70.1-2008	螺钉 M5×10	4		
1	GB/T 119.1-2000	销 5m6×14	4		

15	1.04.12	手柄杆	1	35	
14	GB/T 119.1-2000	销 8m6×45	1		
13	1.04.06	压力叉	1	Q235B	
12	GB/T 119.1-2000	销 8m6×30	1		
11	1.04.05	推杆	1	Q235B	
10	GB/T 119.1-2000	销 8m6×14	1		

20	GB/T 78-2007	螺钉 M3×5	1		
19	1.04.09	弹簧螺栓	1	35	
18	GB/T 2088-2009	弹簧	1		LⅢ A 1×5×56.5
17	1.04.08	弹簧支架	1	35	
16	1.04.11	压杆手柄	1	PA6	

手动压力机冲压机构　比例 1：1.5　1.04.00

技术要求
1. 压杆手柄运动灵活。
2. 装配后涂油储存。

手动压力机冲压机构

方向公差

图 4-39　手动压力机冲压机构图纸

相关专业知识

一、工作方式选择按钮

"工作方式"选择区位于车床控制面板的右下角(见图 4-38)，可在操作数控车床的不同方式间进行切换。各工作方式选择按钮含义如表 4-15 所示。

表 4-15　各工作方式选择按钮含义

图　标	含　义
手动	机床按选定轴和方向移动 X 或 Z 轴
MDI	手动输入单行数据加工
手摇	机床按选定轴用手轮移动 X 或 Z 轴
自动	程序自动运行
编辑	输入新程序或对已有程序进行修改
回零	机床开机后回零

二、键盘数字区

按地址键和数字键时，对应该键的字符值被键入到缓冲器。键入到缓冲器的内容显示在屏幕的底部。为了表示是键入的数据，在它的前面显示一个"＞"符号。在键入数据的尾部显示一个"_"，表示下一个字符输入的位置。

对于一个键上刻有两个字符的，为了输入这类键的下行字符，先按下[SHIFT]键，再按该键即可。当按下[SHIFT]键时，指示下一个字符键入位置的符号"_"变成为"∧"。此时即可输入下行的字符了(换挡状态)。当在换挡状态输入字符后，换挡状态就被取消。如果在换挡状态又按了[SHIFT]键，换挡状态也被取消。

在缓冲器中一次最多可输入 32 个字符。按一次[CAN]键可取消最后键入缓冲器中的一个字符或符号。

若输入数据不正确或操作错误时，将在状态显示行上显示一个闪烁的警告信息。常见警告信息如表 4-16 所示。

表 4-16　警　告　信　息

警　告　信　息	内　容
FORMAT ERROR	格式不正确
WRITE PROTECT	因数据保护键起作用或参数不允许写入，使键无效
DATA IS OUT OF RANGE	输入值超过了允许范围
TOO MANY DIGITS	输入值超过了允许位数
WRONG MODE	在非MDI方式下操作，不允许参数输入
EDIT REJECTED	在当前状态下不允许进行编辑

三、操作选择按钮

"操作选择"区位于车床控制面板右下角，紧邻"工作方式"选择区，可在操作数控车床的不同操作方式间进行切换。各按钮含义如表 4-17 所示。

表 4-17　各操作选择按钮含义

图　标	含　义
单段	在自动加工过程中，程序单段加工
锁住	在加工时机床不动作，即机械坐标被锁定，但 CRT 屏幕中其他坐标会发生变化
冷却	打开或关闭冷却液
空运行	机床以系统内预先设定的速度值快速运行程序
选择停	M01 选择停有效
照明	照明灯亮
跳选	按下跳选时，程序段前有"/"的程序被跳过
DNC	直接数字控制
辅助 3	由生产厂家决定按钮功能

课内作业

所需的设备、工具、量具列表

序号	设备(工、量具)	型号或规格	数量	备　注

续表

序号	设备(工、量具)	型号或规格	数量	备　注

课外作业

一、判断题

1. 为了延长车床的使用寿命，必须对车床上所有摩擦部位定期进行润滑。（　　）
2. 车床露在外面的滑动表面，擦干净后用油壶浇油润滑，每班至少一次。（　　）
3. 主轴箱和溜板箱内的润滑油一般半年需更换一次。（　　）
4. 主轴箱换油时先将箱体内部用煤油清洗干净，然后再加油。（　　）
5. 车床主轴箱内注入的新油油面不得高于油标中心线。（　　）
6. 车床尾座中、小滑板摇动手柄转动轴承部位，每班次至少加油一次。（　　）
7. 油脂杯润滑每周加油一次，每班次旋转油杯盖一圈。（　　）
8. 车床润滑系统位置示意图中的〇表示使用 L-AN46 全损耗系统用油。（　　）
9. 对车床进行保养的主要内容是清洁和必要的调整。（　　）
10. 车床运转 500 h 后，需要进行一级保养。（　　）

二、选择题

1. 主轴与工作台面垂直的升降台铣床称为（　　）。
　　A. 立式铣床　　　　　　B. 卧式铣床　　　　　　C. 万能工具铣床
2. 工作台能在水平面内扳转±45°的铣床是（　　）。
　　A. 卧式铣床　　　　　　B. 卧式万能铣床　　　　C. 龙门铣床
3. 卧式万能铣床的工作台可以在水平面内扳转（　　）角度，以适应用盘形铣刀加工螺旋槽等工件。
　　A. ±35°　　　　　　　　B. ±90°　　　　　　　　C. ±45°
4. X6132 型铣床的主体是（　　），铣床的主要部件都安装在上面。
　　A. 底座　　　　　　　　B. 床身　　　　　　　　C. 工作台
5. X6132 型铣床的床身是（　　）结构。
　　A. 框架　　　　　　　　B. 箱体　　　　　　　　C. 桶形
6. X6132 型铣床的垂直导轨是（　　）导轨。
　　A. 梯形　　　　　　　　B. 燕尾　　　　　　　　C. V 形
7. X6132 型铣床的主电动机安装在铣床床身的（　　）。
　　A. 上部　　　　　　　　B. 左下侧　　　　　　　C. 后部
8. X6132 型铣床主轴的旋转方向是由（　　）控制的。
　　A. 按钮开关　　　　　　B. 拨动开关　　　　　　C. 机械手柄

项目五　手动压力机工作台加工

手动压力机工作台图纸如图 5-1 所示。

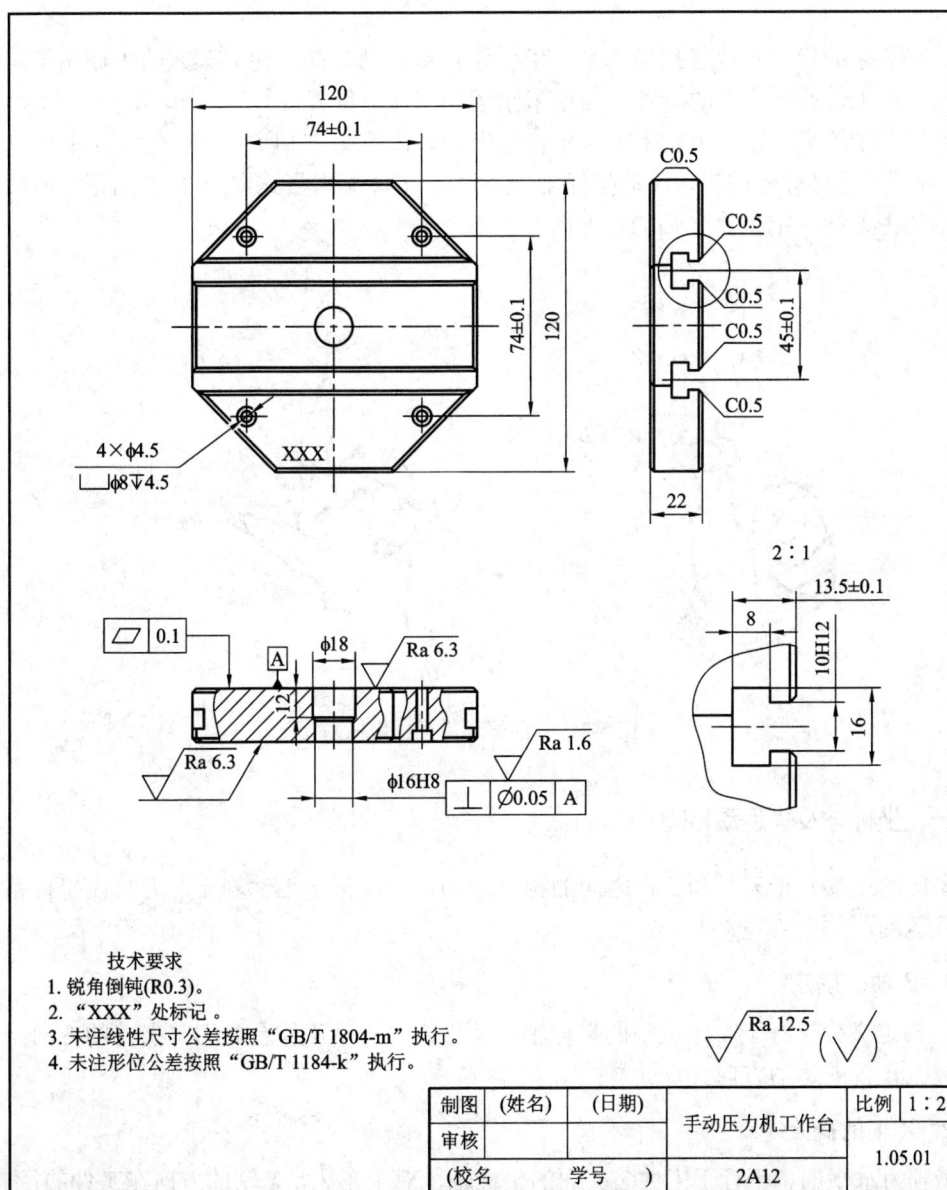

技术要求
1. 锐角倒钝(R0.3)。
2. "XXX"处标记。
3. 未注线性尺寸公差按照"GB/T 1804-m"执行。
4. 未注形位公差按照"GB/T 1184-k"执行。

$\sqrt{Ra\ 12.5}$ $\left(\sqrt{}\right)$

制图	(姓名)	(日期)	手动压力机工作台	比例	1：2
审核					
(校名	学号	)	2A12		1.05.01

图 5-1　手动压力机工作台图纸

手动压力机工作台　　　　位置公差　　　　工作台 8 边形划线

◆ 相关专业知识

数控车床的坐标系统包括坐标系、坐标原点和运动方向。建立车床的坐标系统是为了确定刀具或工件在车床中的位置，确定车床运动部件的位置及其运动范围。

数控车床的坐标系采用右手笛卡尔直角坐标系，如图 5-2 所示。基本坐标轴为 X、Y、Z，相对于每个坐标轴的旋转运动坐标轴为 A、B、C。大拇指方向为 X 轴的正方向；食指为 Y 轴的正方向；中指为 Z 轴的正方向。

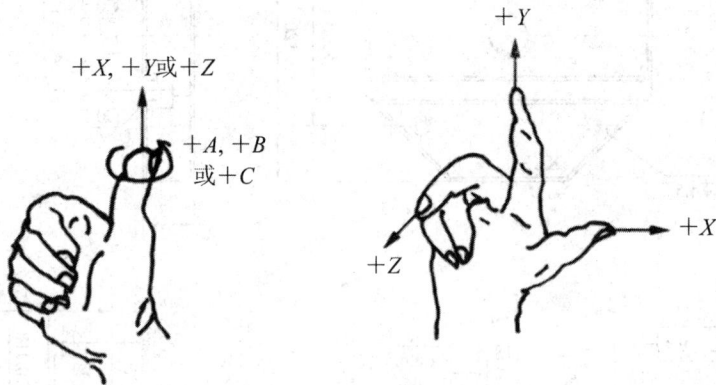

图 5-2　右手笛卡尔直角坐标系

一、坐标轴及其运动方向

车床的运动是指刀具和工件之间的相对运动，一律假定工件静止，刀具在坐标系内相对工件运动。

1. Z 轴的确定

Z 轴定义为平行于车床主轴的坐标轴，其正方向为从工作台到刀具夹持的方向，即刀具远离工作台的运动方向。

2. X 轴的确定

X 轴为水平的、平行于工件装夹面的坐标轴，对于车床，X 轴的方向在工件的径向上，且平行于横滑座。刀具离开工件旋转中心的方向为 X 轴正方向。

3. *Y* 轴的确定

Y 轴垂直于 *X*、*Z* 坐标轴。当 *X* 轴、*Z* 轴确定之后，按右手笛卡尔直角坐标系定则来确定 *Y* 轴。

4. 旋转坐标轴 *A*、*B* 和 *C*

旋转坐标轴 *A*、*B* 和 *C* 的正方向相应地在 *X*、*Y*、*Z* 坐标轴正方向上，按右手螺旋前进的方向来确定。

二、坐标原点

1. 车床原点

车床原点又称机械原点，它是车床坐标系的原点。该点是车床上的一个固定的点，是车床制造商设置在车床上的一个物理位置，通常不允许用户改变。车床原点是工件坐标系、车床参考点的基准点。车床原点为主轴旋转中心与卡盘后端面的交点，如图 5-3 所示的 *O* 点。

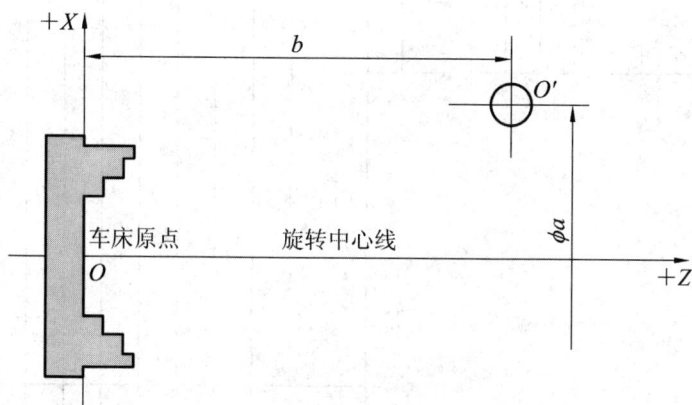

图 5-3　车床原点

2. 车床参考点

车床参考点是机床制造商在机床上用行程开关设置的一个物理位置，与机床原点的相对位置是固定的，车床出厂之前由机床制造商精密测量确定。

3. 程序原点

程序原点是编程员在数控编程过程中定义在工件上的几何基准点，有时也称为工件原点，是由编程人员根据情况自行选择的。

三、选择工件原点的原则

(1) 选在工件图样的基准上，以利于编程。

(2) 选在尺寸精度高、粗糙度值低的工件表面上。

(3) 选在工件的对称中心上(一般选在工件右端面中心)。

(4) 便于测量和验收。

课内作业

根据本任务图纸和内容填写"机械加工工序卡片"。

浙江机电职业技术学院	机械加工工序卡片	产品型号	1.00.00	零件图号		总页	第 页		
		产品名称	手动压力机	零件名称		共页	第 页		

车间	工序号	工序名称	材料牌号
毛坯种类	毛坯外形尺寸		每台件数
设备名称	设备型号	设备编号	同时加工件数
夹具编号	夹具名称		切削液
工位器具编号	工位器具名称		工序工时 准终 单件

工步号	工步内容	工艺设备	主轴转速 r/min	切削速度 m/min	进给量 mm/r	切削深度 mm	进给次数	工步工时 机动 辅助

			设计(日期)	审核(日期)	标准化(日期)	会签(日期)

描 图			
描 校			
底图号			
装订号			

标记	处数	更改文件号	签字	日期	标记	处数	更改文件号	签字	日期

课外作业

一、判断题

1. 车床保养时，必须切断电源，防止触电事故。(　　)

2. 清理车床时，可以用压缩空气进行吹扫。(　　)

3. 一级保养以操作工人为主，维修人员进行配合。(　　)

4. 开机前，在手柄位置正确的情况下，需低速运转约 2min 后，才能进行车削。(　　)

5. 装夹较重较大工件时，必须在机床导轨面上垫上木块，防止工件突然坠下砸伤导轨。(　　)

6. 车工在操作中严禁戴手套。(　　)

7. 车削崩碎状切屑的工件时，必须戴好防护眼镜。(　　)

8. 车削加工时，清除切屑必须使用专用的钩子，不可用手直接清除。(　　)

9. 车削时，车刀整体在很高的切削温度下工作，并承受很大的切削力和冲击力。(　　)

10. 常用车刀按刀具材料可分为高速钢车刀和硬质合金车刀两类。(　　)

二、选择题

1. X6132 型铣床的主轴最高转速是(　　)r/min。
   A. 1180　　　　　　　　B. 1120　　　　　　　　C. 1500

2. X6132 型铣床的主轴前端锥孔锥度是(　　)。
   A. 7∶24　　　　　　　　B. 莫氏 4 号　　　　　　C. 1∶12

3. X6132 型铣床的主轴是(　　)。
   A. 前端有内锥的空心轴　　　　B. 前端有内锥的实心轴
   C. 后端有内孔的实心轴

4. X6132 型铣床刀杆是通过(　　)紧固在主轴上的。
   A. 键联接　　　　　　　B. 内外锥配合　　　　　C. 拉紧螺杆

5. 卧式铣床支架的作用是(　　)。
   A. 增加刀杆刚度　　　　B. 紧固刀杆　　　　　　C. 增加铣刀强度

6. X6132 型铣床的纵向进给丝杠与手柄是通过(　　)联接的。
   A. 销钉　　　　　　　　B. 平键　　　　　　　　C. 离合器

项目六　手动压力机装配

手动压力机图纸如图 6-1 所示。

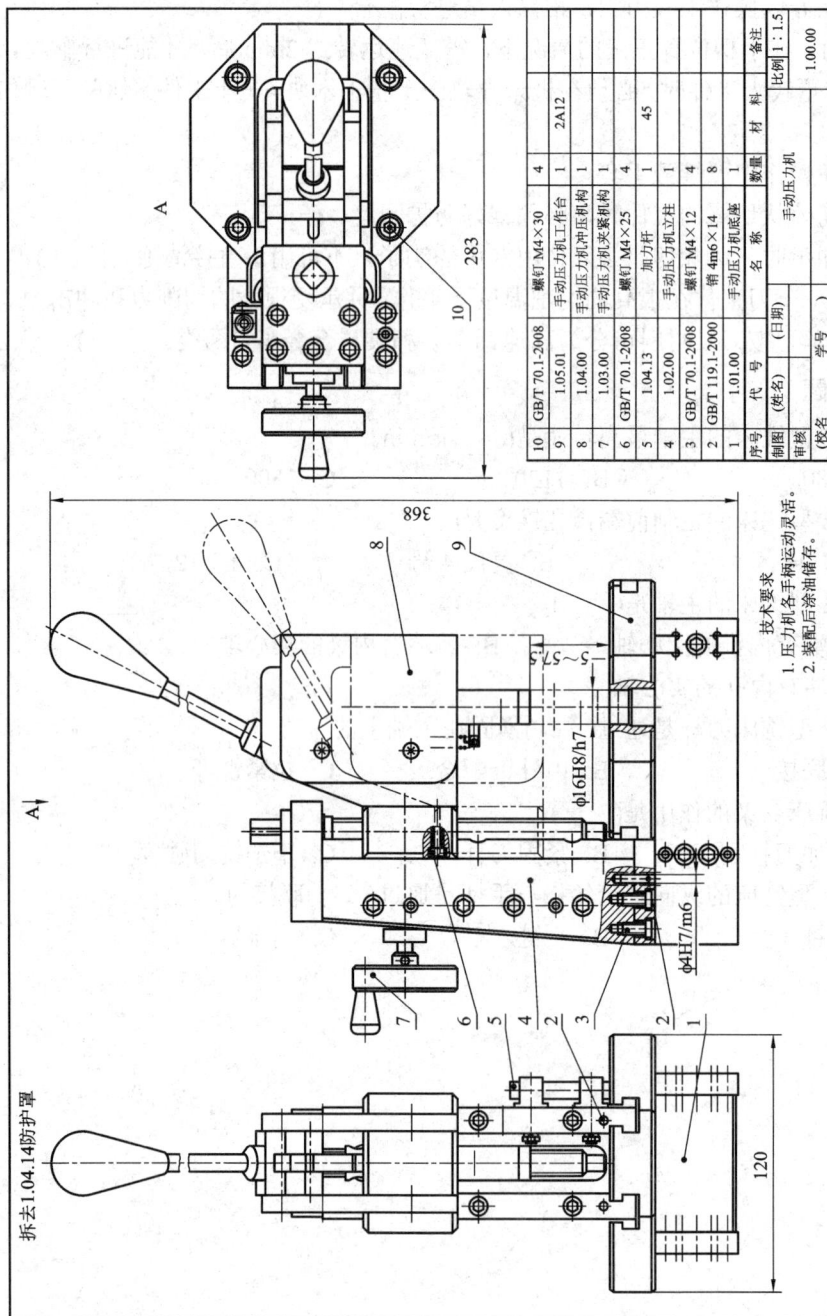

拆去 1.04.14 防护罩

283

10

368

5~57.5

φ16H8/h7

φ4H7/m6

120

技术要求
1. 压力机各手柄运动灵活。
2. 装配后涂油储存。

10	GB/T 70.1-2008	螺钉 M4×30	4		
9	1.05.01	手动压力机工作台	1	2A12	
8	1.04.00	手动压力机冲压机构	1		
7	1.03.00	手动压力机夹紧机构	1		
6	GB/T 70.1-2008	螺钉 M4×25	4		
5	1.04.13	加力杆	1	45	
4	1.02.00	手动压力机立柱	1		
3	GB/T 70.1-2008	螺钉 M4×12	4		
2	GB/T 119.1-2000	销 4m6×14	8		
1	1.01.00	手动压力机底座	1		
序号	代　号	名　称	数量	材　料	备注

手动压力机

比例 1:1.5　1.00.00

制图　（姓名）　（日期）
审核
（校名　　　）　学号　　　）

图 6-1　手动压力机图纸

手动压力机冲压机构　　滚动轴承的公差与配合　　万能测齿仪测量

相关专业知识

一、数控车床的加工特点

数控车床是数字程序控制车床(CNC 车床)的简称，它集通用性好的万能型车床、加工精度高的精密型车床和加工效率高的专用型普通车床的特点于一身，是国内使用量最大、覆盖面最广的机床之一。

数控车床主要用于轴类和盘类回转体零件的加工，能够自动完成内外圆柱面、圆锥面、圆弧面、螺纹等工序的切削加工，并能进行切槽、钻、扩、铰孔和各种回转曲面的加工。数控车床具有加工效率高、精度稳定性好、加工灵活、操作劳动强度低等特点，特别适用于复杂形状的零件或中、小批量零件的加工。

二、数控车床的布局

按数控车床床身导轨与水平面的相对位置不同，数控车床有 4 种布局形式，分别为水平床身(见图 6-2(a))、斜床身(见图 6-2(b))、水平床身斜滑板(见图 6-2(c))和立床身(见图 6-2(d))。

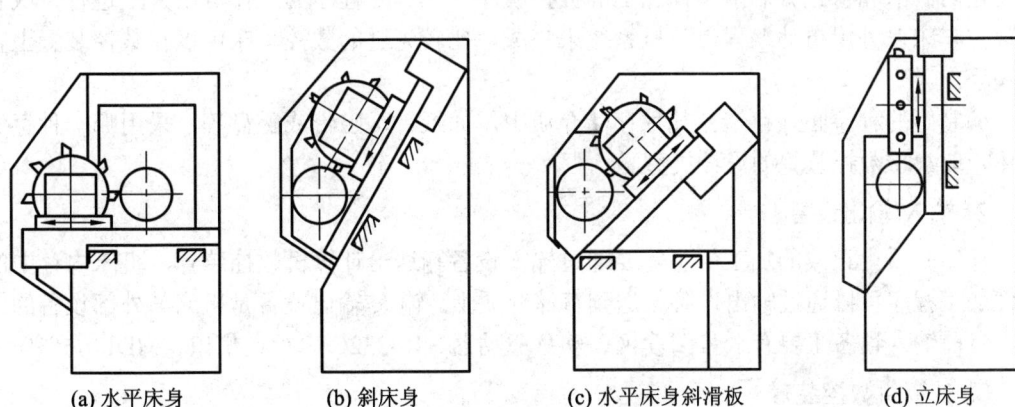

(a) 水平床身　　　　(b) 斜床身　　　　(c) 水平床身斜滑板　　　　(d) 立床身

图 6-2　数控车床布局形式

水平床身加工工艺性好，刀架水平放置有利于提高其运动精度，但这种结构床身下部空间小，排屑困难。

一般中小型数控车床多采用倾斜床身或水平床身斜滑板结构，这两种布局占地面积小，机床外形美观，易于排屑和冷却液的排流，便于操作和观察，易于安装上下料机械手，以实现全面自动化。且倾斜床身可采用封闭截面整体结构，以提高床身的刚度。床身导轨倾斜角度多为 45°、60°、70°，但倾斜角度太大会影响导轨的导向性及受力情况。

立床身通常指数控车削中心，可以使工件在一次装夹下完成车削、钻削、铣削等加工。

三、数控车床的组成

数控车床是由数控程序及存储介质、操作面板、输入/输出设备、计算机数控装置、进给伺服单元、机床本体等组成，如图 6-3 所示是数控车床的组成框图。

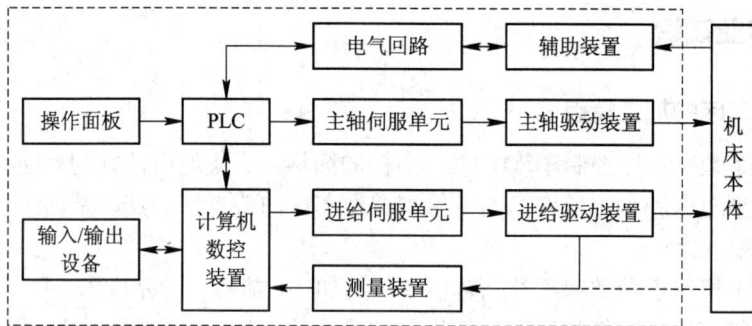

图 6-3　数控车床的组成框图

1. 数控程序及存储介质

数控程序是数控车床自动加工零件的工作指令。在对加工零件进行工艺分析的基础上确定：零件坐标系在机床坐标系上的相对位置；刀具与零件相对运动的尺寸参数；零件加工的工艺路线或加工顺序、切削加工的工艺参数以及辅助装置的动作等。这样得到零件的所有运动、尺寸、工艺参数等加工信息，然后用标准的文字、数字和符号组成数控代码，按规定的方法和格式编制出零件加工的数控程序单。编制程序的工作可由人工进行，或者在数控车床以外用自动编程计算机系统来完成，比较先进的数控车床可以在数控装置上直接编程。

编制好的程序必须存储在某种存储介质中，如纸带、磁带或磁盘等，采用哪一种存储载体，取决于数控装置的设计类型。

2. 输入/输出设备

存储介质上记载的加工信息需要通过输入设备输送给计算机数控装置，机床内存中的零件加工程序可以通过输出设备传送到存储介质上。输入/输出设备是机床与外部设备的接口，目前输入设备主要有纸带阅读机、软盘驱动器、RS232C 串行通信口、MDI 方式等。

3. 计算机数控装置

CNC(Computerised Numerical Control，计算机数控)装置是数控加工中的专用计算机，除具有一般计算机结构外，还有与数控车床功能相关的功能模块结构和接口单元。

4. 数控车床的进给伺服单元

数控车床的进给传动系统常采用伺服系统，数控车床进给伺服单元是以车床移动部件的位置和速度为控制量的自动控制系统，又称随动系统、拖动系统或伺服系统。

5. 机床本体

机床本体是加工运动的实际机械部件，主要包括：主运动部件、进给运动部件(如工作台、刀架)和支承部件(如床身、立柱等)，还有冷却、润滑、转位部件，如夹紧、换刀机械手等辅助装置。

四、计算机数控(CNC)装置的主要功能

数控车床中 CNC 装置的硬件采用了微处理器、存储器、接口芯片等，再安装不同的监控软件就可以实现过去难以实现的许多功能。因此 CNC 装置的功能要比过去 NC 装置的功能丰富得多，更加便于适应数控车床的复杂控制要求。

CNC 装置的功能通常包括基本功能和选择功能。基本功能是 CNC 装置的必备功能，选择功能是供用户根据机床特点和用途进行选择的功能。CNC 装置的功能主要反映在准备功能 G 指令代码和辅助功能指令代码上。

现以 FANUC 0i Mate TC 数控系统为例，简述其部分功能。

1. 主轴功能

主轴功能除对车床进行无级调速外，还具有同步进给控制、恒线速度控制及主轴最高转速控制等功能。

2. 多坐标控制功能

CNC 装置可以控制坐标轴的数目，指的是 CNC 装置最多可以控制多少个坐标轴，其中包括平动轴和回转轴。其基本平动坐标轴是 X、Y、Z 轴；基本回转坐标轴是 A、B、C 轴。联动轴数是指数控装置按照加工的要求可以同时控制运动的坐标轴的数目。如某型号的数控车床具有 X、Y、Z 3 个坐标轴运动方向，而数控装置只能同时控制 2 个坐标轴(XY、YZ 或 XZ)的运动，则该机床的控制轴数为 3 轴(称为三轴控制)，而联动轴数为 2 轴(称为两联动)。

控制功能是指 CNC 装置能够控制的，以及能够同时控制的轴数。控制功能是数控装置的主要性能指标之一。控制轴有移动轴和回转轴、基本轴和附加轴。控制轴数越多，特别是同时控制轴数越多，CNC 装置的功能越强，同时 CNC 装置就越复杂，编制零件加工程序也就越困难。

3. 自动返回参考点功能

本系统规定具有刀具从当前位置快速返回至参考点位置的功能，其指令为 G28。该功能既适用于单坐标轴返回，又适用于 X 和 Z 两个坐标轴同时返回。

4. 螺纹车削功能

螺纹车削功能可控制完成各种等螺距(米制或英制)螺纹的加工，如圆柱(右、左旋)、圆锥及端面螺纹等。

5. 固定循环切削功能

用数控车床加工零件时，一些典型的加工工序，如车削外圆、端面、圆锥面、镗孔、车螺纹等，所需完成的动作循环十分典型，可将这些典型动作预先编好程序并存储在存储

器中，用 G 代码保存指令。固定循环中的 G 代码指令的动作程序要比一般的 G 代码指令的动作要多得多，因此使用固定循环功能，可以大大简化程序编制。

6. 插补功能

CNC 装置是通过软件进行插补计算的，连续控制时实时性很强，计算速度很难满足数控车床对进给速度和分辨率的要求。因此实际的 CNC 装置插补功能被分为粗插补和精插补。进行轮廓加工的零件的形状，大部分是由直线和圆弧构成，有的是由更复杂的曲线构成，因此有直线插补、圆弧插补、抛物线插补、极坐标插补、螺旋线插补、样条曲线插补等。

实现插补运算的方法有逐点比较法和数字积分法等。

7. 辅助功能

辅助功能是数控加工中不可缺少的辅助操作，用地址 M 和它后续的数字表示。在 ISO 标准中，有 M00～M99 共 100 种。辅助功能用来规定主轴的起、停，冷却液的开、关等。

8. 刀具功能

刀具功能是用来选择刀具的，用地址 T 和它后续的数值表示。刀具功能一般和辅助功能一起使用。

9. 补偿功能

加工过程中由于刀具磨损或更换刀具，以及机械传动中的丝杠螺距误差和反向间隙等，会使实际加工出的零件尺寸与程序规定的尺寸不一致，造成加工误差。因此数控车床 CNC 装置设计了补偿功能，它可以把刀具磨损、刀具半径的补偿量、丝杠的螺距误差和反向间隙误差的补偿量输入到 CNC 装置的存储器，按补偿量重新计算刀具的运动轨迹和坐标尺寸，从而加工出符合要求的零件。

10. 字符显示功能

CNC 装置可以配置单色或彩色 CRT，通过软件和接口实现字符和图形显示。CRT 屏幕可以显示加工程序、参数、各种补偿量、坐标位置、故障信息、零件图形、动态刀具运动轨迹等。

11. 自诊断功能

CNC 装置中设置了各种诊断程序，可以防止故障的发生或扩大。在故障出现后可迅速查明故障类型及部位，减少因故障而造成的停机时间。

12. 通信功能

CNC 装置通常具有 RS232C 接口，有的还备有 DNC 接口。现在部分数控车床还具有网卡，可以接入因特网。

13. 在线编程功能

在线编程功能可以在数控加工过程中进行程序的编辑，因此不占用机时。在线编程时使用的自动编程软件有人机交互式自动编程系统、APT 语言编程系统、蓝图直接编程系统等。

课内作业

所需的设备、工具、量具列表

序号	设备(工、量具)	型号或规格	数量	备注

序号	设备(工、量具)	型号或规格	数量	备注

课外作业

一、判断题

1. 车刀刀具硬度与工件材料硬度一般相等。（　　）

2. 刀具材料的耐磨损性能与其硬度无关。（　　）

3. 高速钢是常用的刀具材料，俗称锋钢或白钢。（　　）

4. 热硬性是刀具材料在高温下仍能保持其硬度的特性。（　　）

5. 高速钢刀具的韧性比硬质合金好，因此，常用于承受冲击力较大的场合。（　　）

6. 高速钢车刀的韧性虽然比硬质合金好，但不能用于高速切削。（　　）

7. W6Mo5Cr4V2 是硬质合金材料，可以用来制造刀具。（　　）

8. 高速钢车刀淬火后的硬度约为 HRC 72～82。（　　）

9. 硬质合金的硬度高，能耐高温，有很好的热硬性，在 100℃ 左右的高温下，仍能保

持良好的切削性能。（　　）

10．硬质合金的韧性较好，不怕冲击。（　　）

二、选择题

1．X6132 型铣床工作台 3 个方向的自动进给移动到最终位置时，由（　　）切断电源，使工作台停止进给。

  A．挡铁   B．锁紧装置   C．安全离合器

2．铣床运转（　　）h 后一定要进行一级保养。

  A．300   B．400   C．500

3．铣床一级保养部位包括外保养、（　　）、冷却、润滑、附件、电器等。

  A．机械   B．传动   C．工作台

4．刀具上切屑流过的表面是（　　）。

  A．前刀面   B．后刀面   C．副后刀面

5．在确定铣刀角度时，需要有两个作为角度测量基准的坐标平面，即（　　）。

  A．基面和切削平面   B．前刀面和后刀面   C．XOY 平面与 XOZ 平面

6．铣刀几何角度中的楔角是（　　）之间的夹角。

  A．切削刃   B．刀面   C．坐标面

7．前刀面与（　　）之间的夹角称为前角。

  A．基面   B．切削平面   C．后刀面

参 考 文 献

[1] 钱可强. 机械制图[M]. 3 版. 上海：高等教育出版社，2012.

[2] 钱可强. 机械制图习题集[M]. 上海：高等教育出版社，2012.

[3] 陈长生. 机械基础综合实训[M]. 北京：机械工业出版社，2010.

[4] 薛玮珠. 产品几何技术规范基础[M]. 杭州：浙江机电职业技术学院，2014.

[5] 薛玮珠. 产品几何技术规范基础实验报告[M]. 杭州：浙江机电职业技术学院，2014.

[6] 毛全有. 传动轴制造[M]. 北京：机械工业出版社，2010.

[7] 邹青. 机械制造技术基础课程设计指导教程[M]. 2 版. 北京：机械工业出版社，2011.

[8] 王金荣，孟迪. 钳工看图学操作[M]. 北京：机械工业出版社，2011.

[9] 贾建华，毛全有. 夹具应用技术[M]. 杭州：浙江机电职业技术学院，2007.

[10] 陈长生，周纯江. 机械创新设计实训教程[M]. 北京：机械工业出版社，2013.

[11] 张普礼，杨琳. 机械加工设备[M]. 北京：机械工业出版社，2010.

[12] 常宝珍，刘莴. 钳工划线问答[M]. 2 版. 北京：机械工业出版社，2012.

[13] 傅成昌，傅晓燕. 形位公差应用技术问答[M]. 北京：机械工业出版社，2009.

[14] 王兵. 图解钳工技术快速入门[M]. 上海：上海科学技术出版社，2010.

[15] 徐再贵，张剑锋. 钳工入门[M]. 北京：化学工业出版社，2009.

[16] 孙俊. 钳工基本技能[M]. 2 版. 北京：中国劳动社会保障出版社，2009.

[17] 胡家富. 钳工操作技术[M]. 上海科学技术文献出版社，2009.

[18] 曾正明. 实用钢铁材料手册[M]. 2 版. 北京：机械工业出版社，2007.

[19] 王宇平. 公差配合与几何精度检测[M]. 2 版. 北京：人民邮电出版社，2012.

[20] 王少怀. 机械设计师手册(上册)[M]. 北京：电子工业出版社，2006.